Adobe InDesign CC 课堂实录

郑福妍 主 编

清华大学出版社
北 京

内 容 简 介

本书以 InDesign 软件为载体，以知识应用为中心，对平面设计知识进行了全面阐述。书中每个案例都给出了详细的操作步骤，同时还对操作过程中的设计技巧进行了描述。

全书共 11 章，遵循由浅入深、循序渐进的思路，依次对 InDesign 排版入门学习、InDesign CC 基本操作、文本的编辑与处理、框架与对象效果、图文混排、表格功能的应用、样式与库的应用、文档版面的管理等内容进行了详细讲解。最后通过制作台历、杂志内页设计、报纸版式设计的综合案例，对前面所学的知识进行了综合应用，以达到举一反三、学以致用的目的。

本书结构合理，思路清晰，内容丰富，语言简练，解说详略得当，既有鲜明的基础性，也有很强的实用性。

本书既可作为高等院校相关专业的教学用书，又可作为平面设计爱好者的学习用书。同时，也可作为社会各类 InDesign 软件培训班的首选教材。

图书在版编目(CIP)数据

Adobe InDesign CC课堂实录 / 郑福妍主编. —北京：清华大学出版社，2021.9

ISBN 978-7-302-58816-0

Ⅰ. ①A… Ⅱ. ①郑… Ⅲ. ①电子排版—应用软件 Ⅳ. ①TS803.23

中国版本图书馆CIP数据核字（2021）第157766号

责任编辑：李玉茹
封面设计：杨玉兰
责任校对：翟维维
责任印制：宋　林

出版发行：清华大学出版社

网　　址：http://www.tup.com.cn，http://www.wqbook.com
地　　址：北京清华大学学研大厦A座　　**邮　　编：**100084
社 总 机：010-62770175　　**邮　　购：**010-62786544
投稿与读者服务：010-62776969，c-service@tup.tsinghua.edu.cn
质量反馈：010-62772015，zhiliang@tup.tsinghua.edu.cn

印 装 者：三河市君旺印务有限公司
经　　销：全国新华书店
开　　本：200mm×260mm　　**印　　张：**16.25　　**字　　数：**395千字
版　　次：2021年9月第1版　　**印　　次：**2021年9月第1次印刷
定　　价：79.00 元

产品编号：089595-01

Id

Adobe InDesign CC

序 言

数字艺术设计是指通过数字化手段和数字工具实现创意和艺术创作的全新职业技能，全面应用于文化创意、新闻出版、艺术设计等相关领域，并覆盖移动互联网应用、传媒娱乐、制造业、建筑业、电子商务等行业。

ACAA为Alliance of China Digital Arts Academy的缩写，意为联合数字创意和设计相关领域的国际厂商、龙头企业、专业机构和院校，为数字创意领域人才培养提供最前沿的国际技术资源和支持。

ACAA二十年来始终致力于数字创意领域，在国内率先创建数字创意领域数字艺术设计技能等级标准，填补该领域空白，依据职业教育国际合作项目成立“设计类专业国际化课改办公室”，积极参与“学历证书+若干职业技能等级证书”相关工作，目前是Autodesk中国教育管理中心和Unity中国教育计划合作伙伴。

ACAA在数字创意相关领域具有显著的品牌辨识度和影响力，并享有独立的自主知识产权，先后为Apple、Adobe、Autodesk、Sun、Redhat、Unity、Corel等国际软件公司提供认证考试和教育培训标准化方案。

二十年来，通过ACAA数字艺术设计培训和认证的学员，有些已成功创业，有些成为企业骨干力量。众多考生通过ACAA数字艺术设计师资格或实现入职，或实现加薪、升职，企业还可以通过高级设计师资格完成资质备案，来提升企业竞标成功率。

ACAA系列教材旨在为院校和学习者提供更为科学、严谨的学习资源，我们致力于把最前沿的技术和最实用的职业技能评测方案提供给院校和学习者，促进院校教学改革，提升教学质量，助力产教融合，帮助学习者掌握新技能，强化职业竞争力，助推学习者的职业发展。

ACAA中国数字艺术教育联盟

王 东

前　言

本书内容概要

InDesign是Adobe公司推出的一款桌面出版（DTP）应用程序，主要用于各种印刷品的排版编辑。本书从软件的基础讲起，循序渐进地对软件功能进行全面论述，让读者充分熟悉软件的各大功能。同时，结合各领域的实际应用，进行案例展示和制作，并对行业相关知识进行深度剖析，以辅助读者完成各项平面设计工作。每个章节结尾处都安排了针对性的练习测试题，以便读者实现学习成果的自我检验。本书分为3大篇共11章，其主要内容如下。

篇	章节	内容概述
学习准备篇	第1章	主要讲解了版面设计相关知识、设计软件的协同、基础色彩使用以及认识InDesign软件的操作界面
理论知识篇	第2～8章	主要讲解了InDesign软件的基本操作、文件的导入/导出、绘图工具的应用、文本的编辑与处理、框架的使用、图层的应用、效果的添加、图文混排、表格的应用与编辑、字符样式、段落样式、表样式、对象样式、对象库、文档版面的管理等内容
实战案例篇	第9～11章	主要以案例的形式讲解了台历、杂志、报纸等作品版式的设计、制作等知识，让读者能综合应用前面所学知识内容

系列图书一览

本系列图书既注重单个软件的实操应用，又侧重多个软件的协同办公，以“理论+实操”为创作模式，向读者全面阐述了各软件在设计领域中的强大功能。在讲解过程中，结合各领域的实际应用，对相关的行业知识进行了深度剖析，以辅助读者完成各种类型的设计工作。正所谓要“授人以渔”，读者通过本系列图书不仅可以掌握这些设计软件的使用方法，还能利用它独立完成作品的创作。本系列图书包含以下图书作品：

★《中文版 Adobe Photoshop CC 课堂实录》
★《中文版 Adobe Illustrator CC 课堂实录》
★《中文版 Adobe InDesign CC 课堂实录》
★《中文版 Adobe Dreamweaver CC 课堂实录》
★《中文版 Adobe Animate CC 课堂实录》
★《中文版 Adobe PremierePro CC 课堂实录》
★《中文版 Adobe After Effects CC 课堂实录》
★《中文版 CorelDRAW 课堂实录》
★《Photoshop CC + Illustrator CC 插画设计课堂实录》
★《PremierePro CC+After Effects CC 视频剪辑课堂实录》
★《Photoshop+Illustrator+InDesign 平面设计课堂实录》
★《Photoshop+Animate+Dreamweaver 网页设计课堂实录》
★《HTML 5+CSS3 前端体验设计课堂实录》
★《Web 前端开发课堂实录（HTML 5+CSS3+JavaScript）》

配套资源获取方式

本书由郑福妍（黑河学院）编写，在写作过程中力求精益求精。由于时间有限，书中疏漏之处再所难免，望广大读者批评指正。

本书配有素材、视频、课件，扫描以下二维码可以获取：

IDCC- 视频

索取课件二维码

IDCC- 案例

CONTENTS

目录

CONTENTS

CONTENTS

第 4 章 框架与对象效果

第 5 章 图文混排

目录

CONTENTS

CONTENTS

第 7 章

样式与库的应用

第 8 章

文档版面的管理

目录

CONTENTS

第 1 章 InDesign 排版入门学习

内容导读

InDesign 是一款定位于专业排版领域的软件，所以在学习该软件之前，首先要对相关的一些知识进行学习，例如常用的搭配软件、文件格式和专业术语。用软件做设计，色彩搭配的知识是必不可少的。本章内容作为全书学习的一个铺垫，让读者全面了解周边软件及相关知识，为后期深入的学习奠定良好的基础。

Adobe InDesign CC

学习目标

- 了解常用设计软件
- 熟悉常见文件格式
- 熟悉版式设计相关术语
- 了解色彩相关知识
- 熟悉 InDesign 的操作界面

1.1 版面设计相关知识

版面设计并非只用于书刊的排版当中，网页、广告、海报等涉及平面及影像的众多领域都会用到版面设计。在学习 InDesign 软件之前，首先要了解一些常用的软件、文件格式以及专业术语。

1.1.1 常见设计软件

InDesign 作为 Adobe 旗下的版式设计软件，可与 Adobe 的图像处理和图形绘制软件以及调色软件搭配使用。

1. Adobe Photoshop

Adobe Photoshop 简称 PS，是 Adobe 公司旗下最为出名的图像编辑软件之一，如图 1-1 所示。主要处理由像素组成的数字图像，在平面设计、后期处理、网页设计、三维设计等领域应用广泛，深受广大设计人员及设计爱好者的喜爱。

图 1-1

2. Adobe Illustrator

Adobe Illustrator 简称 AI，是著名的矢量图形软件，是一款用于出版、多媒体和在线图像的工业标准矢量插画的软件，如图 1-2 所示。该软件主要应用于印刷出版、海报书籍排版、专业插画、多媒体图像处理和互联网页面的制作等，也可以为线稿提供较高的精度和控制。

图 1-2

3. Adobe Photoshop Lightroom

Adobe Photoshop Lightroom 简称 Lr，是 Adobe 研发的一款以后期制作为重点的图形工具软件，是数字拍摄工作流程中不可或缺的一部分，如图 1-3 所示。Lightroom 提供了使摄影效果最佳所需的编辑工具，包括提亮颜色、使灰暗的摄影更加生动、删除瑕疵等。

图 1-3

1.1.2 常见文件格式

InDesign 储存图像的文件格式和 Photoshop、Illustrator 有所不同。常见的图像文件格式主要有 Indd、JPEG、PNG、PDF、EPS、EPUB、HTML、FLA、SWF、TXT。

1. Indd 格式

Indd 格式是 Adobe InDesign 软件的专业存储格式。InDesign 是专业的书籍排版软件，可与 Adobe Photoshop、Illustrator、Acrobat、InCopy 和 Dreamweaver 软件完美集成，为创建更丰富、更复杂的文档提供强大的功能，将页面可靠地输出到多种媒体中。

2. JPEG 格式

JPEG 格式也是常见的一种图像格式，文件的扩展名为 .jpg 或 .jpeg，JPEG 具有调节图像质量的

功能，可以用不同的压缩比例对这种文件进行压缩，压缩越大，品质越低；压缩越小，品质越高。在大多情况下，使用“最佳”品质。

3. PNG 格式

PNG（Portable Network Graphics）格式是一种可以将图像压缩到 Web 上的文件格式。不同于 GIF 格式图像的是，它可以保存 24 位的真彩色图像，并且支持透明背景和消除锯齿边缘的功能，可以在不失真的情况下压缩保存图像。

4. PDF 格式

PDF 格式可以将文字、字形、格式、颜色及独立于设备和分辨率的图形图像等封装在一个文件中。该格式文件还可以包含超文本链接、声音和动态影像等电子信息，支持特长文件，集成度和安全可靠性都较高。

5. EPS 格式

EPS 格式是为 PostScript 打印机上输出图像而开发的文件格式，是带有预览图像功能的文件格式，在排版中经常使用。

6. EPUB 格式

EPUB 格式是一种电子书文件格式。使用了 XHTML 或 DTBook 来展现文字，并以 ZIP 压缩格式来包裹档案内容。

7. HTML 格式

HTML 格式即超文本标记语言，是 WWW 的描述语言。HTML 文本是由 HTML 命令组成的描述性文本，HTML 命令用于说明文字、图形、动画、声音、表格、链接等。

8. FLA 格式

FLA 格式是一种包含原始素材的 Flash 动画格式。可以在 Flash 认证的软件中进行编辑并且编译生成 SWF 文件。由于它包含所需要的全部原始信息，所以体积较大。

9. SWF 格式

SWF 格式是一种基于矢量的 Flash 动画文件格式，一般用 Flash 软件创作并生成 SWF 文件格式，也可以通过相应软件将 PDF 等类型转换为 SWF 格式。

10. TXT 格式

TXT 格式是一种常见的文本格式。在 InDesign 中选中文字，执行“导出”命令，可将文字导出为 TXT 格式文本。

1.1.3 专业名词术语

下面将对常用的版式设计中的专业术语进行介绍。

1. 开本

开本指书刊幅面的规格大小，即一张全开的印刷用纸裁切成多少张。常见的有 32 开（指裁切成

32 张，多用于一般书籍）、16 开（指裁切成 16 张，多用于杂志）、64 开（指裁切成 64 张，多用于中小型字典、连环画）。

2. 版式

版式是指书刊正文部分的全部格式，包括正文和标题的字体、字号、版心大小、通栏、双栏、每页的行数、每行字数、行距，以及表格、图片的排版位置等。

3. 版面

版面是指在书刊、报纸的一面中图文部分和空白部分的总和，即包括版心和版心周围的空白部分，是书刊一页纸的幅面。

4. 版心

版心位于版面中央，是排有正文文字的部分。

5. 版口

版口是指版心上下左右的极限，在某种意义上即指版心。严格地说，版心是以版面的面积来计算范围的，版口则以上下左右的周边来计算范围。

6. 页码

书刊正文每一面都排有页码，页码一般排于书籍切口一侧。印刷行业中将一个页码称为一面，正反面两个页码称为一页。

7. 书眉

书眉是指排在版心上部的文字及符号。它包括页码、文字和书眉线，一般用于检索篇章。

8. 天头

天头是指每面书页的上端空白处。

9. 地脚

地脚是指每面书页的下端空白处。

10. 出血线

出血线主要是让印刷画面超出那条线，然后在裁的时候就算有一点点的偏差也不会让印出来的作品作废。出血线外面的位置就是要被裁掉的地方。

11. 印刷色

印刷色就是由不同的 C（青）、M（洋红）、Y（黄）和 K（黑）的百分比组成的颜色，通常称为印刷四原色。

12. 四色印刷

四色印刷是用红、绿、蓝三原色和黑色色料（油墨或染料）按减色混合原理实现全彩色复制的平版印刷方法。

13. 专色印刷

专色印刷是指采用黄、品红、青和黑四色墨以外的其他色油墨来复制原稿颜色的印刷工艺。

1.2 基本色彩的使用

色彩作为设计的灵魂，是设计师设计过程中最重要的元素。下面将讲解色彩的属性、色彩的模式以及色彩搭配。

1.2.1 色彩属性

色彩的三大属性，即色相、明度和纯度（饱和度）。

1. 色相

色相即每种色彩的相貌、名称，如红、橘红、翠绿、湖蓝、群青等，如图 1-4 所示。色相是区分色彩的主要依据，是色彩的重要特征之一。

图 1-4

2. 明度

明度即色彩的明暗差别，即色彩亮度。在有彩色系中，明度最高的是黄色，明度最低的是紫色，红、橙、蓝、绿属于中明度。在无彩色系中，明度最高的是白色，明度最低的是黑色，如图 1-5 所示。要使色彩明度提高，可加入白色，反之加入黑色。

图 1-5

3. 纯度

纯度即各色彩中包含的单种标准色成分的多少，如图 1-6 所示。纯的色色感强，即色度强，所以纯度也是色彩感觉强弱的标志。其中红、橙、黄、绿、蓝、紫等的纯度最高，无彩色系中的黑、白、灰的纯度几乎为零。

图 1-6

1.2.2 色彩模式

色彩模式是指同一属性下的不同颜色的集合。它能方便用户使用各种颜色，而不必在反复使用时对颜色进行重新调配。在 InDesign 中常用的色彩模式有 RGB、CMYK、Lab 三种。

1. RGB 模式

RGB 模式是一种发光屏幕的加色模式，主要用于屏幕显示。它源于有色光的三原色原理，其中，R（Red）代表红色，G（Green）代表绿色，B（Blue）代表蓝色，如图 1-7 所示。新建的 Photoshop 图像的默认色彩模式为 RGB 模式。

2. CMYK 模式

CMYK 是一种减色模式，主要用于印刷领域。CMYK 模式中，C（Cyan）代表青色，M（Magenta）代表品红色，Y（Yellow）代表黄色，K（Black）代表黑色，如图 1-8 所示。C、M、Y 分别是红、绿、蓝的互补色。由于 Black 中的 B 也可以代表 Blue（蓝色），所以为了避免歧义，黑色用 K 代表。

3. Lab 模式

Lab 模式是由 CIE（Commission International Eclairage）制订的一套标准，是最接近真实世界颜色的一种色彩模式。其中，L 表示亮度，亮度范围是 0~100，a 表示由绿色到红色的范围，b 代表由蓝色到黄色的范围，a、b 范围是 -128~+127，如图 1-9 所示。该模式解决了由不同的显示器和打印设备所造成的颜色差异，这种模式不依赖于设备，它是一种独立于设备存在的颜色模式，不受任何硬件性能的影响。

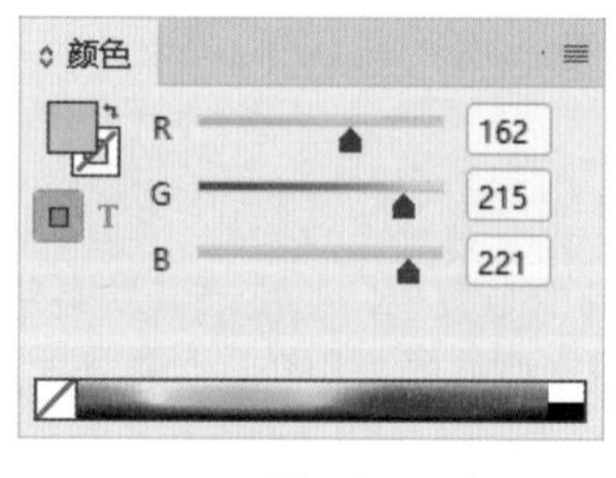

图 1-7

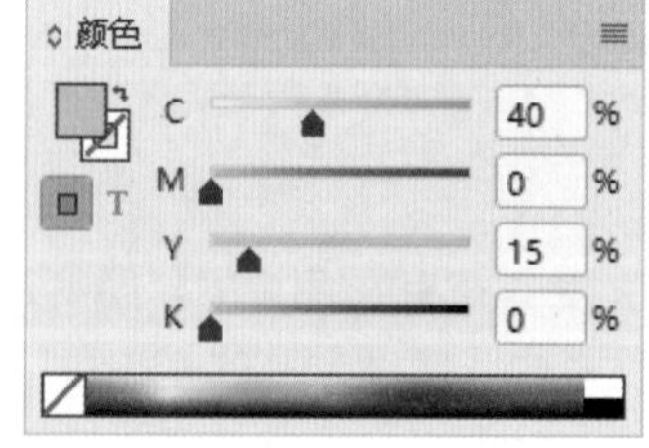

图 1-8

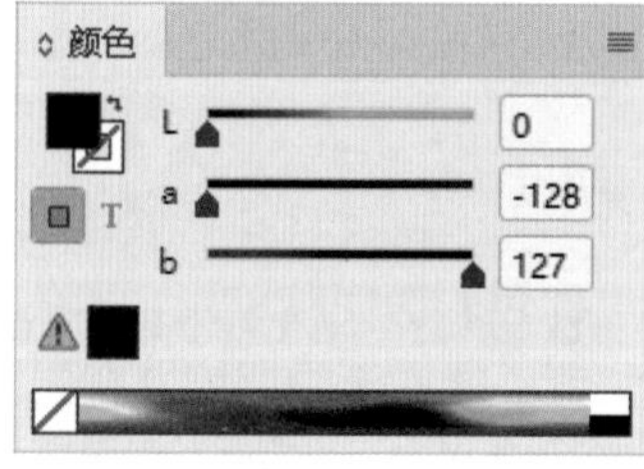

图 1-9

1.2.3 色彩搭配

如何在设计中巧妙地运用色彩？下面将介绍关于色彩搭配中的一些基础知识和搭配技巧。

1. 主色、辅助色和点缀色

在色彩搭配中，最重要的 3 个概念就是主色、辅助色和点缀色，如图 1-10 所示。

图 1-10

◎ 主色：指在配色中处于支配地位的色彩，占总体的 60%~70%。一般情况下，主色是配色中

使用面积最多的色彩。不一定只有一种主色，也可以是双主色。

◎ 辅助色：是为了衬托主色而出现的另一种色彩，起到补充基调色的作用，占总体的20%~30%。

◎ 点缀色：点缀色是在主色以外起强调作用的色彩，可以说它是非常重要的视觉焦点，小于总体的15%。它本身具有一种独立性，因此在配色上与主色形成强烈对比。

2．色相环

在色彩搭配中，色相环也是不可或缺的一个重要辅助工具。其中常用的为十二色相环和二十四色相环，如图1-11和图1-12所示。

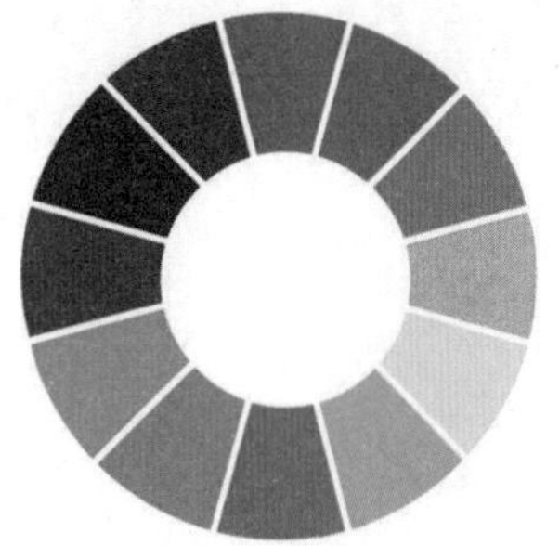

图 1-11

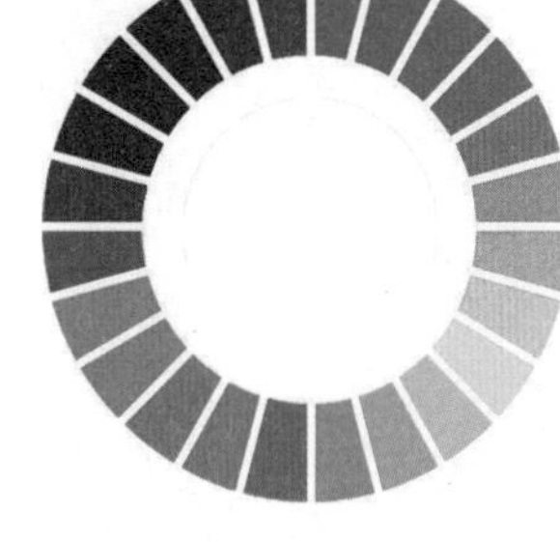

图 1-12

十二色相环是由原色（红、黄、蓝），二次色（橙、紫、绿）和三次色（红橙、黄橙、黄绿、蓝绿、蓝紫、红紫）组合而成。

二十四色相环是奥斯特瓦尔德颜色系统的基本色相，其中黄、橙、红、紫、蓝、蓝绿、绿、黄绿8个为主要色相，每个基本色相又分为3个部分组合而成。

3．基本配色

常用的基本配色设计方案有以下10种。

◎ 无色设计：只使用黑、白、灰无彩色进行搭配表现。

◎ 原色设计：使用红、黄、蓝原色进行搭配表现。

◎ 二次色设计：把绿、紫、橙二次色配合使用。

◎ 三次色三色设计：三次色三色设计是红橙、黄绿、蓝紫，或者蓝绿、黄橙、红紫两个组合中的一个，并且在色相环上每个颜色彼此都有相等的距离。

◎ 单色设计：在色相环中选择一个颜色和它所有的明、暗色配合使用。

◎ 中性设计：加入颜色的补色或黑色使其色彩消失或中性化。

◎ 类比设计：在色相环中任选三种连续的色彩或任一明色和暗色。

◎ 互补设计：在色相环中选择180° 相对全然相反的颜色。

◎ 冲突设计：在色相环中选择一个颜色和其补色左边或右边的色彩配合使用。

◎ 分裂补色设计：在色相环中选择一个颜色和其补色任一边的颜色组合使用。

◎ 如图1-13~ 图1-15所示为无色设计、单色设计以及冲突设计的效果图。

ACAA课堂笔记

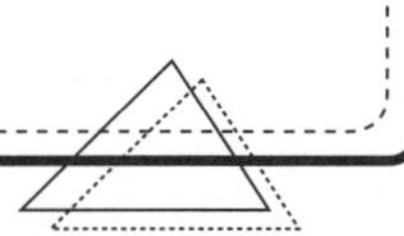

图 1-13

图 1-14

图 1-15

1.3 作品赏析

以下是国内外一些优秀版式设计作品，读者可以细细品味其中的内涵，如图 1-16 所示。

图 1-16

1.4 全面认识 InDesign 排版软件

Adobe InDesign CC 是一款能够帮您优化设计和排版像素的多功能桌面排版应用程序。创建用于打印平板电脑和其他屏幕中的优质和精美的页面。轻松调整版面，使其适应不同的页面大小、方向或设备，获得更佳的效果。升级到 InDesign CC 比以往运行速度更快，能更轻松高效地设计用于印刷或屏幕显示的页面布局。通过多种节省时间的功能（如拆分窗口、内容收集器工具、灰度预览、访问最近使用的字体等）提高效率，如图 1-17 所示。

图 1-17

1.4.1 熟悉操作界面

打开 InDesign CC 软件，单击“文档”图标，进入软件工作界面，其中主要包括标题栏、菜单栏、工具箱、浮动面板组、文档页面区域、控制面板、状态栏，如图 1-18 所示。

图 1-18

A：菜单栏；B：标题栏；C：工具箱；D：文档页面区域；E：状态栏；F：控制面板；G：浮动面板组

1.4.2 菜单的应用

菜单栏包括文件、编辑、版面、文字、对象、表、视图、窗口和帮助 9 个菜单，提供了各种处理命令，可以进行文件管理、编辑图形、调整版面等操作。

执行“编辑”|“菜单”命令，弹出“菜单自定义”对话框，如图 1-19 所示。在该对话框中可以设置隐藏菜单命令和对其着色，这样可以避免菜单出现杂乱现象，并可突出常用的命令。

图 1-19

1.4.3 控制面板的使用

在 InDesign CC 中，控制栏起到非常重要的作用，当选择工具箱中的某个工具时，控制栏会立即显示其工具的各种属性，在不需要打开其相对应的面板时，在控制栏中设置其属性参数即可，充分提高使用者的工作效率，如图 1-20 所示。

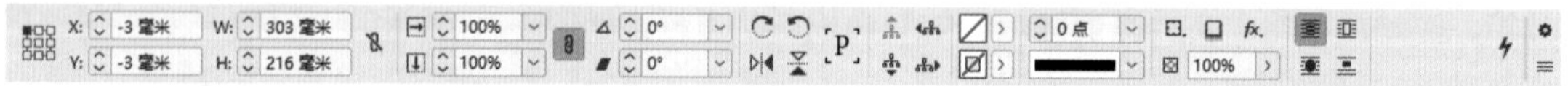

图 1-20

1.4.4 工具面板的操作

在 InDesign CC 中，工具箱中包含了几十种工具，大致可分为绘画、文字、选择、变形、导航等工具，使用这些工具，用户可以更方便地对页面对象进行图形与文字的创建、选择、变形、导航等操作，各工具按钮的名称及其功能说明如图 1-21 所示。

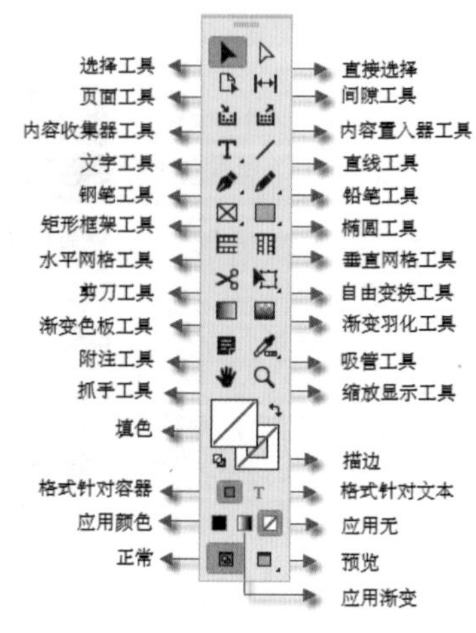

图 1-21

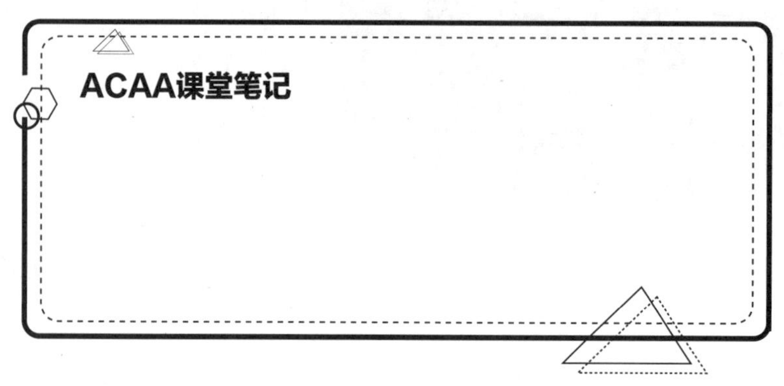

第2章 InDesign CC 基本操作

内容导读

前面学习了关于排版的入门知识，从本章开始将对 InDesign CC 这一软件正式展开讲解。在此首先对该软件的基本操作进行介绍，包括文件的基本操作、导出操作、常见工具的使用方法等。通过对这些内容的学习，可以为以后的深入学习奠定良好的基础。

Adobe InDesign CC

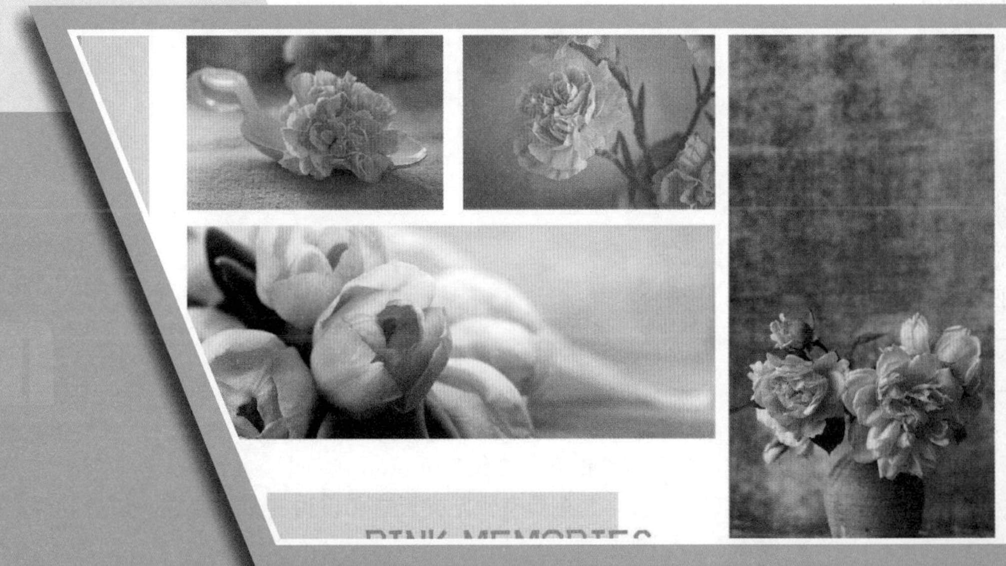

学习目标

- 熟悉文件的基本操作
- 掌握文件的导出操作
- 掌握绘图工具的应用
- 掌握对象变换工具的应用

2.1 文件的基本操作

在学习如何运用 InDesign CC 处理图像之前，应该了解软件中一些基本的文件操作命令，如建立新文件、打开文件、导入文件以及存储文件等。

2.1.1 文件的创建

在 InDesign 中新建文件主要分两个步骤：新建文档、设置边距与分栏。下面将讲解两个步骤的具体操作方法。

执行“文件”|“新建”命令或按 Ctrl+N 组合键，弹出“新建文档”对话框，如图 2-1 所示。

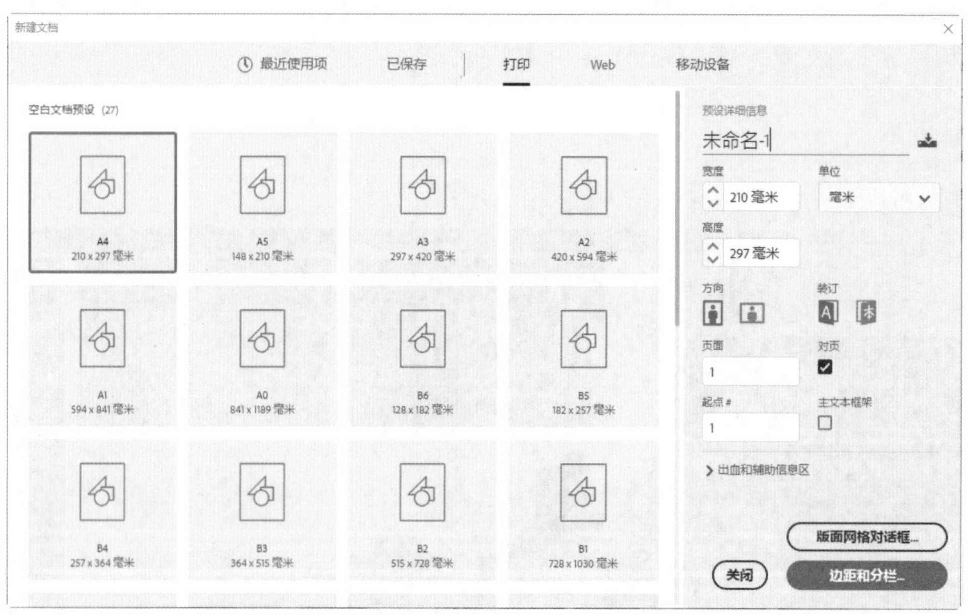

图 2-1

该对话框中主要选项的功能介绍如下。

◎ 空白文档预设：是指具有预定义尺寸和设置的空白文档。可分为“打印”、Web 以及“移动设备”3 个选项。

◎ 宽度 / 高度：设置文档的大小。

◎ 单位：设置文档的度量单位。

◎ 方向：设置文档的页面方向为纵向或横向。

◎ 装订：设置文档的装订方向是从左到右还是从右到左。

◎ 页面：设置要在文档中创建的页数。

◎ 对页：选中此复选框可在双页跨页中让左右页面彼此相对。

◎ 起点：设置文档的起始页码。

◎ 主文本框架：选中此复选框可在主页上添加主文本框架。

◎ 出血和辅助信息区：设置文档每一侧的出血尺寸和辅助信息。

设置完成后，在“新建文档”对话框中单击“边距和分栏”按钮，弹出“新建边距和分栏”对话框，如图 2-2 所示。

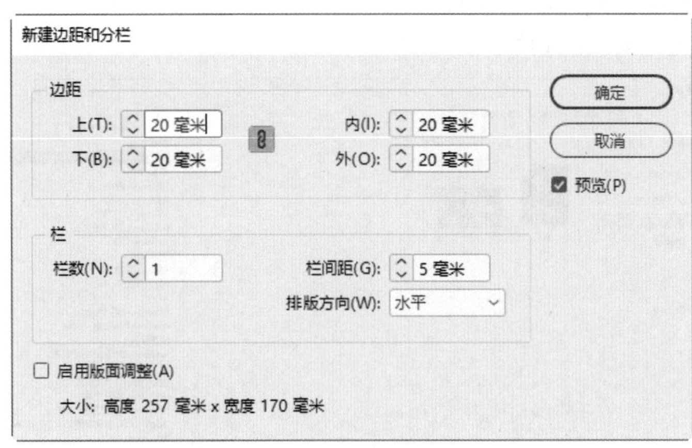

图 2-2

该对话框中主要选项的功能介绍如下。

◎ 边距：设置版心到页边的距离。

◎ 栏数：设置要在文档中添加的栏数。

◎ 栏间距：设置栏之间的空白量。

◎ 排版方向：设置文档的排版方向为水平或垂直。

2.1.2 文件的打开

执行“文件”|“打开”命令或按 Ctrl+O 组合键，在弹出的“打开文件”对话框中选择将要打开的文件，单击“打开”按钮，即可打开文件，如图 2-3 所示。

图 2-3

知识点拨

在“打开文件”对话框中，可通过在“文件名”下拉列表框中输入文件名称来查找文件；也可通过在对话框右下角选择文件类型，来筛选文件。

2.1.3　文件的置入

执行“文件”|“置入”命令或按 Ctrl+D 组合键，在弹出的“置入”对话框中选择将要置入的文件，单击“打开”按钮即可，如图 2-4 所示。

图 2-4

实例：新建并置入文件

下面将利用本小节所学的新建文件与置入文件的知识，来创建 A4 大小的 2 栏版面并置入文件。

Step01 执行“文件”|“新建”命令或按 Ctrl+N 组合键，弹出“新建文档”对话框，切换到“打印”选项卡，选择 A4 尺寸，在对话框右侧设置页面方向与文档名称，如图 2-5 所示。设置完成后单击“边距和分栏”按钮。

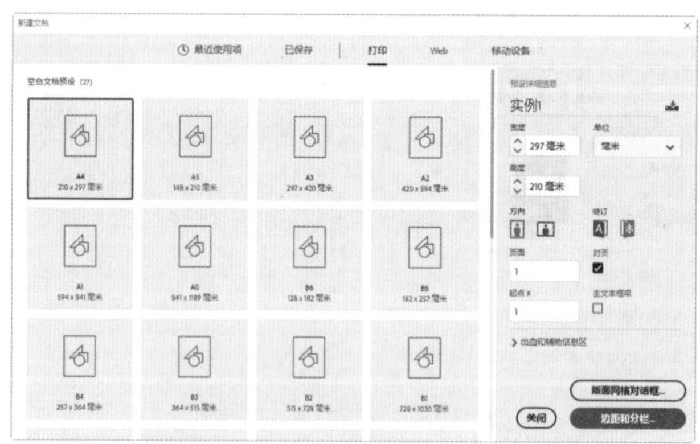

图 2-5

Step02 在弹出的“新建边距和分栏”对话框中设置参数，如图 2-6 所示。

Step03 单击“确定”按钮，效果如图 2-7 所示。

Step04 执行“文件”|“置入”命令，在弹出的“置入”对话框中，按住 Shift 键选中两个素材图像，单击“打开”按钮，如图 2-8 所示。

Step05 在操作页面上出现一个小的缩览图，如图 2-9 所示。

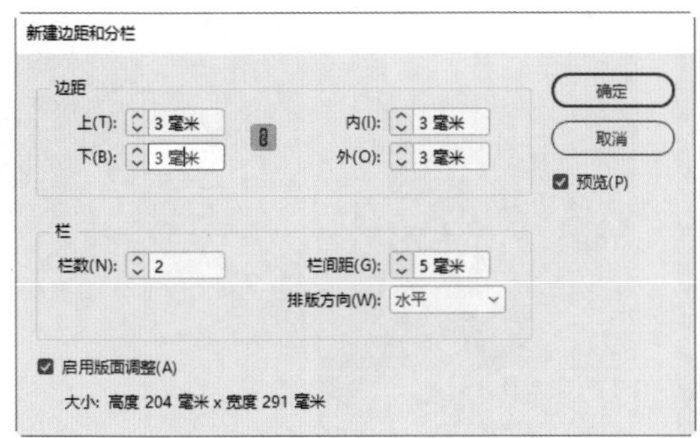

图 2-6

图 2-7

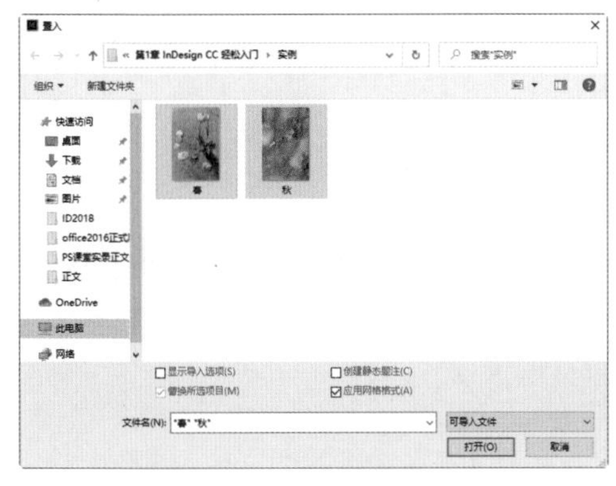
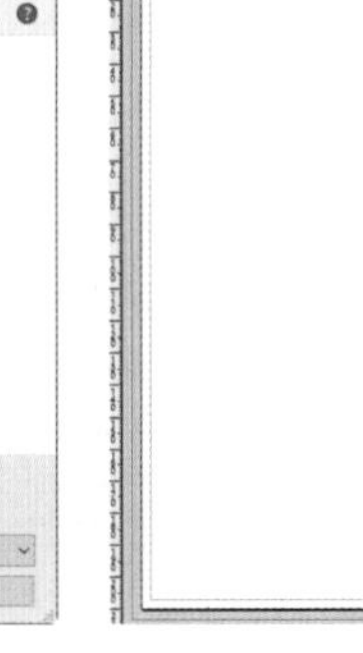

图 2-8

图 2-9

Step06 将其从左上角向右下角拖动，如图 2-10 所示。

Step07 使用相同的方法拖动素材“秋”，如图 2-11 所示。

图 2-10

图 2-11

Step08 按住 Ctrl 键调整图像尺寸，如图 2-12 所示。最终效果如图 2-13 所示。

ACAA课堂笔记

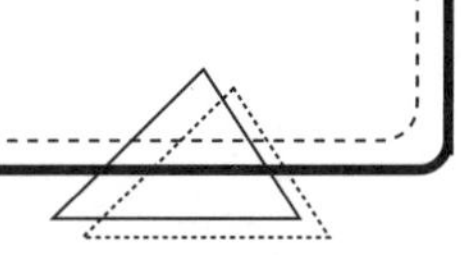

图 2-12　　　　图 2-13

至此，完成了新建并置入文件的操作。

2.1.4　文件的保存

保存文件的操作非常简单，当第一次保存文件时，选择“文件”|“存储”命令或按 Ctrl+S 组合键，弹出“存储为”对话框，如图 2-14 所示。

图 2-14

2.1.5　文件的关闭

关闭文件的操作方法有以下 3 种。

◎ 执行“文件”|“关闭”命令。

◎ 按 Ctrl+W 组合键。

◎ 单击窗口右上角的“关闭”按钮。

若当前文件是被修改过或是新建的文件，那么在关闭文件的时候就会弹出一个警告对话框，如图 2-15 所示。

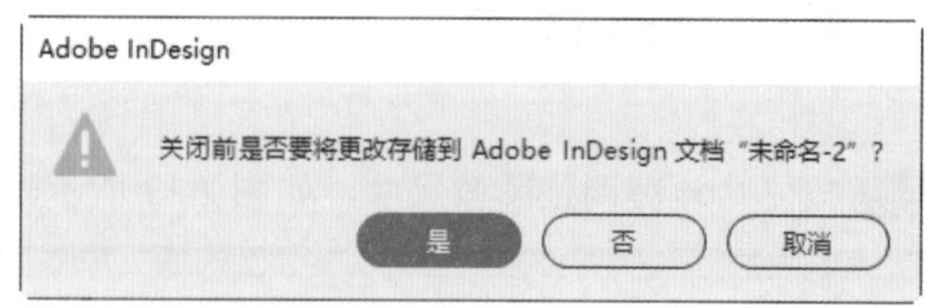

图 2-15

知识点拨

在警告对话框中单击“是”按钮，会先保存对文件的更改再关闭；单击“否”按钮，则不保存文件的更改而直接关闭。

实例：制作宣传页

下面将利用本小节所学的知识制作一个简单的杂志内页版式。

Step01 执行“文件”|“新建”命令，在弹出的“新建文档”对话框中设置参数，如图 2-16 所示。设置完成后单击“边距和分栏”按钮。

Step02 在弹出的“新建边距和分栏”对话框中设置参数，如图 2-17 所示。

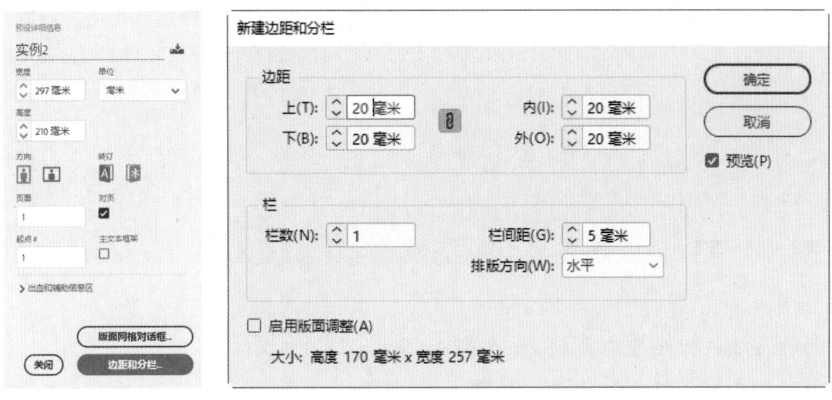

图 2-16　　　　图 2-17

Step03 选择矩形工具，绘制和文档大小相同的矩形，如图 2-18 所示。

Step04 在工具箱中双击“填色”按钮，在弹出的“拾色器”对话框中设置参数，如图 2-19 所示。

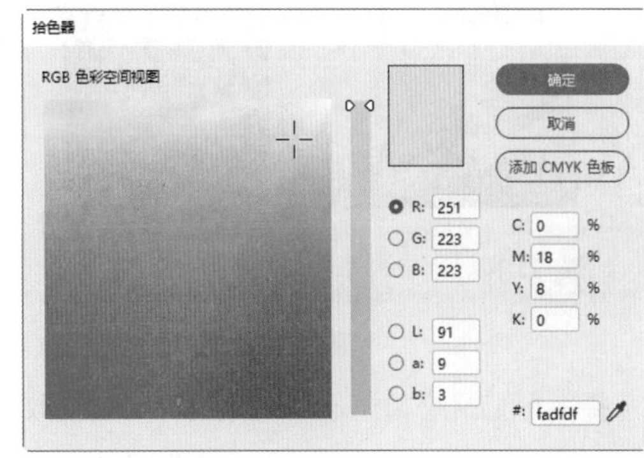

图 2-18　　　　图 2-19

Step05 设置描边为无，效果如图 2-20 所示。

Step06 继续选择矩形工具，绘制填充为白色，描边为无的矩形，如图 2-21 所示。

图 2-20　　　　图 2-21

Step07 执行“窗口”|“图层”命令，在弹出的“图层”面板中锁定两个矩形图层，如图 2-22 所示。

Step08 执行“文件”|“置入”命令，在弹出的“置入”对话框中选择素材 1，单击“打开”按钮置入素材，如图 2-23 所示。

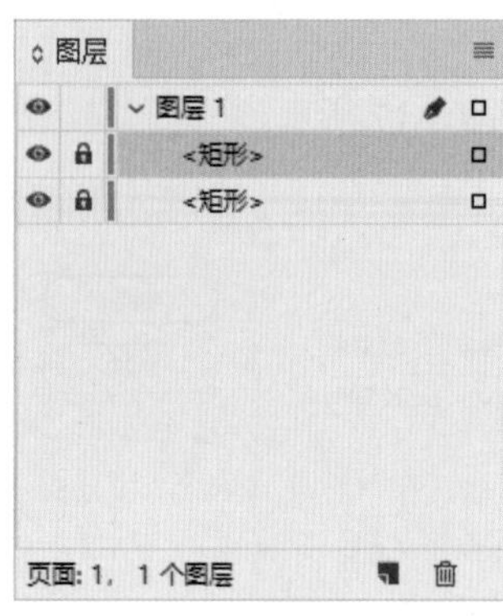

图 2-22

图 2-23

Step09 使用相同的方法，分别置入素材 2~ 素材 4，如图 2-24 所示。

Step10 调整素材 3 和素材 4 的框架大小，如图 2-25 所示。

图 2-24

图 2-25

Step11 选择矩形工具绘制矩形，选择吸管工具吸取粉色矩形的颜色进行填充，如图 2-26 所示。

Step12 选择文字工具拖动鼠标绘制文本框并输入文字，如图 2-27 所示。

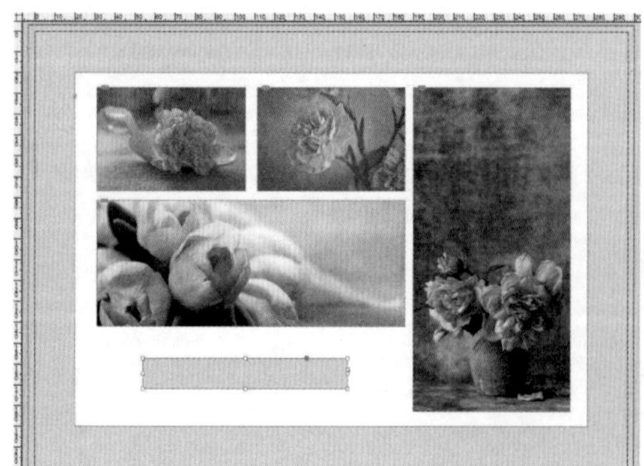

图 2-26

PINK MEMORIES

图 2-27

Step13 更改文字填充颜色，如图 2-28 所示。最终效果如图 2-29 所示。

图 2-28

图 2-29

至此，完成了宣传页的制作。

2.1.6 文件的打印

创建文档后，最终需要输出，不管为外部服务提供商提供色彩的文档，还是只将文档的快速草图发送到喷墨打印机或激光打印机，了解与掌握基本的打印知识将会使打印更加顺利，并且有助于确保文档的最终效果与预期效果一致。

执行“文件”|“打印”命令或按 Ctrl+P 组合键，弹出“打印”对话框，如图 2-30 所示。

图 2-30

1. 文件的印前检查

在打印文档之前需要对打印文档中的文字、图片进行基本检查，确认无误才可打印。在操作界面的状态栏中，可查看文档中是否存在错误，单击“印前检查菜单”下拉按钮可设置是否进行印前检查，如图 2-31 所示。选择“印前检查面板”命令，在弹出的“印前检查”面板中可以查看文档内哪部分内容存在错误，如图 2-32 所示。

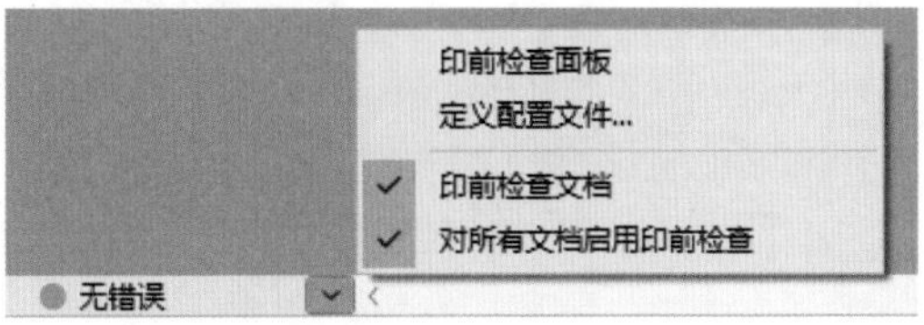

图 2-31

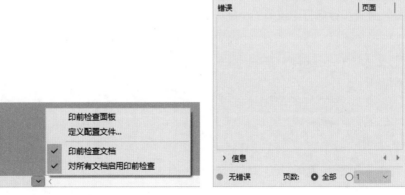

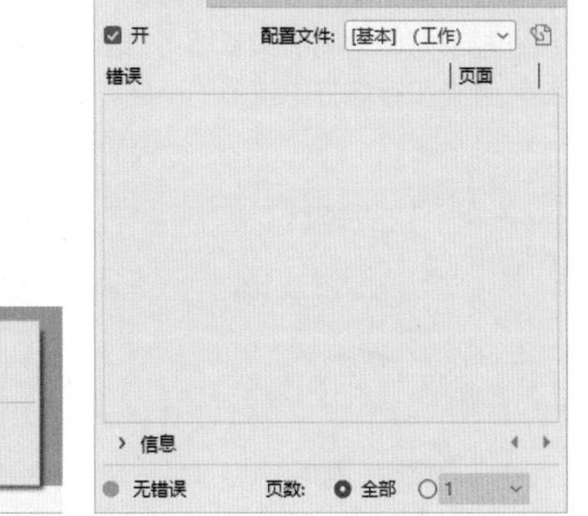

图 2-32

2. 打印属性的设置

在“打印”对话框中包括常规、设置、标记和出血、输出、图形、颜色管理、高级、小结 8 个属性。

◎ 常规：对打印的份数、打印范围进行设置。

◎ 设置：对纸张大小、页面方向、缩放图稿以及指定拼贴选项进行设置，如图 2-33 所示。

◎ 标记和出血：添加一些标记以帮助用户在生成样稿时确定在何处裁切纸张及套准分色片，或测量胶片以得到正确的校准数据及网点密布等，如图 2-34 所示。

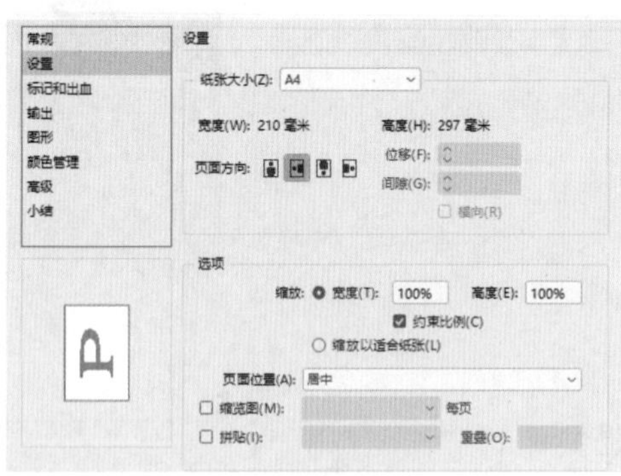

图 2-33

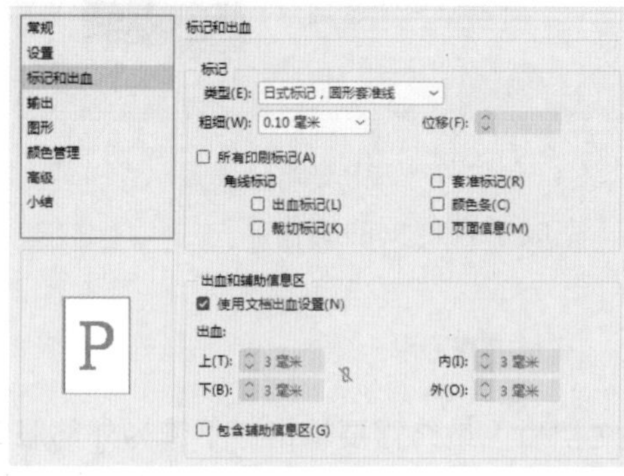

图 2-34

◎ 输出：创建分色，如图 2-35 所示。

◎ 图形：对图像、字体、PostScript 文件、数据格式选项进行设置，如图 2-36 所示。

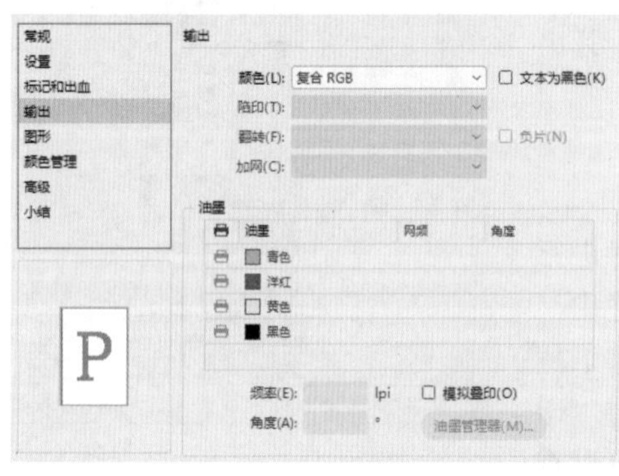

图 2-35

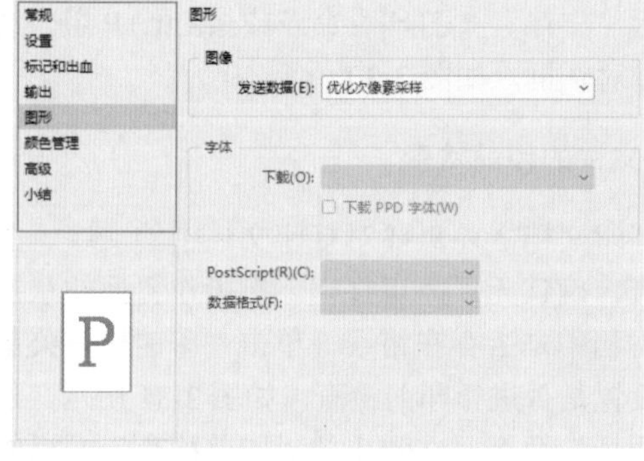

图 2-36

◎ 颜色管理：对一套打印颜色配置文件和渲染方法进行设置，如图 2-37 所示。

◎ 高级：控制打印期间的矢量图稿拼合分辨率。

◎ 小结：查看和存储打印设置的小结，如图 2-38 所示。

图 2-37

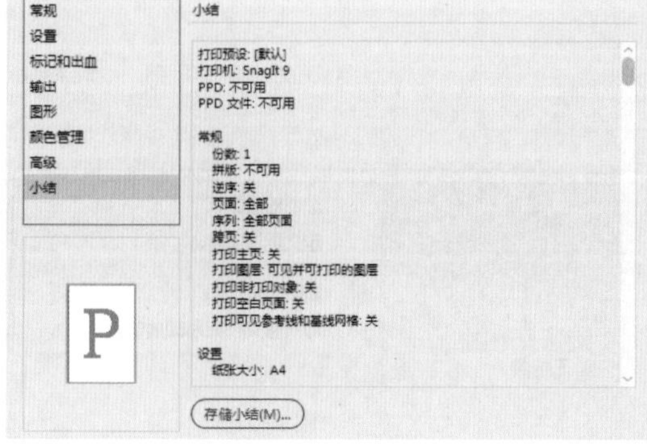

图 2-38

2.2 导出为 PDF 文件

在 InDesign 中，可以在版面设计中的任意位置导入任何 PDF，还支持 PDF 图层导入，以多种方式创建 PDF 与制作交互式 PDF，既能印刷出版，又能在 Web 上发布和浏览，或像电子书一般阅读，使用十分广泛。

2.2.1 设置 PDF 选项

在 InDesign 中，可以方便地将文档或书籍导出为 PDF。也可以根据需要对其进行自定预设，并快速应用到 Adobe PDF 文件中。在生成 Adobe PDF 文件时，可以保留超链接、目录、索引、书签等导航元素，也可以包含交互式功能，如超链接、书签、媒体剪贴与按钮。交互式 PDF 适合制作电子或网络出版物，包括网页。

执行“文件”|“导出”命令，弹出“导出”对话框，在“保存类型”下拉列表框中选择“Adobe PDF（交互）”选项，如图 2-39 所示。单击“保存”按钮，弹出“导出至交互式 PDF”对话框，如图 2-40 所示。

图 2-39

图 2-40

2.2.2 PDF 预设

执行“文件”|“Adobe PDF 预设”|“定义”命令，弹出“Adobe PDF 预设”对话框，如图 2-41 所示。在该对话框中进行“预设”选项的设置，选择之后单击“完成”按钮。

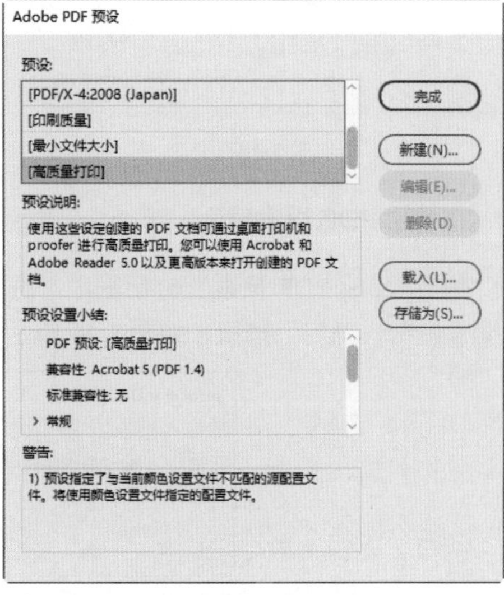

图 2-41

知识点拨

在 InDesign CC 中提供了几组默认的 Adobe PDF 设置，包括高质量打印、印刷质量、最小文件大小、PDF/X-la:2001、PDF/X-3:2002、PDF/X-4:2008 与 MAGAZINE AD 2006。

PDF/X 是图形内容交换的 ISO 标准，可以消除导致出现打印问题的许多颜色、字体和陷印变量。在 InDesign CC 中，对于 CMYK 工作流程，支持 PDF/Xla:2001 与 PDF/Xla:2003；对于颜色管理工作流程，支持 PDF/X3:2002 与 PDF/X3:2003。

2.2.3 新建、存储和删除 PDF 导出预设

在“Adobe PDF 预设”对话框中，右侧包含了新建、储存和删除按钮，下面将详细讲解新建、储存和删除 PDF 导出预设的操作步骤。

1. 新建 PDF 导出预设

在“Adobe PDF 预设”对话框中，单击“新建”按钮，弹出“新建 PDF 导出预设”对话框，如图 2-42 所示。在该对话框中一般只需对常规、标记和出血的属性进行设置，其他保持默认。单击“确定”按钮，完成创建。

2. 存储 PDF 导出预设

在“Adobe PDF 预设”对话框中单击“存储为”按钮，弹出“存储 PDF 导出预设”对话框，在该对话框中设置文件名、储存路径，单击“保存”按钮，如图 2-43 所示，完成存储 PDF 导出预设的操作。

图 2-42

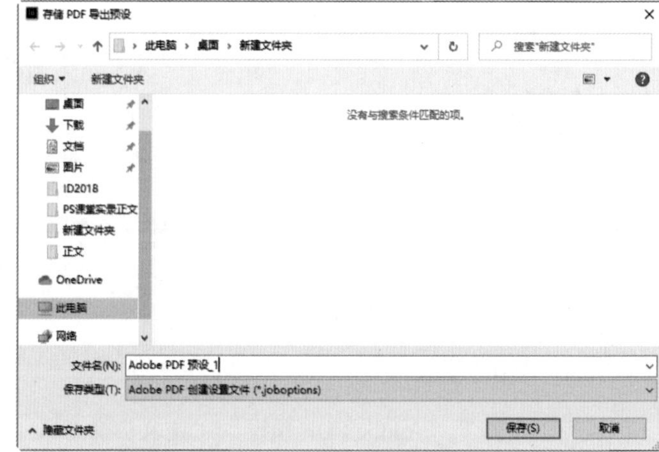

图 2-43

3. 删除 PDF 导出预设

在“Adobe PDF 预设”对话框中，选中需要删除的预设选项，单击“删除”按钮，在弹出的提示框中单击“确定”按钮，如图 2-44 所示，即可完成删除 PDF 导出预设的操作。

图 2-44

2.2.4 编辑 PDF 预设

在“Adobe PDF 预设”对话框中，选择需要编辑的“预设”选项，单击对话框右侧的“编辑”按钮，即可进行 PDF 预设的编辑设置，如图 2-45 所示。

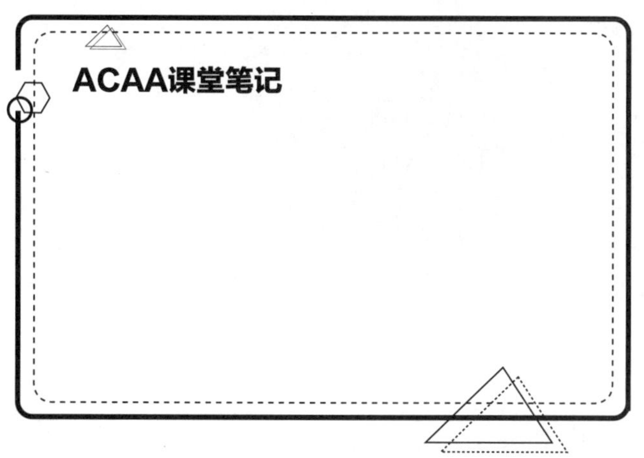

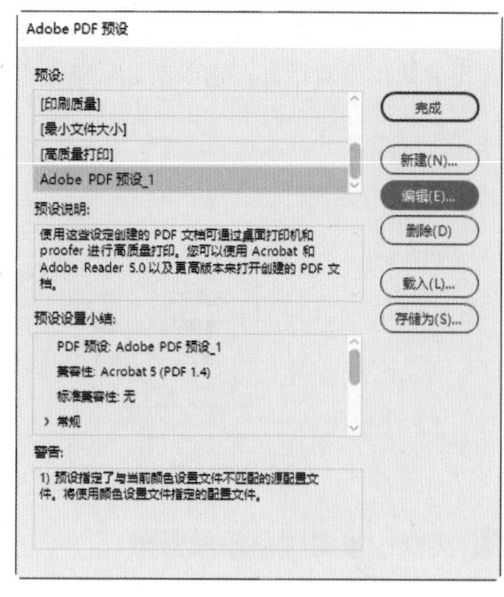

图 2-45

2.3 常见绘图工具

在使用 InDesign 软件编排文档时，绘图工具的应用必不可少。利用不同的工具即可快速地绘制出直线、矩形、曲线和多边形等基本图形。

2.3.1 直线工具

选择直线工具，按住鼠标左键拖至终点，释放鼠标，即可绘制一条直线。在绘制直线时，若靠近对齐线，鼠标指针会变成带有一个小箭头 形状。

使用直线工具可绘制水平直线，如图 2-46 所示；绘制垂直直线，如图 2-47 所示；绘制 45° 倾斜的直线，如图 2-48 所示。

图 2-46　　图 2-47　　图 2-48

知识点拨

在绘制直线时，若按住 Shift 键，则其角度受到限制，只能有水平、垂直、左右 45° 倾斜等几种方式。若按住 Alt 键，则所画直线以初始点固定为对称中心。

2.3.2 矩形工具

选择矩形工具或按 M 键，直接拖动鼠标可绘制矩形；若要绘制精确的矩形，可以在页面上单击，弹出“矩形”对话框，输入参数后单击“确定”按钮即可，如图 2-49 和图 2-50 所示。

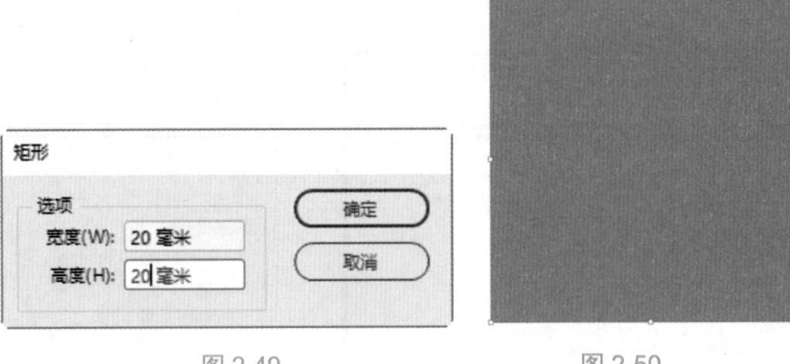

图 2-49　　图 2-50

实例：绘制圆角矩形图案

下面将利用本小节所学的矩形知识绘制圆角矩形图案。

Step01 选择矩形工具，拖动鼠标绘制矩形，如图 2-51 所示。

Step02 在“控制”面板中单击“填色”按钮，在下拉列表中设置颜色，如图 2-52 所示。

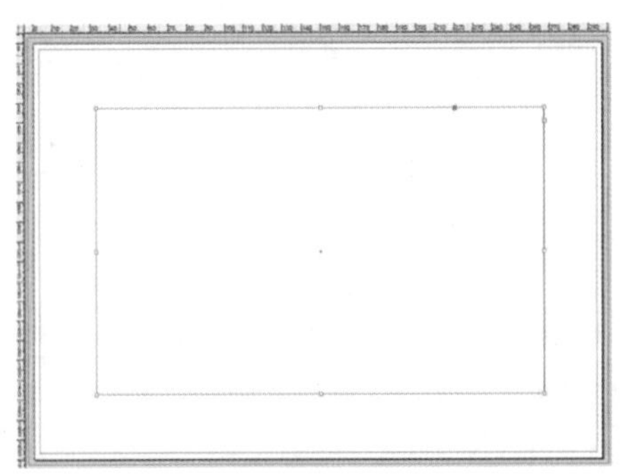

图 2-51

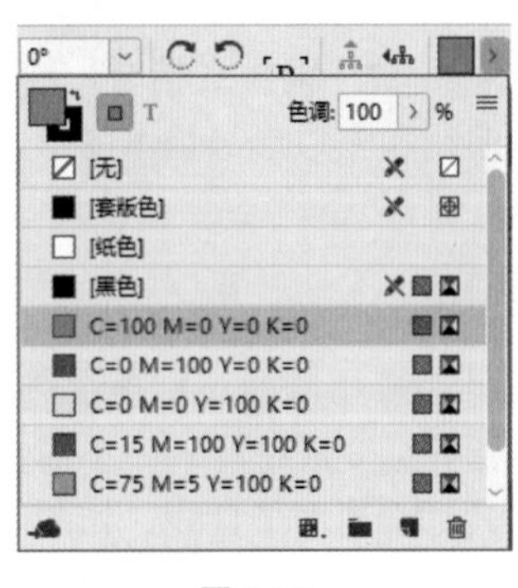

图 2-52

Step03 设置描边为无，效果如图 2-53 所示。

Step04 单击黄色的可编辑转角，效果如图 2-54 所示。

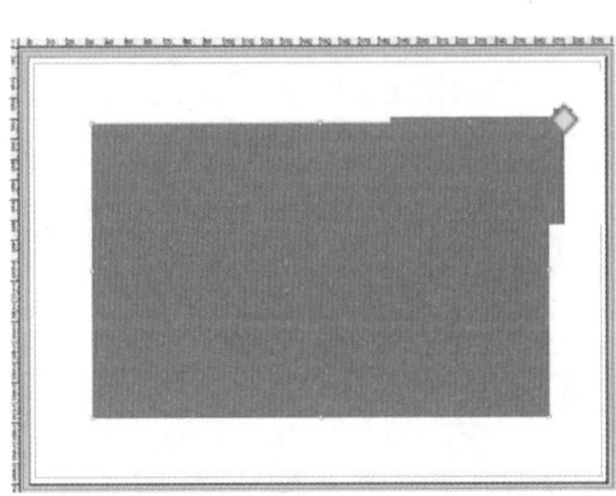

图 2-53

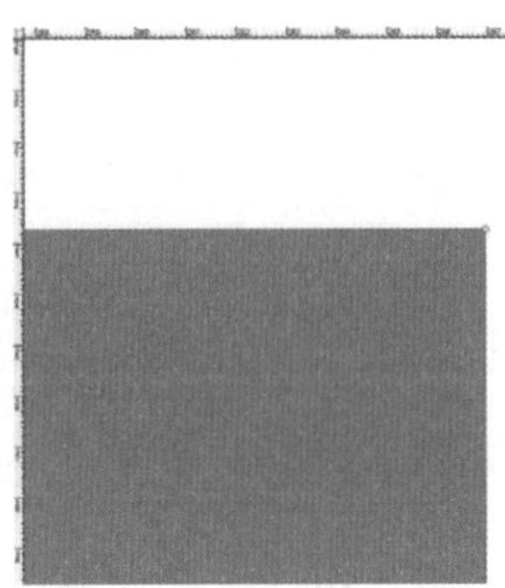

图 2-54

Step05 按住 Shift 键单击矩形右上角锚点向左拖动，如图 2-55 所示。

Step06 按住 Shift 键单击矩形左下角锚点向右拖动，如图 2-56 所示。

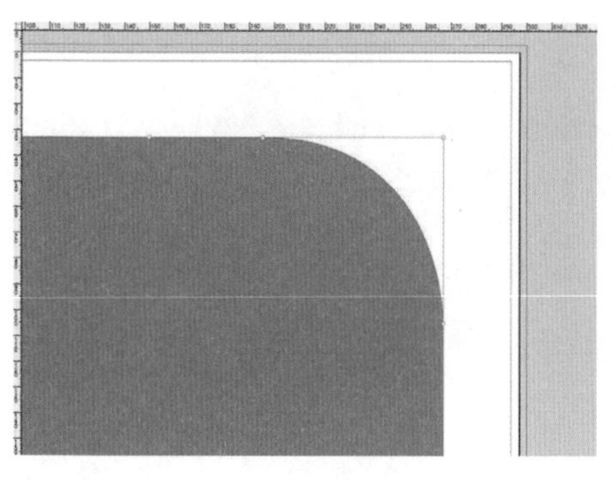
图 2-55

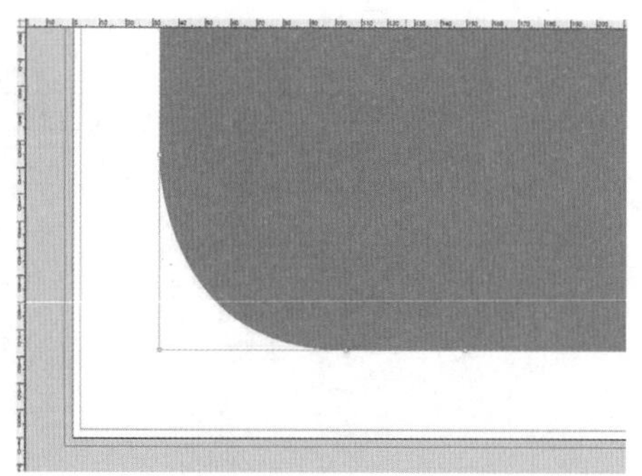
图 2-56

Step07 最终效果如图 2-57 所示。

至此，完成对圆角矩形图案的绘制。

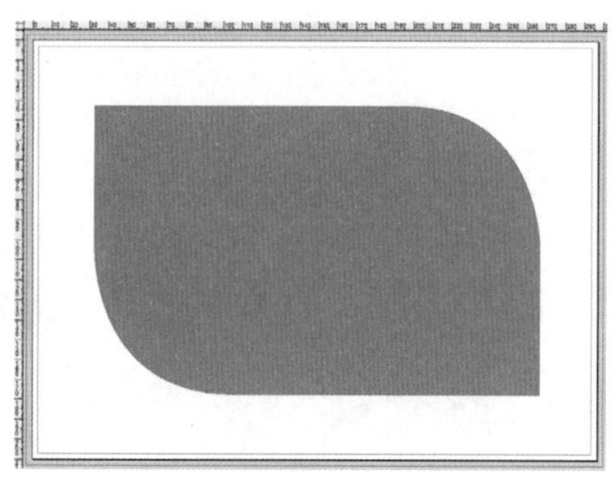
图 2-57

知识点拨

按住 Alt 键，单击“矩形工具”按钮，则可在矩形工具、椭圆工具、多边形工具之间进行切换。

2.3.3 椭圆工具

选择椭圆工具，在页面上单击，弹出“椭圆”对话框，输入参数后单击“确定”按钮，如图 2-58 和图 2-59 所示。

图 2-58

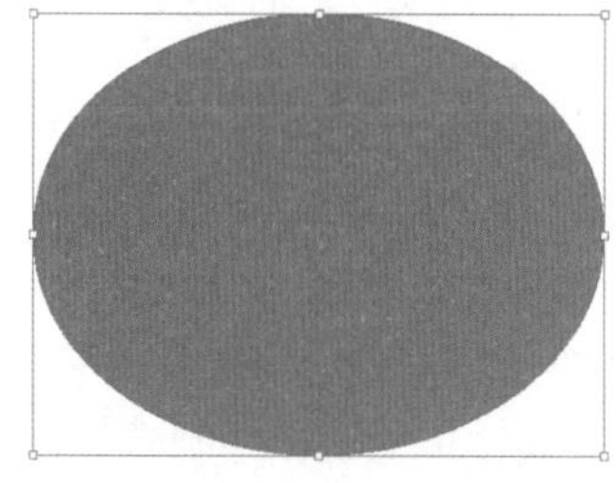
图 2-59

知识点拨

按住 Shift 键的同时拖动鼠标，可绘制圆形；按住 Alt 键的同时拖动鼠标，可以绘制以此为中心点向外扩展的椭圆形；按住 Shift+Alt 组合键的同时拖动鼠标，可绘制以此为中心点向外扩展的圆形。

2.3.4 多边形工具

选择多边形工具，在页面上单击，弹出“多边形”对话框，输入参数后单击“确定”按钮，如图 2-60 和图 2-61 所示。

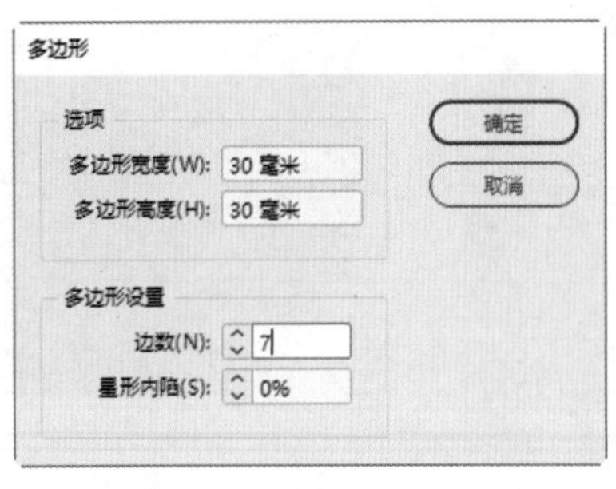

图 2-60

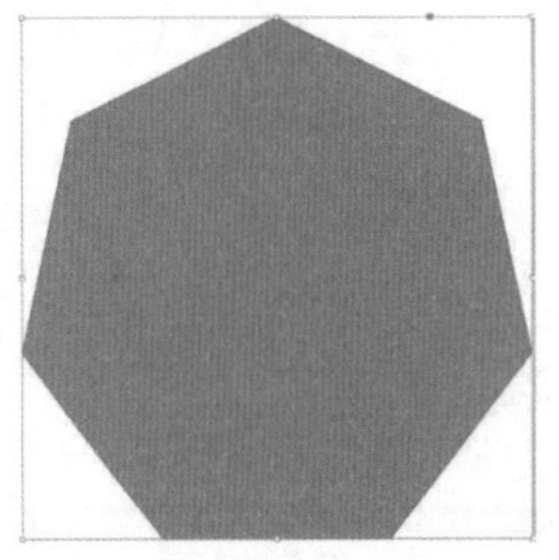

图 2-61

若设置“星形内陷”为 25%，则绘制的图形如图 2-62 所示；若设置“星形内陷”为 75%，则绘制的图形如图 2-63 所示；若设置“星形内陷”为 100%，则绘制的图形如图 2-64 所示。

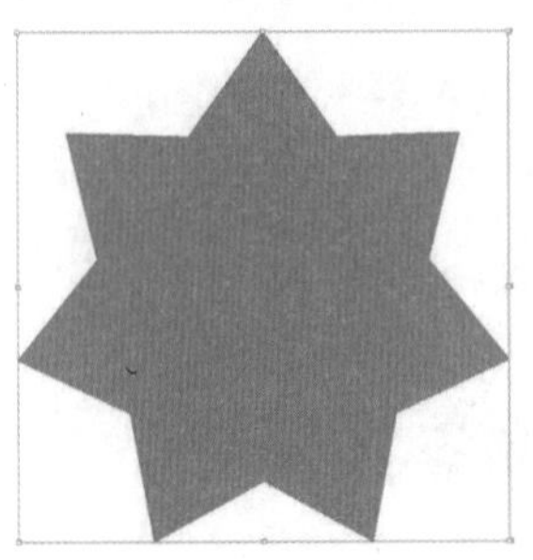

图 2-62

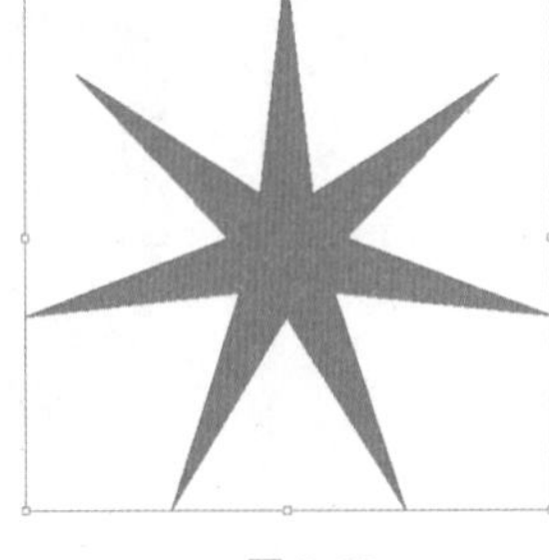

图 2-63

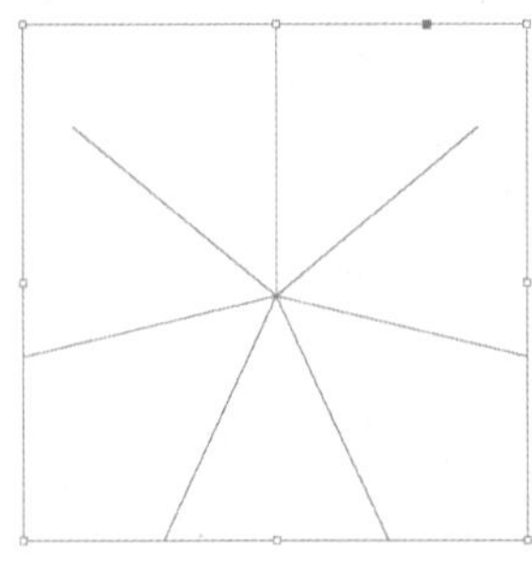

图 2-64

知识点拨

选择多边形工具，在页面上拖动鼠标到合适的高度和宽度，按住鼠标左键不放，然后用键盘上的↑键和↓键可增减多边形的边数；按→键和←键可增减星形内陷的百分比。

实例：制作星形分隔线

下面将利用本小节所学的多边形工具知识绘制五角星分隔线。

Step01 选择多边形工具，拖动鼠标绘制多边形，在页面上单击，弹出“多边形”对话框，输入参数后单击“确定”按钮，如图 2-65 和图 2-66 所示。

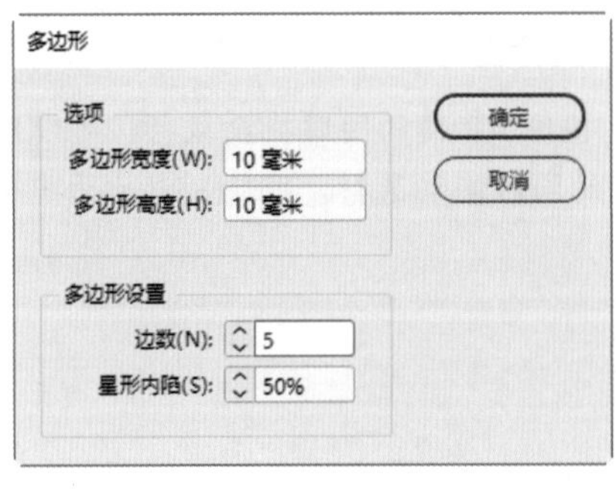

图 2-65

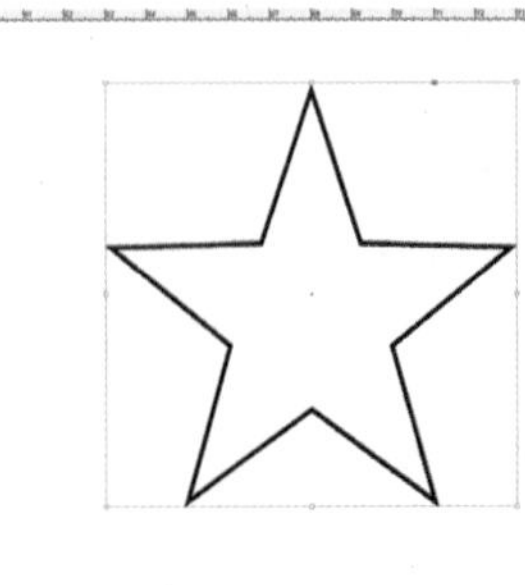

图 2-66

Step02 在“控制”面板中单击“填色”按钮，在下拉列表中设置颜色，设置描边为无，如图 2-67 所示。

Step03 在“控制”面板中设置旋转角度为 20°，如图 2-68 所示。

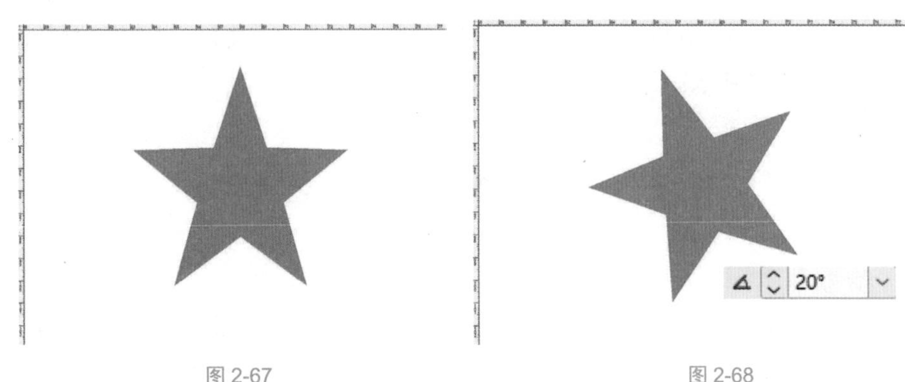

图 2-67　　图 2-68

Step04 按住 Shift+Alt 组合键水平移动复制五角星，如图 2-69 所示。

图 2-69

Step05 按住 Ctrl+Shift+Alt+D 组合键连续复制，如图 2-70 所示。

图 2-70

Step06 按住 Alt 键复制五角星，在“控制”面板中更改填充颜色，如图 2-71 所示。

图 2-71

Step07 在“控制”面板中调整旋转角度，按住 Shift+Alt 组合键等比例调整五角星大小并放置在合适的位置，如图 2-72 所示。

图 2-72

Step08 按住 Shift+Alt 组合键等比例调整五角星大小，在“控制”面板中调整旋转角度并放置在合适的位置，如图 2-73 所示。

图 2-73

Step09 按住 Shift 键选中两个五角星，按住 Shift+Alt 组合键水平移动复制，按住 Ctrl+Shift+Alt+D 组合键连续复制，如图 2-74 所示。

图 2-74

Step10 按住 Shift+Alt 组合键水平移动复制蓝色五角星，在“控制”面板中设置旋转角度为 0°，如图 2-75 所示。

图 2-75

Step11 按住 Shift+Alt 组合键等比例调整五角星大小，按住 Shift+Alt 组合键水平移动复制蓝色五角星，按住 Ctrl+Shift+Alt+D 组合键连续复制，如图 2-76 所示。

图 2-76

至此，完成五角星分割线的制作。

2.3.5 钢笔工具

钢笔工具可以创建比手绘工具更为精确的直线和对称流畅的曲线。对于大多数用户而言，钢笔工具提供了最佳的绘图控制和最高的绘图准确度。

1. 绘制直线段

选择钢笔工具，将钢笔工具定位到所需的直线起点并单击，以定义第一个锚点，如图 2-77 所示；接着指定第二个锚点，即单击线段结束的位置，如图 2-78 所示。继续单击以便为其他直线设置锚点，如图 2-79 所示。

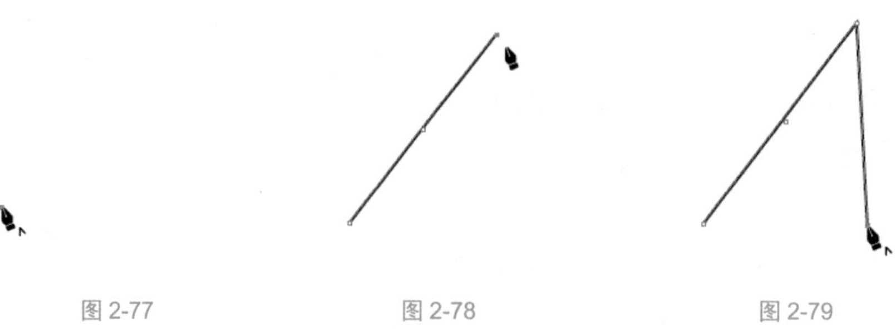

图 2-77　　图 2-78　　图 2-79

将鼠标指针放到第一个空心锚点上，当钢笔工具指针旁出现一个小圆圈时，如图 2-80 所示，单击可绘制闭合路径，如图 2-81 所示。

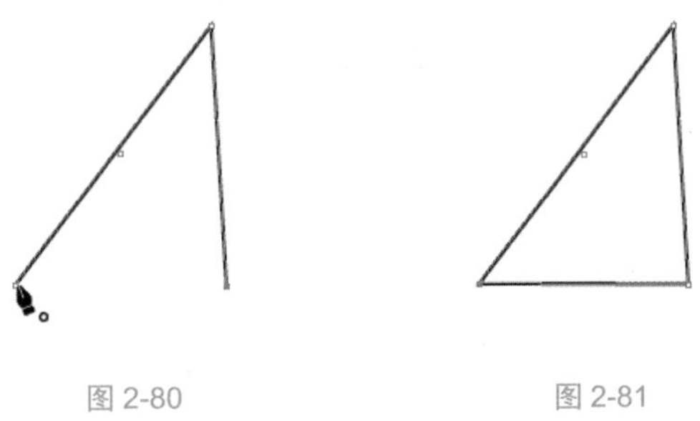

图 2-80　　图 2-81

知识点拨

绘制直线不要拖动鼠标，而是在线段的结束位置处单击。连续单击鼠标，可以连续地绘制多条线段。同时，最后添加的锚点总是显示为实心方形，表示已为选中状态。当添加更多的锚点时，以前定义的锚点会变成空心并被取消选中。

2. 绘制曲线

选择钢笔工具，单击以指定起始点，在曲线改变方向的位置添加一个锚点，拖动构成曲线形状的方向线，方向线的长度和斜度决定了曲线的形状，如图 2-82 所示。

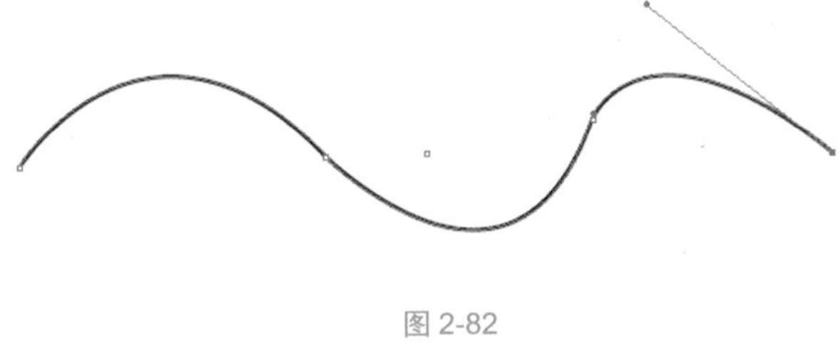

图 2-82

2.4 对象变换工具

对象的变换操作包括旋转、缩放、切变等，借助软件中提供的各种工具便可轻松完成。例如：自由变换工具、旋转工具、缩放工具、切变工具，如图 2-83 所示。

图 2-83

2.4.1 旋转工具

选择“旋转工具”，可以围绕某个指定点旋转操作对象，通常默认的旋转中心点是对象的中心点，如图 2-84 所示。椭圆中部所显示的符号代表旋转中心点，单击并拖动鼠标，此符号即可改变旋

转中心点相对于对象的位置，从而使旋转基准点发生变化。如图 2-85 所示为旋转状态，释放鼠标后，即可看到旋转后的椭圆，如图 2-86 所示。

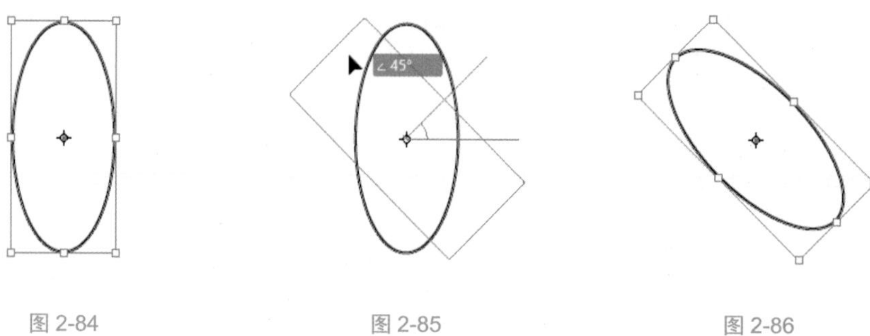

图 2-84　　图 2-85　　图 2-86

在操作过程中，可以自由调整旋转中心点的位置，旋转中心点的设置影响最终效果的展示，如图 2-87 和图 2-88 所示为不同旋转中心点旋转 30°。

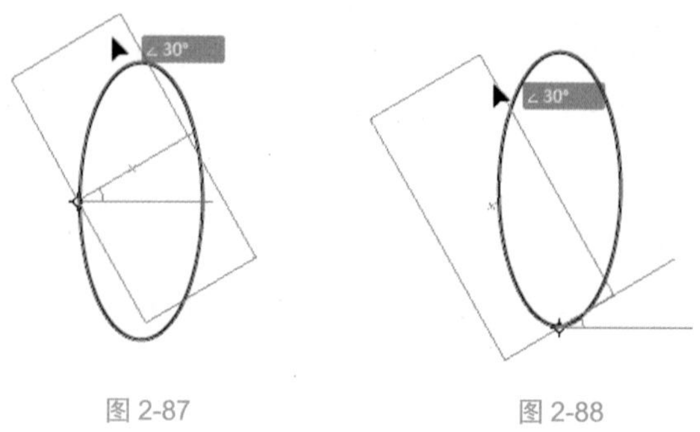

图 2-87　　图 2-88

知识点拨

在旋转对象的同时按住 Shift 键，则可以将旋转角度增量限定为 45°的整数倍。

2.4.2　缩放工具

选择“缩放工具”，可以在水平方向、垂直方向或者同时在水平和垂直方向上对操作对象进行放大或缩小操作，在默认情况下，放大和缩小操作都相对于操作中心点。在缩放时按住 Shift 键可等比例缩放，如图 2-89~ 图 2-91 所示。

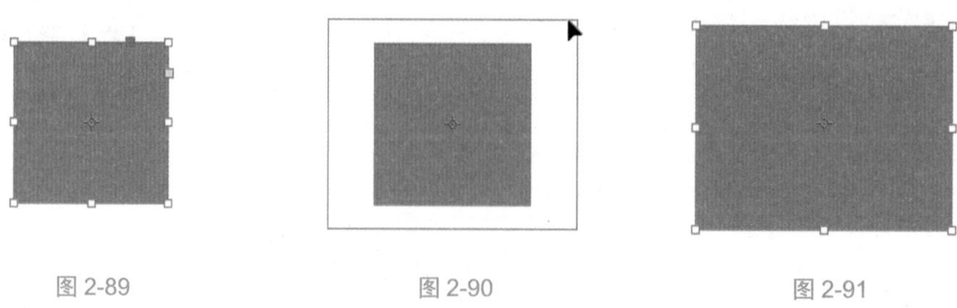

图 2-89　　图 2-90　　图 2-91

知识点拨

最为简单的缩放操作是利用对象周围的边框进行的，使用选择工具，选择需要进行缩放的对象时，该对象的周围将出现边界框，利用鼠标拖动边界框上任意手柄即可对被选定的对象做缩放操作。

2.4.3　切变工具

选择“切变工具”，可在任意对象上对其进行切变操作，其原理是用平行于平面的力作用于平面使对象发生变化。使用切变工具可以直接在对象上进行旋转拉伸，也可在“控制”面板中输入角度使对象达到所需的效果。

实例：制作几何对话框

下面将利用本小节所学的切变工具知识绘制几何对话框。

Step01 在工具箱中选择矩形工具，拖动鼠标绘制矩形，如图 2-92 所示。

Step02 选中矩形，在“控制”面板中设置切变角度，如图 2-93 所示。

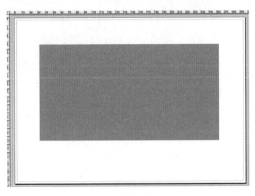

图 2-92

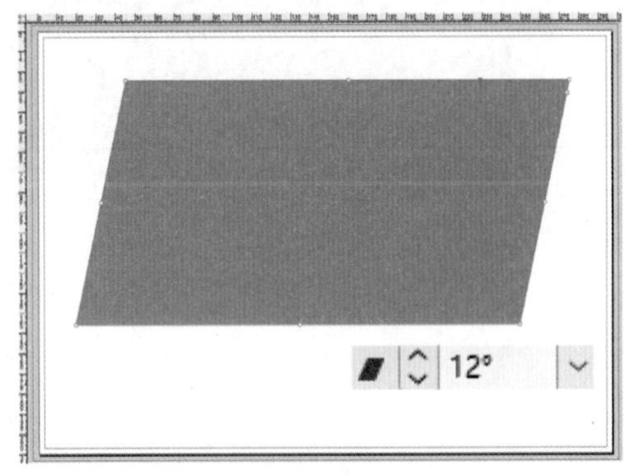

图 2-93

Step03 在“控制”面板中设置旋转角度，如图 2-94 所示。

Step04 选择钢笔工具，绘制闭合路径，选择吸管工具，吸取矩形颜色，如图 2-95 所示。

图 2-94

图 2-95

Step05 按住 Alt 键移动复制矩形，如图 2-96 所示。

Step06 在“控制”面板中设置填色为无，描边为 3 点（虚线），如图 2-97 所示。

图 2-96

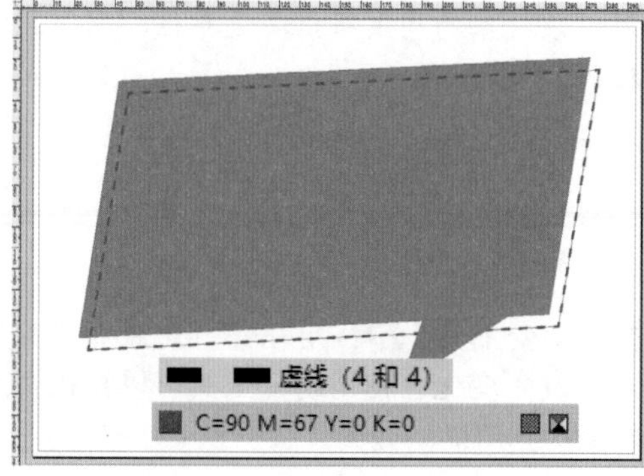

图 2-97

Step07 选择直线工具绘制直线，如图 2-98 所示。

Step08 在“控制”面板中设置参数，如图 2-99 所示。

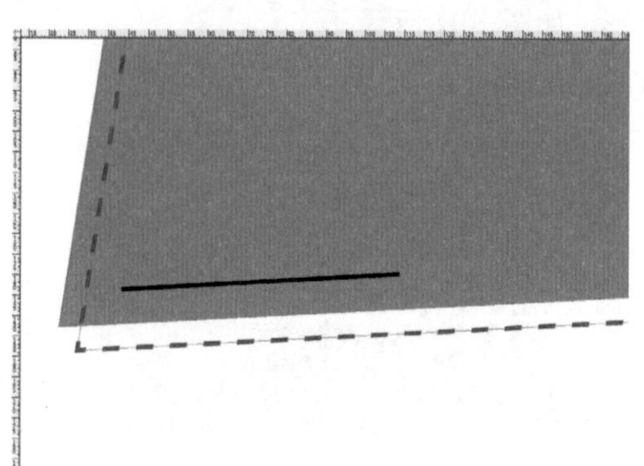

图 2-98

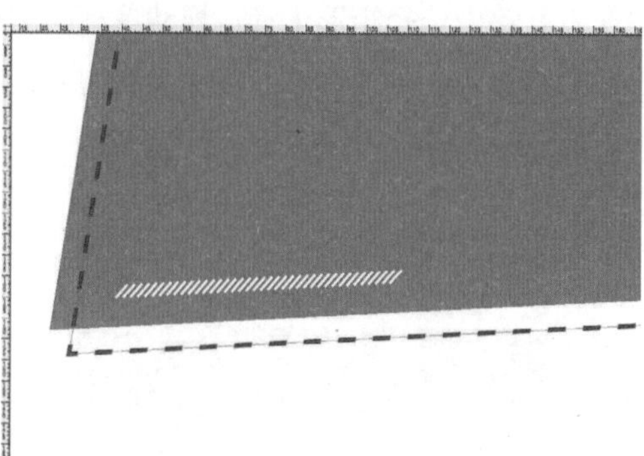

图 2-99

Step09 按住 Alt 键移动复制直线至右上角，如图 2-100 所示。最终效果如图 2-101 所示。

图 2-100

图 2-101

至此，完成几何对话框的制作。

■ 2.4.4　自由变换工具

“自由变换工具”▣的作用范围包括文本框、图文框以及各种多边形。通过文本框、图文框以及多边形四周的控制句柄对各种对象进行变形操作，可移动、缩放、旋转、反转以及切变对象。

知识点拨

在“控制”面板或“变换”面板中可设置变换对象的精确参数。

2.5 课堂实战　个性名片的设计

名片是标示姓名、联系方式、所属组织、公司单位的卡片，是社交时常见的辅助工具。设计名片时，其结构既不能太散也不能太挤，不要太拘谨以显得死板，也不能太活跃以至于显得不严肃，此外还要把握名片正反面风格的统一化。

1. 制作名片主体

背景的制作主要使用基础绘制图形的工具，其中设置一些变换操作。下面将详细介绍绘制名片的过程。

Step01 执行“文件”|“新建”|“文档”命令，在弹出的“新建文档”对话框中设置参数，如图 2-102 所示。

Step02 单击“边距和分栏”按钮，在弹出的“新建边距和分栏”对话框中设置参数，如图 2-103 所示。

图 2-102

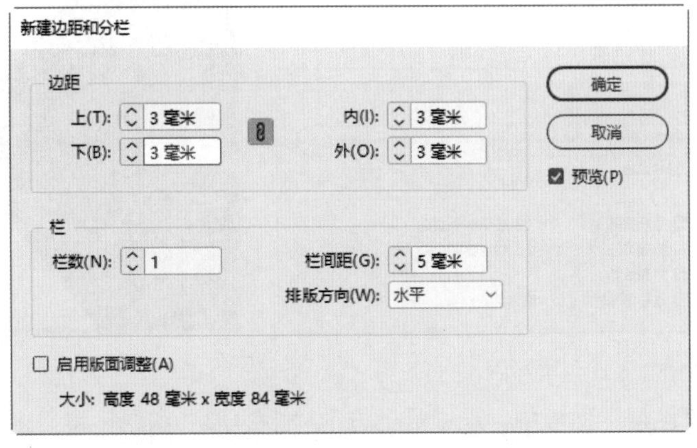

图 2-103

Step03 执行“窗口”|“图层”命令，打开“图层”面板，双击“图层 1”，在弹出的“图层选项”对话框中设置参数，单击“确定”按钮，如图 2-104 所示。

Step04 选择矩形工具，在操作页面中单击，在弹出的“矩形”对话框中设置参数，单击“确定”按钮，如图 2-105 所示。

Step05 设置填充颜色为白色，描边为无，如图 2-106 所示。

Step06 在“图层”面板中，锁定“背景”图层，如图 2-107 所示。

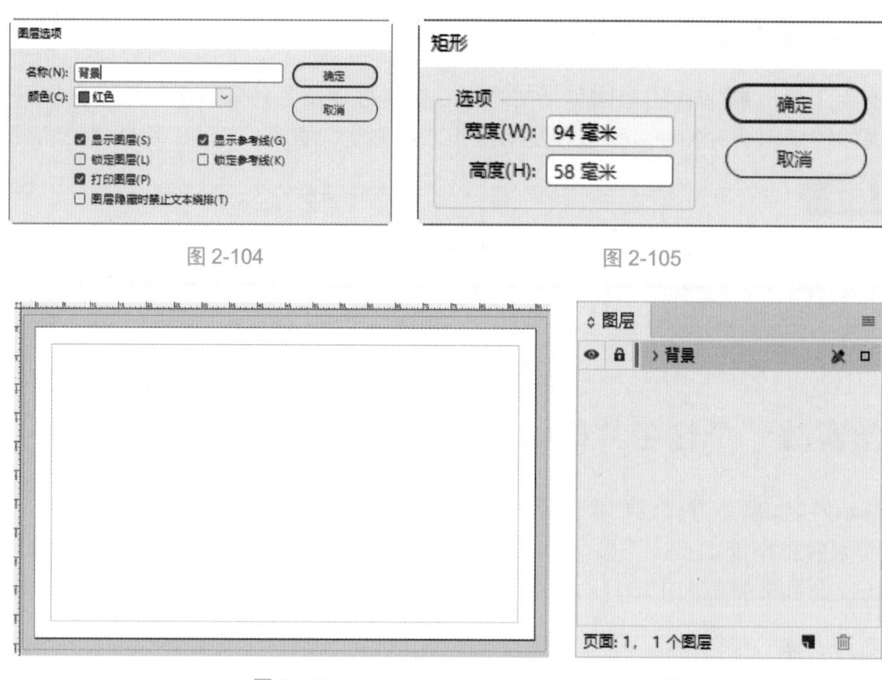

图 2-104　　图 2-105

图 2-106　　图 2-107

Step07 在“图层”面板中，单击右下角的“创建新图层”按钮，创建“图层 2”，双击重命名，如图 2-108 所示。

Step08 选择钢笔工具，绘制形状并设置颜色为红色，描边为无，如图 2-109 所示。

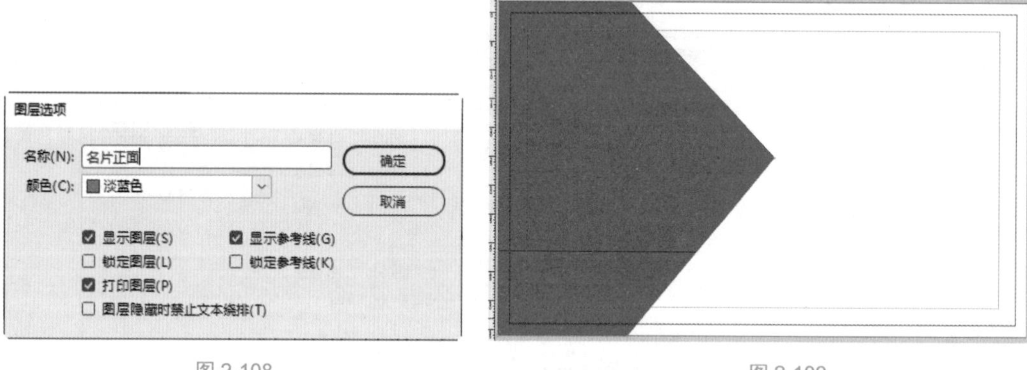

图 2-108　　图 2-109

Step09 在“图层”面板中，选中最上方的“多边形”图层，将“多边形”图层拖至面板底部的“创建新图层”按钮上复制图层，复制两次，如图 2-110 所示。

Step10 选择最底层的多边形向右水平移动，如图 2-111 所示。

Step11 按 Shift 键加选上层的多边形，执行“对象”|“路径查找器”命令，在弹出的“路径查找器”面板中单击“减去”按钮，效果如图 2-112 所示。

Step12 选择减去的多边形，右击，在弹出的快捷菜单中选择“效果”|“内阴影”命令，在打开的“效果”对话框中设置参数，如图 2-113 所示。

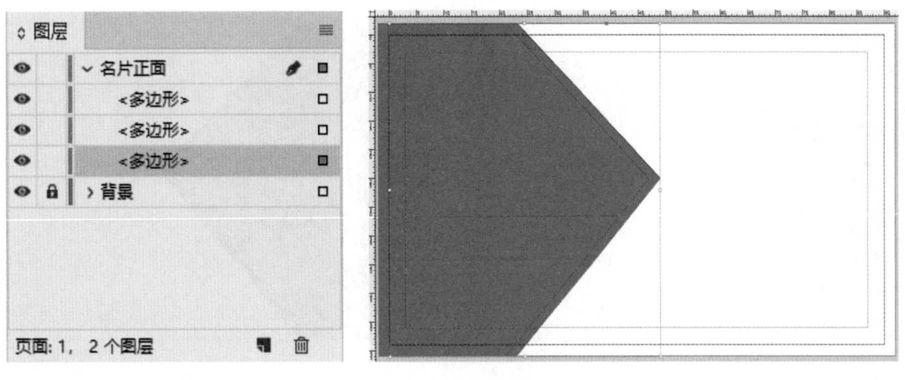

图 2-110　　图 2-111

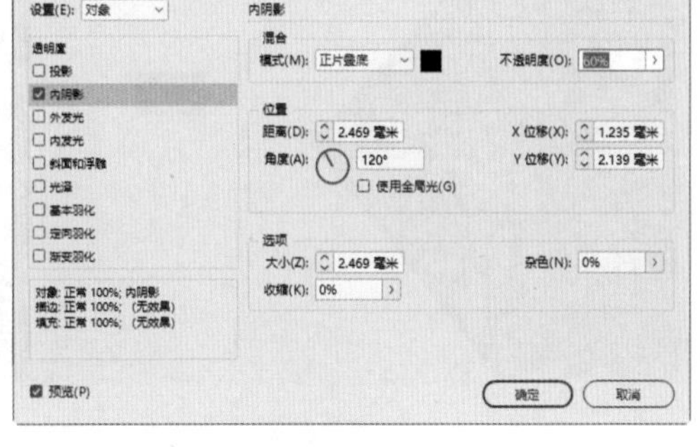

图 2-112　　图 2-113

Step13 单击“确定”按钮，效果如图 2-114 所示。

Step14 选择矩形工具绘制矩形，选择吸管工具吸取多边形的颜色，如图 2-115 所示。

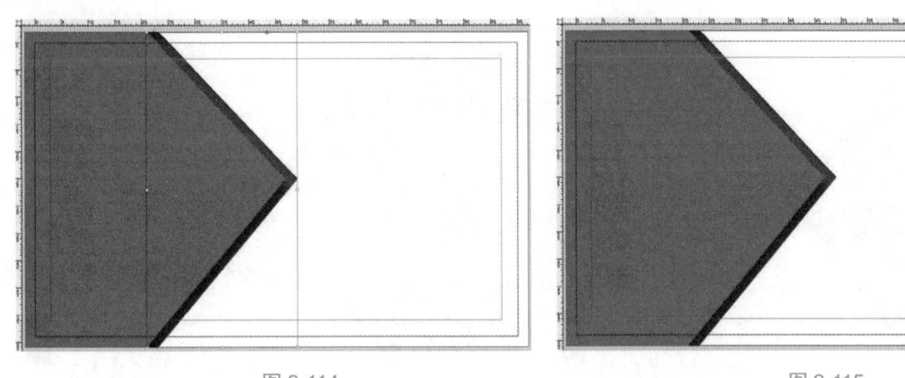

图 2-114　　图 2-115

Step15 继续绘制矩形，选择吸管工具吸取减去多边形的颜色，效果如图 2-116 所示。

Step16 按住 Shift+Alt 组合键，向下水平移动，如图 2-117 所示。

Step17 选择矩形工具，绘制 10 毫米 ×6 毫米的矩形，设置填色为红色，描边为无，选择吸管工具吸取减去多边形的颜色，效果如图 2-118 所示。

Step18 按住 Alt 键单击“控制”面板中的“角选项”按钮，在弹出的“角选项”对话框中设置参数，并移至合适位置，如图 2-119 所示。

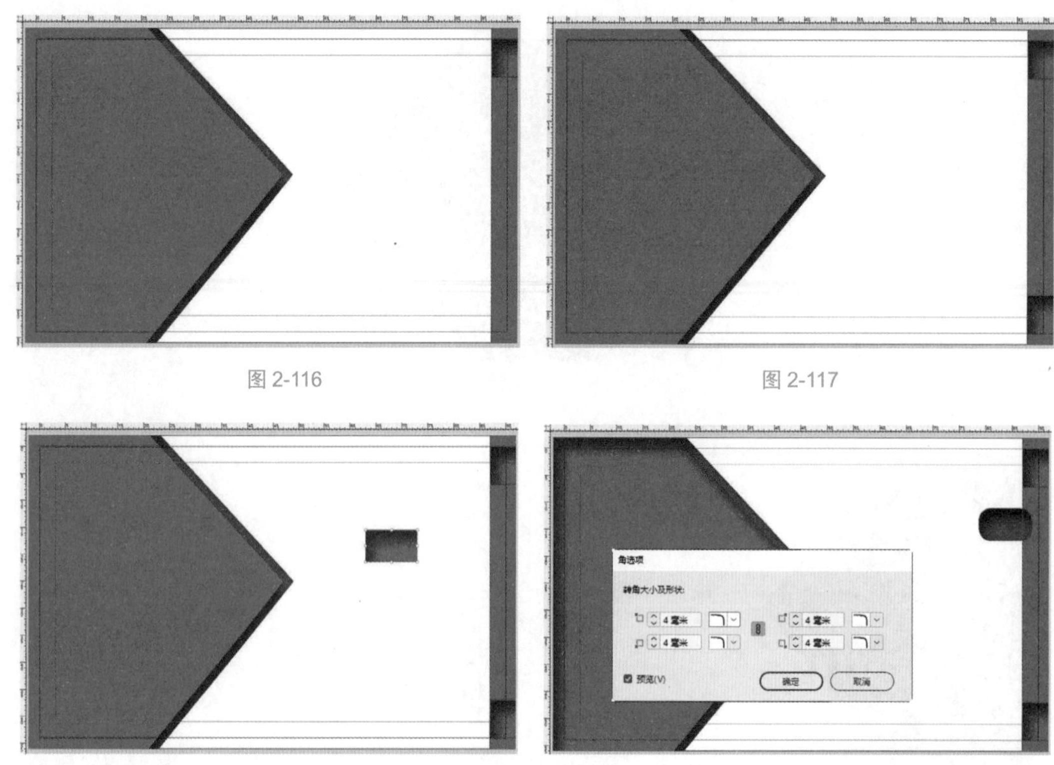

图 2-116　　图 2-117

图 2-118　　图 2-119

Step19 按住 Ctrl+Shift+[组合键，将圆角矩形移至最底层，按住 Shift+Alt 组合键并拖动鼠标，按住 Ctrl+Shift+Alt+D 组合键连续复制，效果如图 2-120 所示。

Step20 依次更改圆角矩形的填充颜色，如图 2-121 所示。

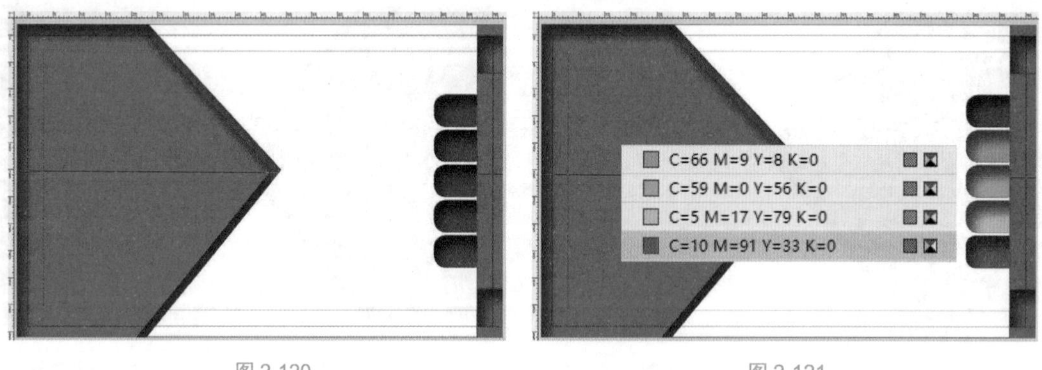

图 2-120　　图 2-121

Step21 选择矩形工具，绘制 0.3 毫米 ×80 毫米的矩形，设置填色为白色，描边为无，如图 2-122 所示。

Step22 按住 Shift+Alt 组合键，水平复制矩形，按住 Ctrl+Shift+Alt+D 组合键连续复制，总数达到 60 个，如图 2-123 所示。

Step23 将“纹样”移动至名片上方，在“控制”面板中设置旋转角度为 -40°，如图 2-124 所示。

Step24 将光标移动至框架脚点处，当光标变为双向箭头时，拖动鼠标放大图形，使图形完全覆盖下方的红色多边形，如图 2-125 所示。

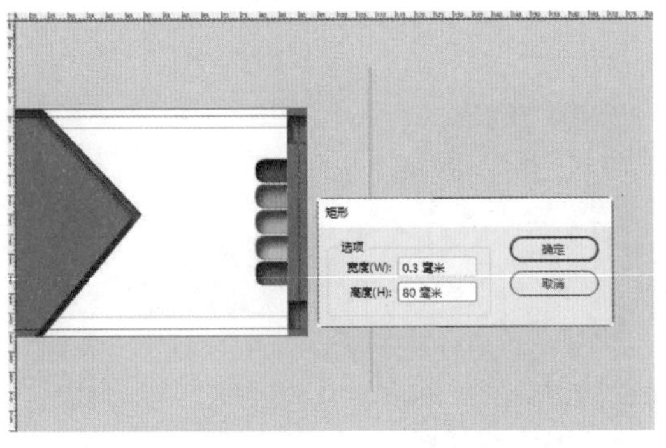

图 2-122

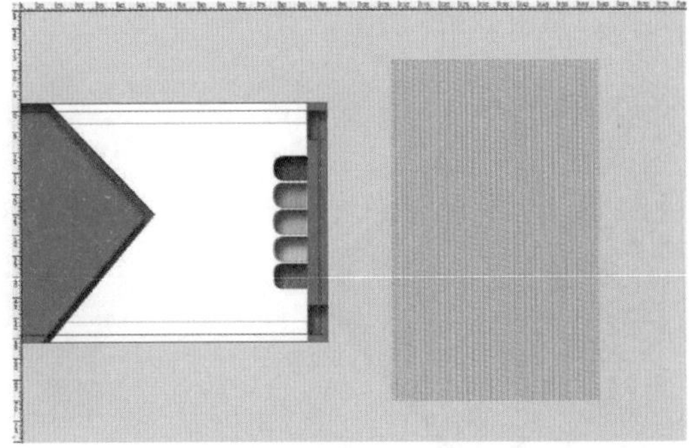

图 2-123

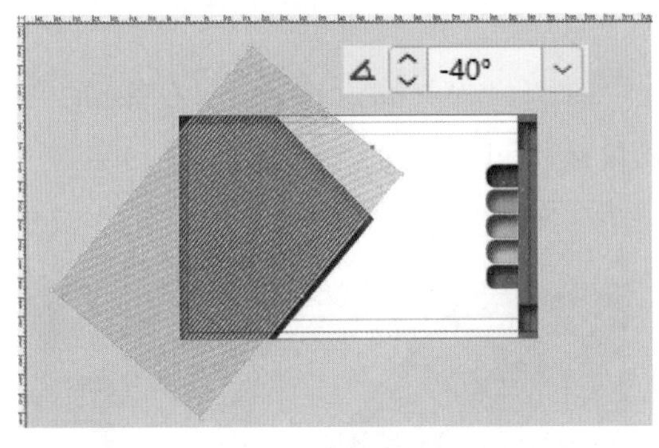

图 2-124

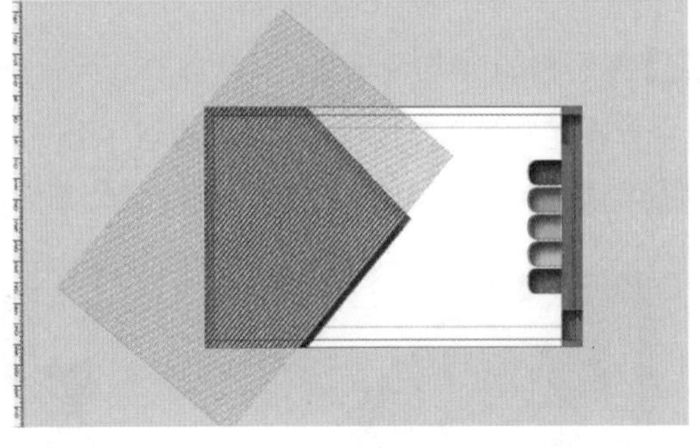

图 2-125

Step25 调整不透明度为 20%，按住 Alt 键将“纹样”移动至名片右侧，并锁定图层组，如图 2-126 所示。

Step26 分别选择减去多边形与右侧两个小矩形，按住 Ctrl+Shift+] 组合键，使减去多边形移至最上方，如图 2-127 所示。

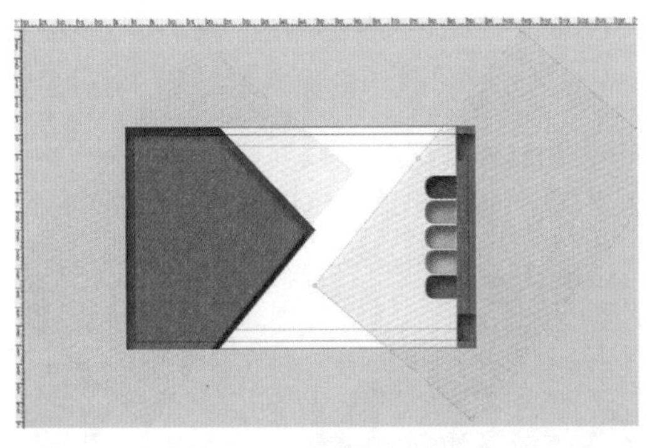

图 2-126

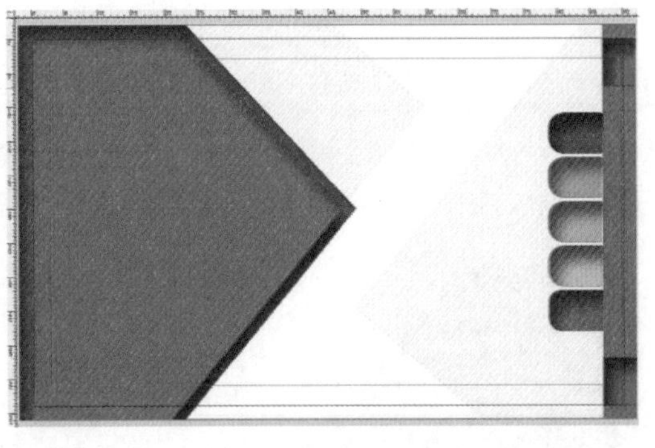

图 2-127

2. 添加名片信息

背景的内容需要用到基础绘制图形的工具，还需使用文字工具填写名片的基础信息，如姓名、联系方式、地址等。

Step01 选择椭圆工具，设置填色为红色，描边为无，按住 Shift 键绘制正圆，移动其至合适位置，选择吸管工具吸取减去多边形的内阴影效果，如图 2-128 所示。

Step02 选择矩形工具，单击页面，在弹出的“矩形”对话框中设置其参数，单击“确定”按钮，并

填充红色，如图 2-129 所示。

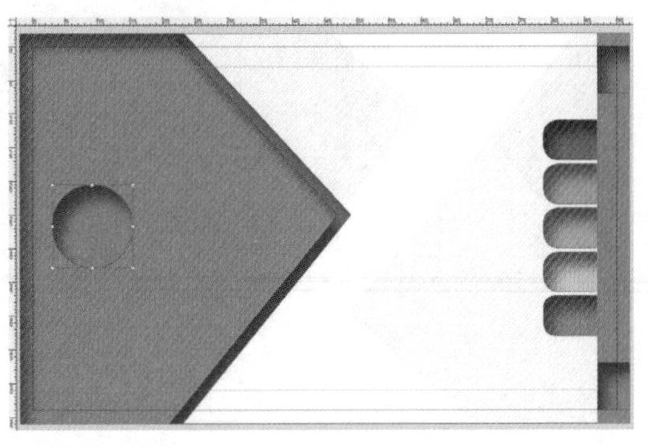
图 2-128

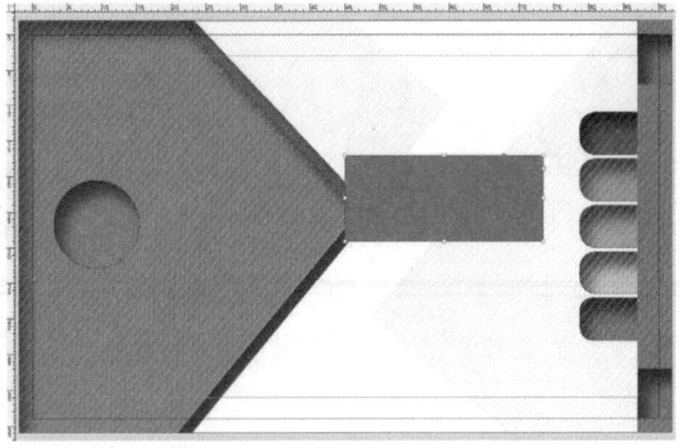
图 2-129

Step03 按住 Shift 键加选正圆，再次单击正圆，执行“窗口”|“对象和版面”命令，在弹出的“对齐”面板中单击“左对齐”按钮与“垂直居中分布”按钮，如图 2-130 所示。

Step04 选择红色矩形，按住 Ctrl+[组合键使其后移一层，如图 2-131 所示。

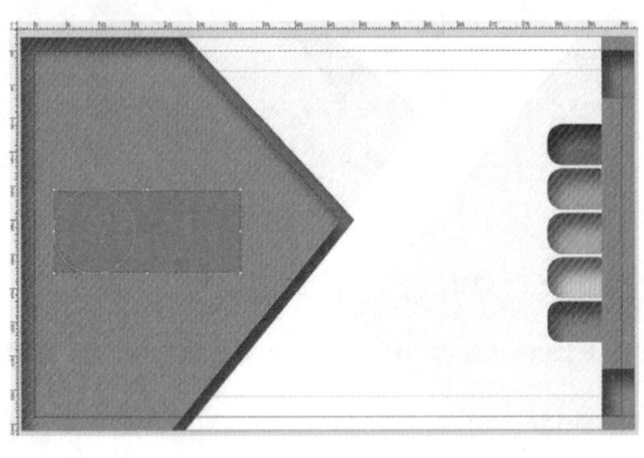
图 2-130

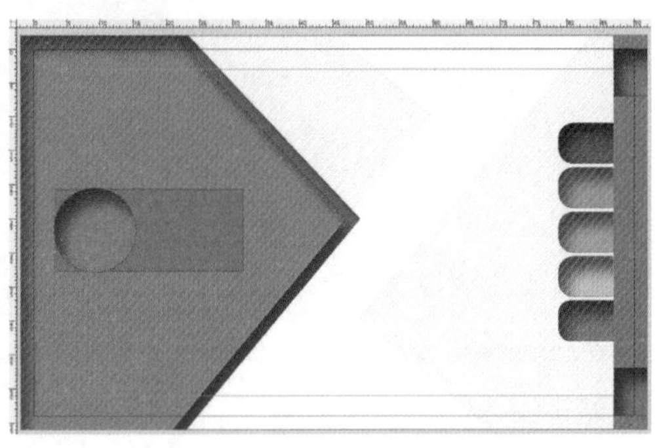
图 2-131

Step05 选择直线工具，按住 Shift 键绘制一条长为 25mm 的水平直线，设置填充为无，描边为黑色，大小为 0.5 点，并移动其至合适位置，效果如图 2-132 所示。

Step06 选择文字工具，拖动鼠标绘制文本框，并输入“D”，设置字体颜色为白色，如图 2-133 所示。

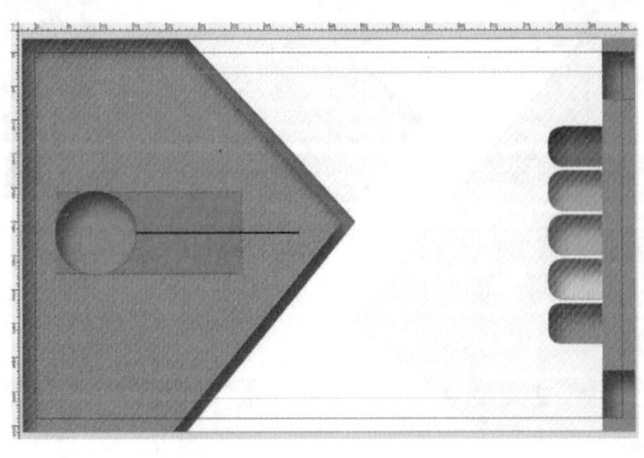
图 2-132

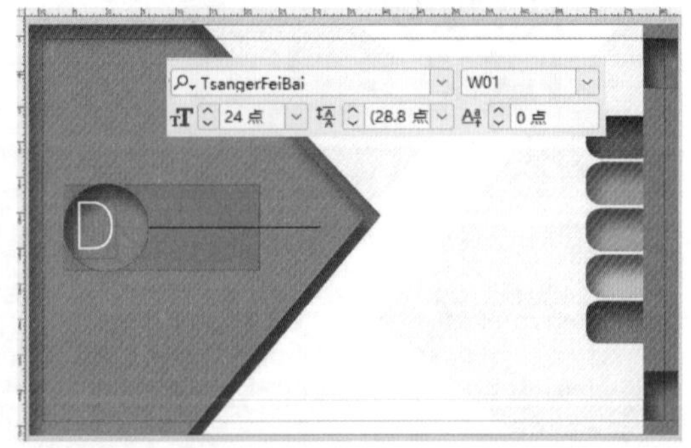

图 2-133

Step07 按住 Alt 键复制两次文本框，并更改文字内容，效果如图 2-134 所示。

Step08 选中“S”，右击，在弹出的快捷菜单中选择“变换”|“逆时针旋转 90° ”命令，调整位置，如图 2-135 所示。

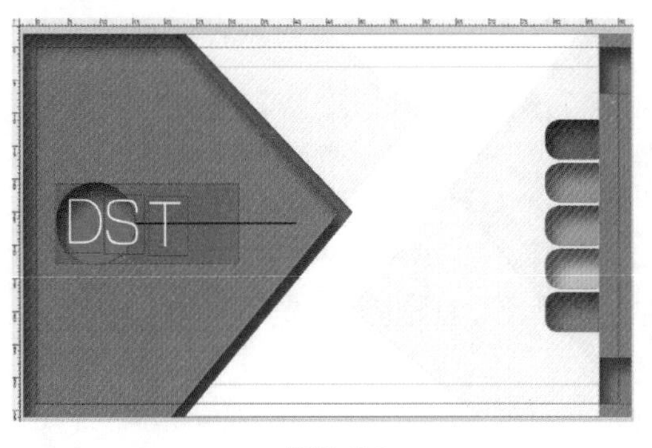

图 2-134

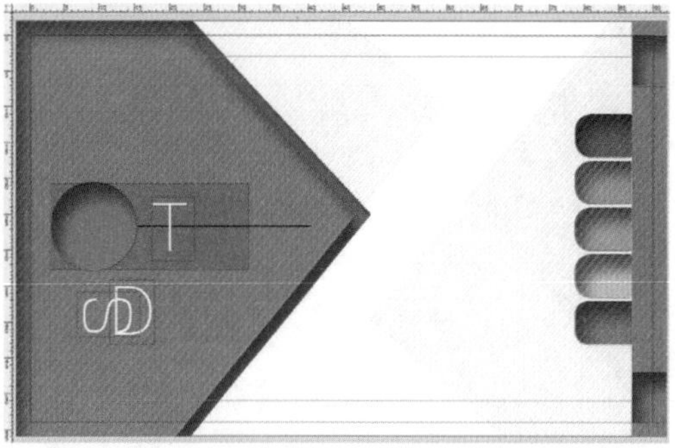

图 2-135

Step09 调整“T”的位置，按 Ctrl+G 组合键创建新组，调整大小放置至合适的位置，如图 2-136 所示。

Step10 选择文字工具，拖动鼠标绘制文本框，并输入文字，放置在直线上方，如图 2-137 所示。

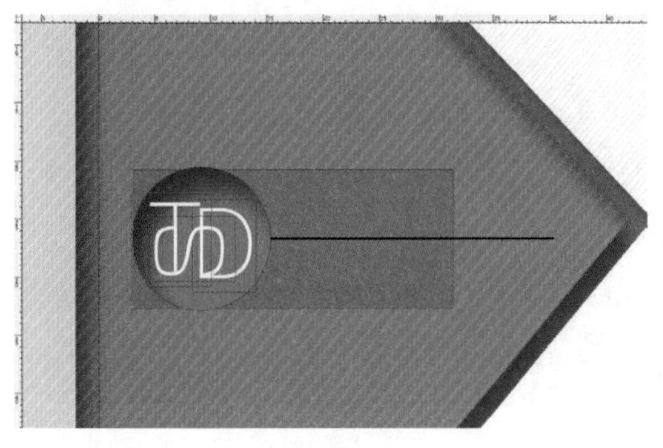
图 2-136

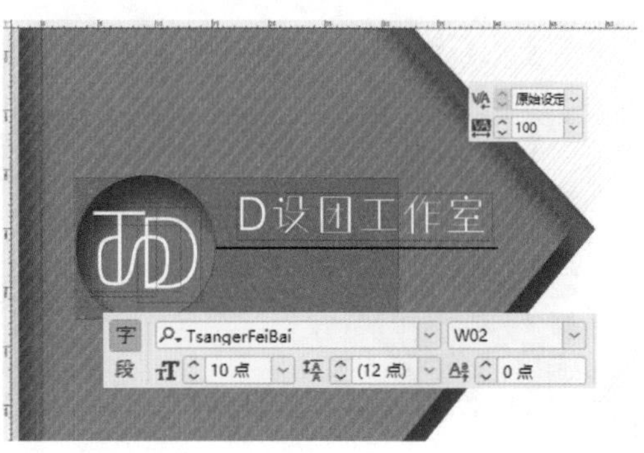

图 2-137

Step11 选择文字工具，拖动鼠标绘制文本框，并输入文字，放置在直线下方，如图 2-138 所示。

Step12 使用同样的方法，输入其他文字信息，字体最大为 8 点，如图 2-139 所示。

图 2-138

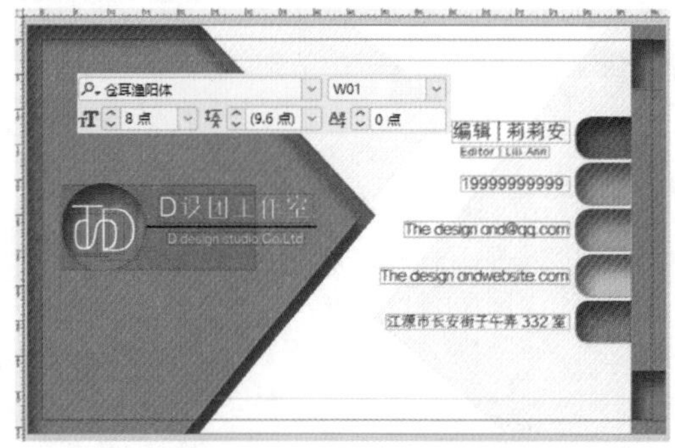

图 2-139

Step13 选择矩形框架工具，拖动鼠标绘制框架，按住 Shift+Alt 组合键水平复制，按住 Ctrl+Shift+Alt+D 组合键连续复制，如图 2-140 所示。

Step14 选中第一个框架，执行“文件”|“置入”命令，在弹出的“置入”对话框中选择素材图像置入，单击“控制”面板中的“按比例填充框架”按钮，如图 2-141 所示。

图 2-140

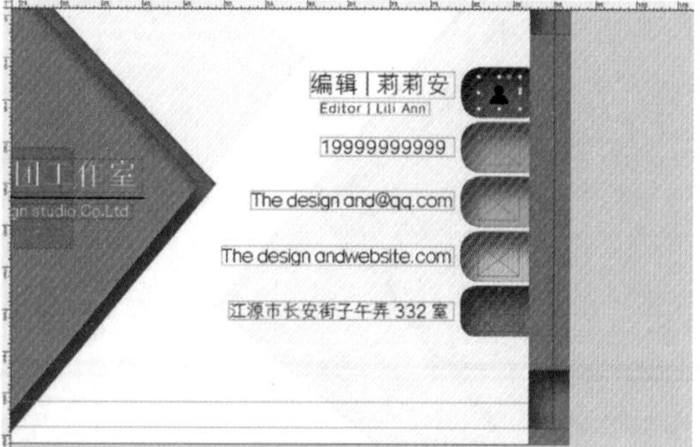

图 2-141

Step15 使用相同的方法在剩下的框架中置入并调整图像，如图 2-142 所示。

Step16 新建图层，根据现有的素材制作名片背面，如图 2-143 所示。

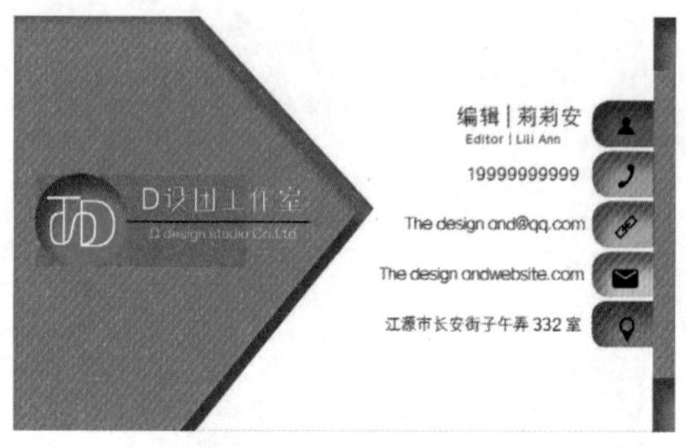

图 2-142

图 2-143

至此，完成名片的制作。

2.6 课后作业

一、选择题

1. 选择直线工具，按住（　　）键可以绘制水平或垂直的直线。

A.Shift　　　　B.Ctrl

C.Alt　　　　D.Ctrl+Alt

2. 有关图形绘制，下列说法正确的是（　　）。

A. 按住 Alt 键，则所画直线以初始点固定为对称中心

B. 按住 Alt 键的同时拖动鼠标，可绘制以此为中心点向外扩展的圆形

C. 选中工具箱中的多边形工具按钮，在页面上拖动鼠标到合适的高度和宽度，按住鼠标左键不放，用键盘上的↑键和↓键可以调节内陷的百分比

D. 选中工具箱中的多边形工具按钮，在页面上拖动鼠标到合适的高度和宽度，按住鼠标左键不放，用键盘上的←键和→键可以调节边数

3. 关于钢笔工具说法不正确的是（　　）。

A. 钢笔工具可以创建比手绘工具更为精确的直线和对称流畅的曲线

B. 可以按住 Shift 键绘制水平或垂直直线

C. 绘制曲线时，方向线的长度和斜度决定了曲线的形状

D. 绘制闭合路径时，锚点为空心锚点

二、填空题

1. 在绘制直线时，如果按住______键，则其角度受到限制，只能有水平、垂直、左右 45° 倾斜等几种方式。

2. 使用钢笔工具单击以指定起始点，在曲线改变方向的位置添加一个锚点，拖动构成曲线形状的方向线。方向线的长度和斜度决定了______。

3. 旋转工具可以围绕某个指定点旋转操作对象，通常默认的旋转中心点是 ______。

4. 使用缩放工具时，若在缩放时按住______键进行拖动，可保持原图像的大小比例。

三、上机题

1. 绘制中式标题框，如图 2-144 所示。

图 2-144

思路提示：

◎ 绘制外框矩形，在“控制”面板中设置描边参数。

◎ 设置完成后原位复制，更改其大小、颜色与描边样式，使其与外框居中对齐。

◎ 框选按住 Alt 键移动复制，更改描边样式。

2. 绘制高端名片，如图 2-145 所示。

图 2-145

思路提示：

◎ 正面：绘制框架并置入图像；绘制矩形并调整不透明度；绘制 logo，输入文字，置入图像。

◎ 背面：绘制矩形并填充颜色；复制文字信息使其居中对齐。

第3章 文本的编辑与处理

内容导读

文字是版面设计中的一个核心部分，辅助步骤均是为衬托文字更好地展现而服务的，因此在版面设计工作中要把文字的视觉传达放在首位。本章将主要对文本工具的使用方法与使用技巧等内容进行介绍。

学习目标

- 熟悉文本工具的使用
- 掌握设置文本格式的方法
- 掌握文本绕排的方法
- 熟练使用脚注与项目符号和编号

3.1 文本内容的创建

文字是一本书籍设计中的核心部分。本节介绍如何把文字放置到版面中，如何调整文字的分布并使其与其他版面中的素材协调一致。

3.1.1 使用文字工具

文字是构成书籍版面的核心元素。由于文字字体的视觉差别，因此就产生了多种不同的表现手法和形象，首先通过文字工具的框架来把文字放置到版面中。

右击“文字工具”按钮，在弹出的工具选项栏中可选择“文字工具”“直排文字工具”“路径文字工具”以及“垂直路径文字工具”，如图 3-1 所示。当光标变为文字工具后，按住鼠标左键拖动即可创建文本框，如图 3-2 所示。

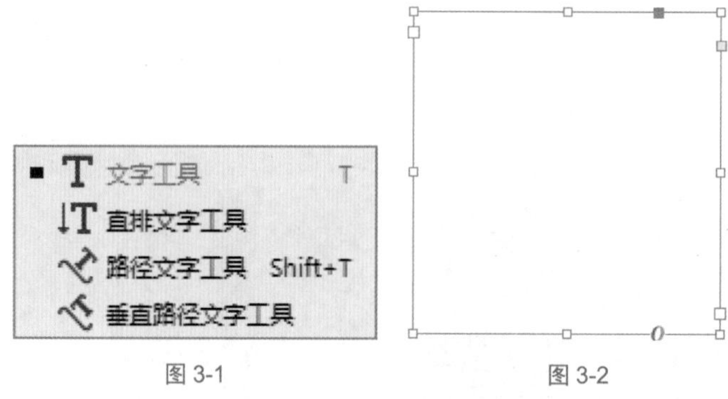

图 3-1　　图 3-2

3.1.2 使用网格工具

由于汉字的特点因而在排版中出现了网格工具，使用它可以很方便地确定字符的大小与其内间距，其使用方法和纯文本工具大体相同，具体介绍如下。

单击“水平网格工具”按钮或“垂直网格工具”按钮，待鼠标光标发生变化后，在编辑区中单击并拖出文本框即可，如图 3-3 和图 3-4 所示。

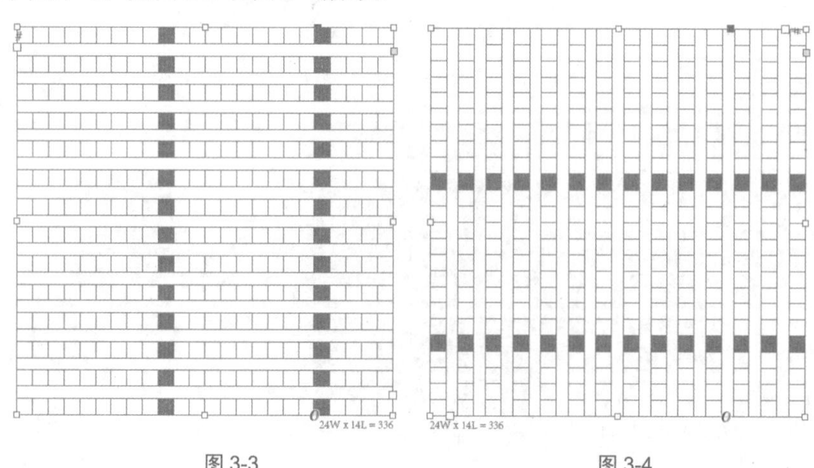

图 3-3　　图 3-4

■ 3.1.3 设置文本格式

文本格式包括字号、字体、字间距、行距、文本缩进等文字与段落之间的各项属性。通过调整文字之间的距离、行与行之间的距离，以达到整体的美观。通过调整文本格式，可以实现文字段落的搭配与构图，以满足排版需要。

1. 设置文字

在 InDesign CC 中，可以根据需要设置文本的字体、字号、行距、垂直缩放、水平缩放、对齐方式、缩进距离等各项参数。

在置入文本后，使用文本工具选中文字，在“控制”面板中，或执行“窗口”|“文字和表”|“字符”命令，在弹出的“字符”面板中设置参数，如图 3-5 和图 3-6 所示。

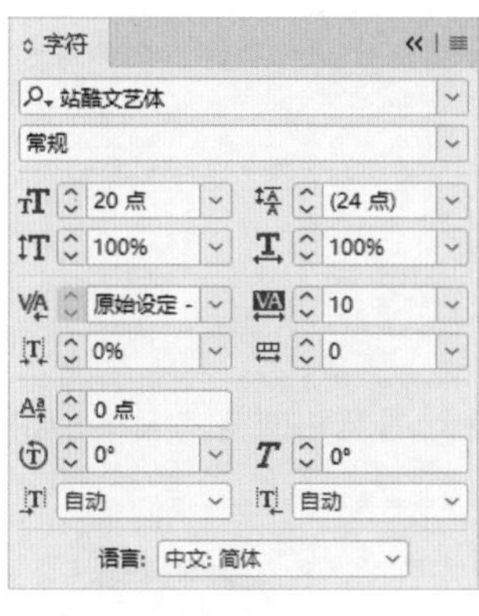

图 3-5

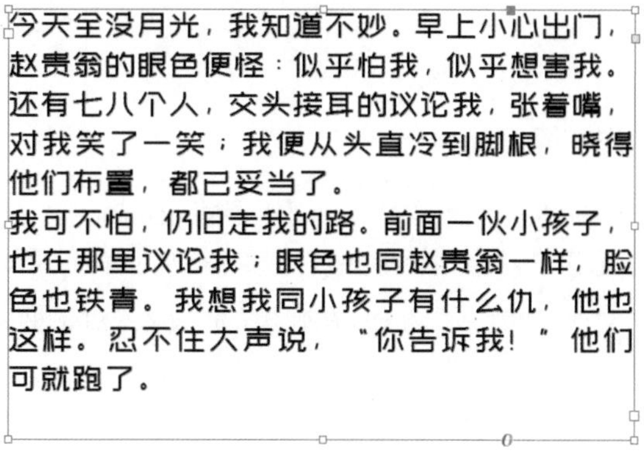

今天全没月光，我知道不妙。早上小心出门，赵贵翁的眼色便怪：似乎怕我，似乎想害我。还有七八个人，交头接耳的议论我，张着嘴，对我笑了一笑；我便从头直冷到脚根，晓得他们布置，都已妥当了。
我可不怕，仍旧走我的路。前面一伙小孩子，也在那里议论我；眼色也同赵贵翁一样，脸色也铁青。我想我同小孩子有什么仇，他也这样。忍不住大声说，“你告诉我！”他们可就跑了。

图 3-6

在“格式针对文本”状态下，双击“填色”按钮，如图 3-7 所示，可在弹出的“拾色器”对话框中设置文字的填充颜色。单击“描边”按钮，再次双击可对描边的颜色进行设置，如图 3-8 所示。还可利用“描边”与“颜色”面板设置文本描边与填充颜色，如图 3-9 和图 3-10 所示。

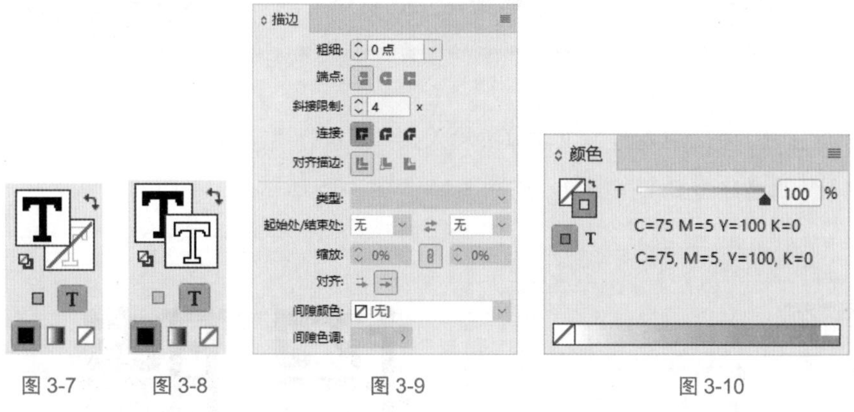

图 3-7　图 3-8　图 3-9　图 3-10

2. 设置段落文本

设置段落属性是文字排版的基础工作，正文中的段首缩进、文本的对齐方式、标题的控制均需在设置段落文本中实现。可以使用工具栏中的工具进行自由设置，也可执行“文字”菜单中的命令进行段落格式的设置。选中文字后执行“窗口”|“文字和表”|“段落”命令，弹出“段落”面板，如图 3-11 所示。

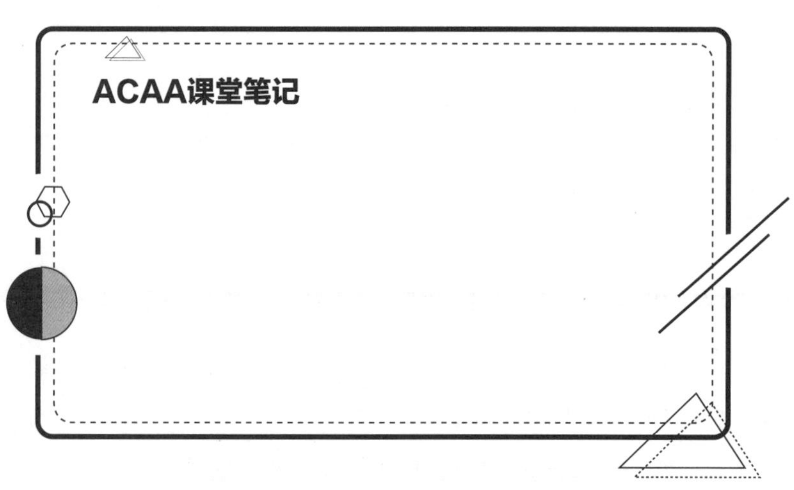

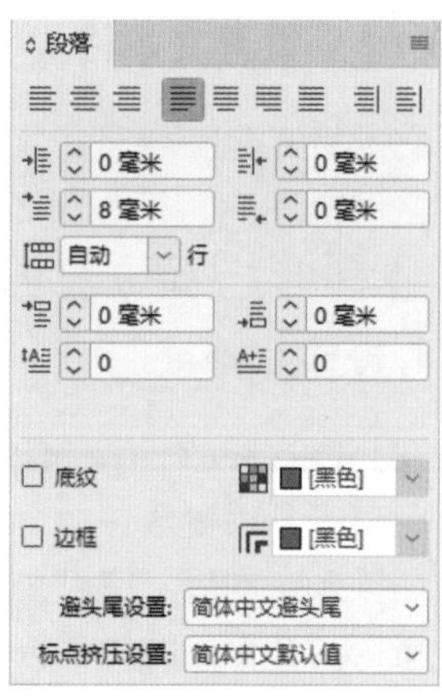

图 3-11

■ 实例：制作招聘 banner

下面将利用所学的创建文本知识制作招聘 banner。

Step01 选择矩形工具，绘制矩形并填充颜色，如图 3-12 所示。

Step02 执行“文件”|“置入”命令，在弹出的“置入”对话框中置入图像并调整其大小，如图 3-13 所示。

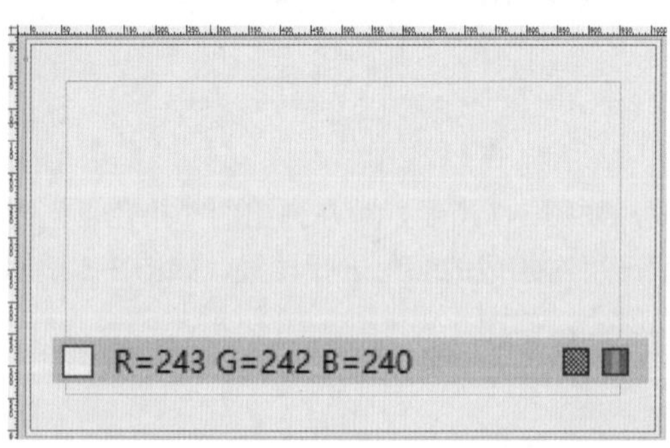

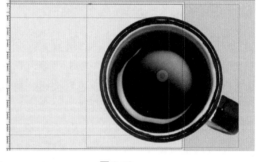

图 3-12　　图 3-13

Step03 选择文字工具，拖动鼠标绘制文本框并输入文字，执行“窗口”|“文字和表”|“字符”命令，在弹出的“字符”面板中设置文字参数，如图 3-14 和图 3-15 所示。

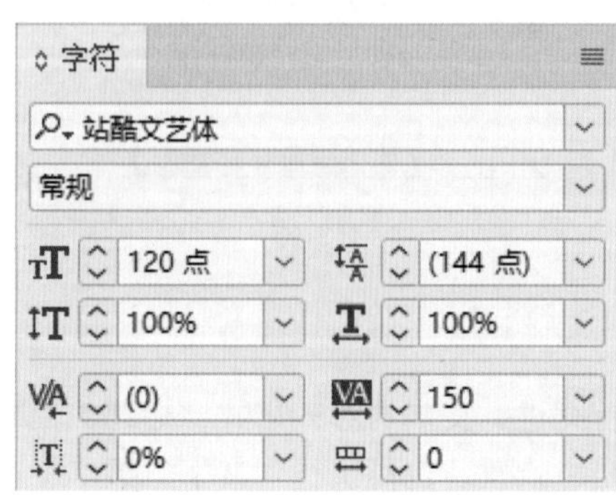

图 3-14

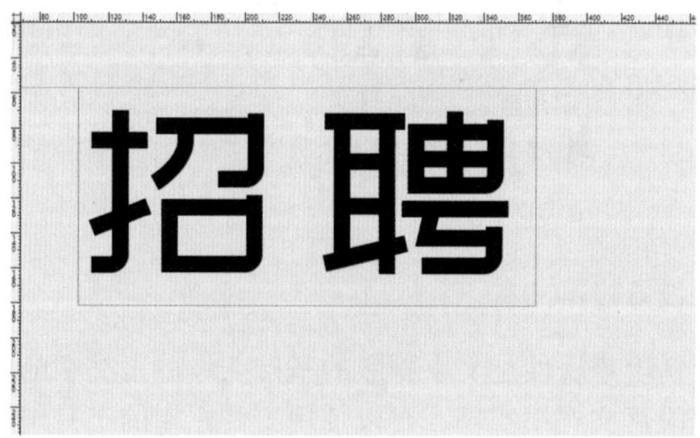

图 3-15

Step04 选择文字工具，拖动鼠标绘制文本框并输入文字，在“字符”面板中设置文字参数，如图 3-16 和图 3-17 所示。

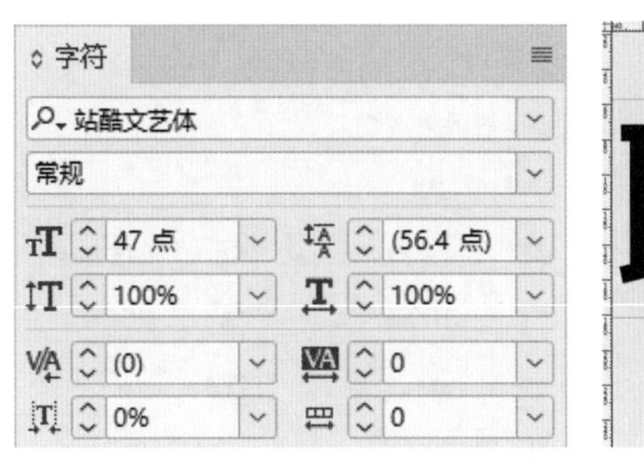

图 3-16

图 3-17

Step05 选择文字工具，将插入点放置在文本框中，按 Ctrl+A 组合键全选，在“控制”面板中单击“全部大写”按钮TT，如图 3-18 所示。

Step06 选择矩形工具，绘制矩形并填充颜色，如图 3-19 所示。

图 3-18

图 3-19

Step07 在“控制”面板中调整矩形的不透明度，并调整该图层的顺序，移至 JOIN US 下方，如图 3-20 所示。

Step08 选择文字工具，拖动鼠标绘制文本框并输入“咖啡师 3 名”，在“字符”面板中设置文字参数，如图 3-21 和图 3-22 所示。

图 3-20

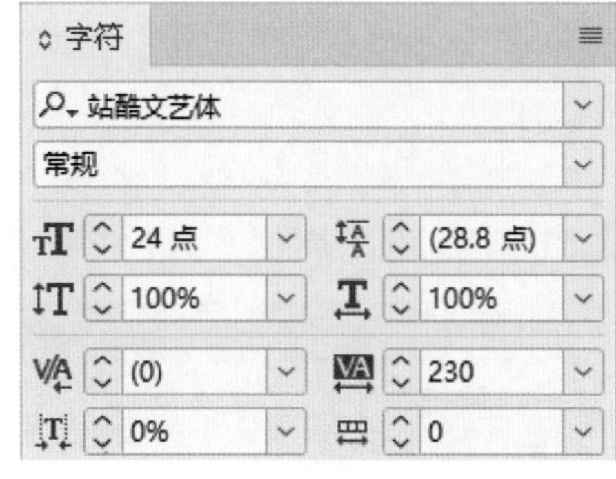

图 3-21

Step09 选择文字工具，拖动鼠标绘制文本框并输入文字，在“字符”面板中设置文字参数，如图 3-23 和图 3-24 所示。

Step10 选中文字，在“控制”面板中单击“段”后继续单击“居中对齐”按钮，如图 3-25 所示。

图 3-22

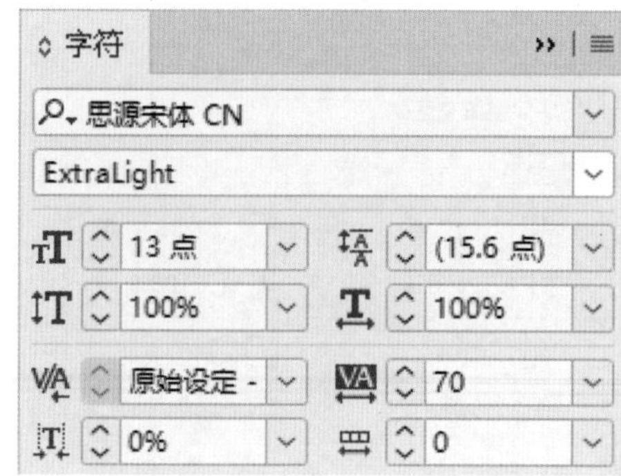

图 3-23

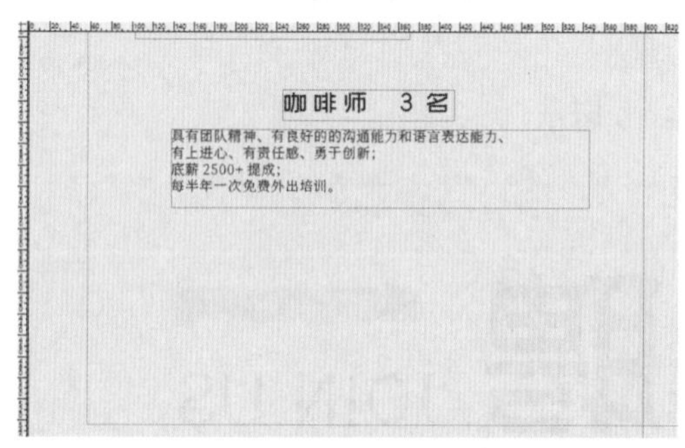

图 3-24

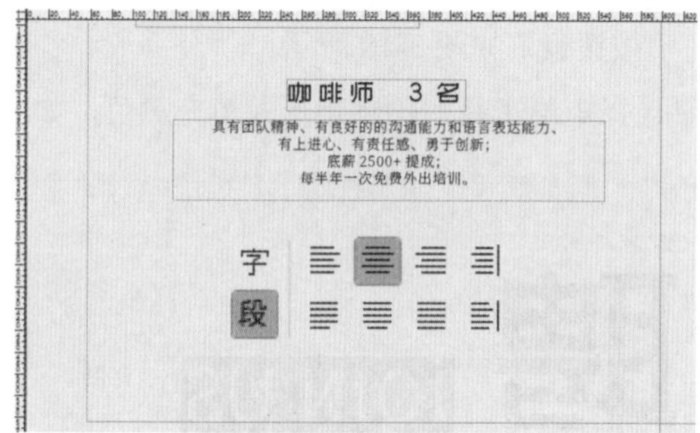

图 3-25

Step11 框选两组文字，按住 Shift+Alt 组合键垂直向下移动，选择文字工具更改文字，如图 3-26 所示。

Step12 选择文字工具，拖动鼠标绘制文本框并输入文字，如图 3-27 所示。

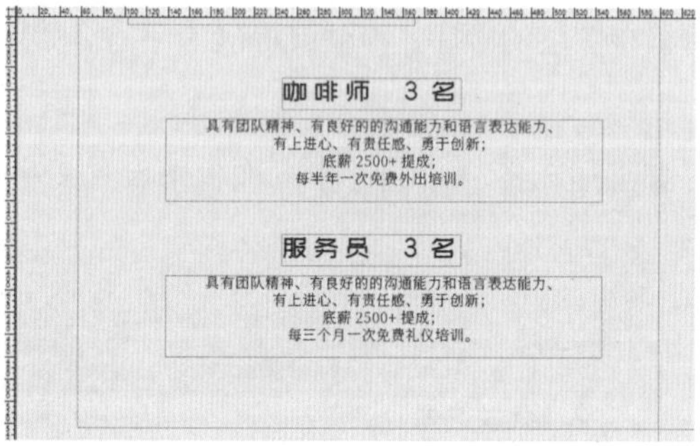

图 3-26

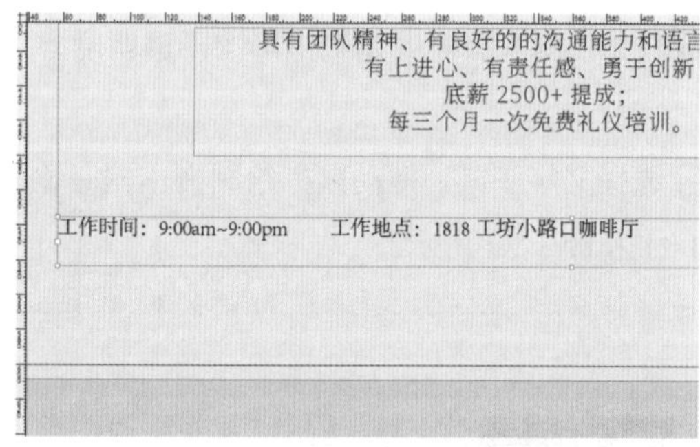

图 3-27

Step13 选中文字，在“字符”面板中设置文字参数，如图 3-28 所示。最终效果如图 3-29 所示。

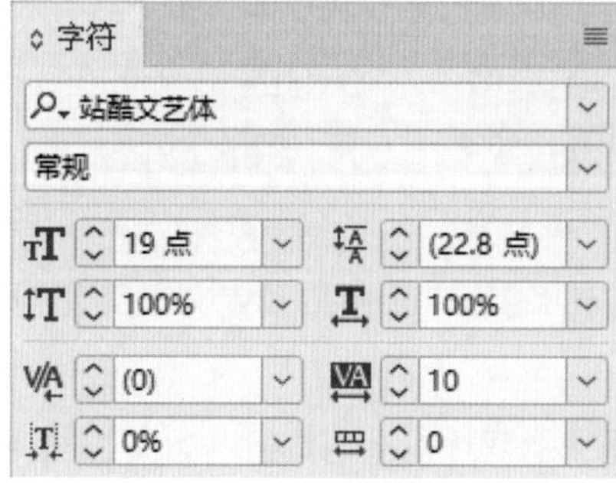

图 3-28

图 3-29

至此，完成招聘 banner 的制作。

3.2 文本的有序组织

InDesign 不仅具有丰富的格式设置项，而且具有快速对齐文本的定位符对话框，使用该功能可以方便、快速地对齐段落和特殊字符对象；同时也可以灵活地加入脚注，使版面内容更加丰富，便于读者阅览。

3.2.1 项目符号和编号

项目符号是指为每一段的开始添加符号。编号是指为每一段的开始添加序号。如果向添加了编号列表的段落中添加段落或从中移去段落，则其中的编号会自动更新。

1. 项目符号

使用文字工具选中需要添加项目符号的段落，在“段落”面板中单击“菜单”按钮，在弹出的下拉菜单中选择“项目符号和编号”命令，打开“项目符号和编号”对话框，设置相关参数，如图 3-30 所示。

图 3-30

2. 编号

在“项目符号和编号”对话框的“列表类型”下拉列表框中选择“编号”选项，设置相应参数，如图 3-31 所示。

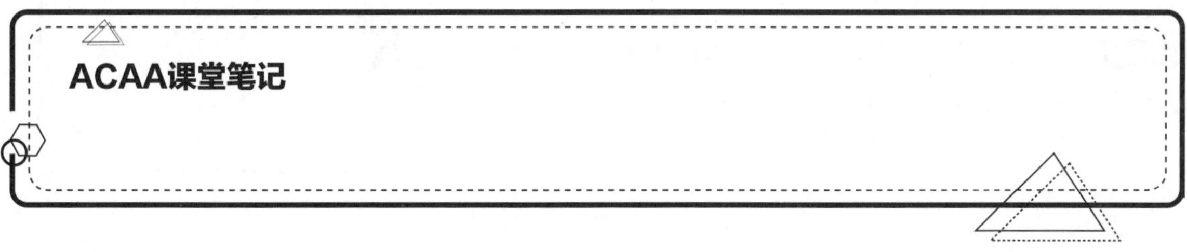

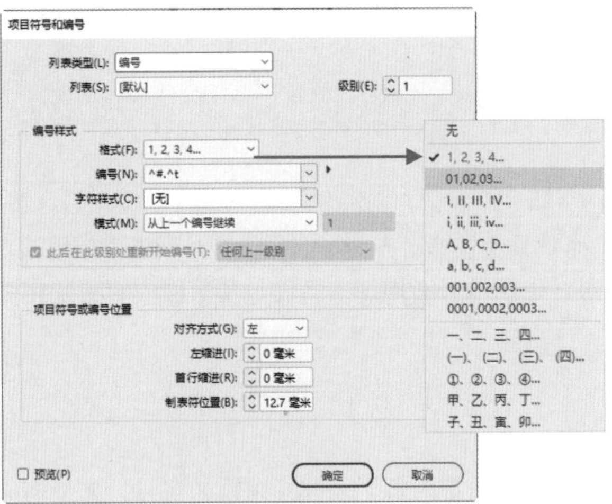

图 3-31

■ 实例：排版中编号的应用

下面将利用所学的编号知识进行文本排版。

Step01 选择矩形工具，绘制矩形并填充 50% 的灰色，如图 3-32 所示。

Step02 选择文字工具，拖动鼠标绘制文本框并输入文字，如图 3-33 所示。

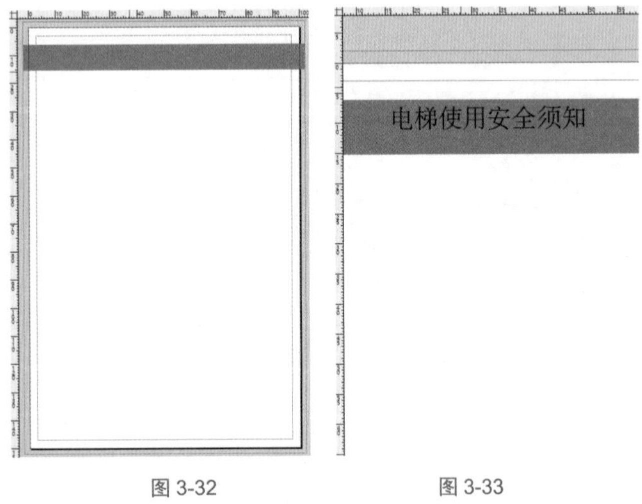

图 3-32　　图 3-33

Step03 选中文字，在“字符”面板中设置参数，如图 3-34 和图 3-35 所示。

Step04 选择文字工具，拖动鼠标绘制文本框并输入文字，在“字符”面板中设置参数，如图 3-36 和图 3-37 所示。

图 3-34

图 3-35

图 3-36

图 3-37

Step05 选中文字，在“控制”面板中设置首行缩进6毫米，如图3-38所示。

Step06 选择文字工具，拖动鼠标绘制文本框并输入文字，在“字符”面板中设置参数，如图3-39所示。

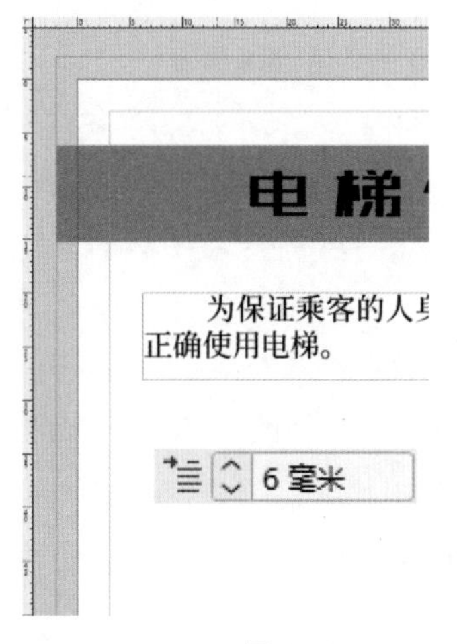

图 3-38

图 3-39

Step07 在“段落”面板中单击“菜单”按钮≡，在弹出的下拉菜单中选择“项目符号和编号”选项，打开“项目符号和编号”对话框设置参数，如图 3-40 和图 3-41 所示。

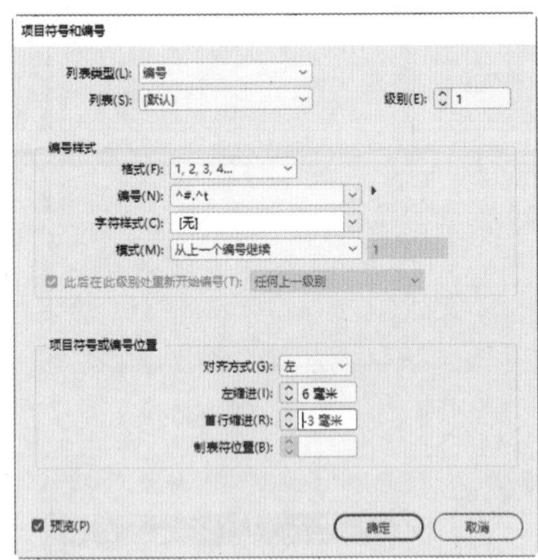

图 3-40

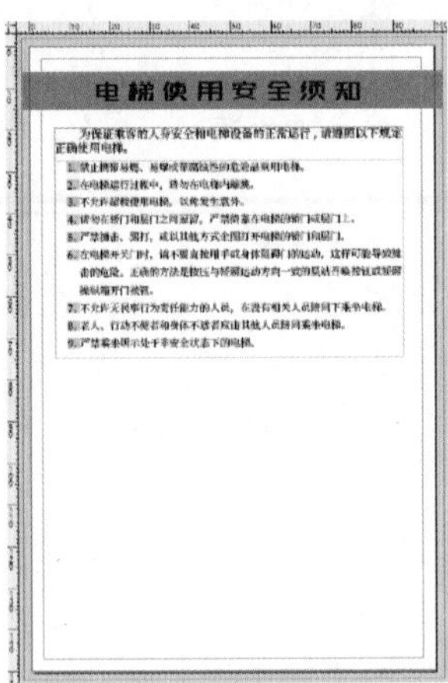

图 3-41

Step08 按住 Shift+Alt 组合键复制移动带首行缩进的文本框并更改文字，如图 3-42 所示。

Step09 继续按住 Shift+Alt 组合键复制文本框并更改文字，在“字符”面板中更改参数，如图 3-43 所示。

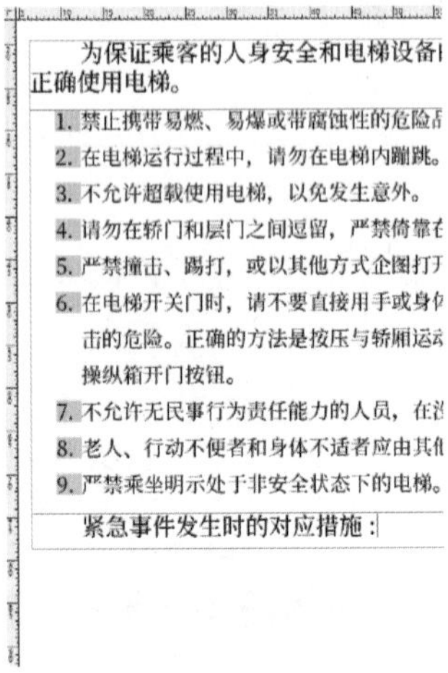

图 3-42

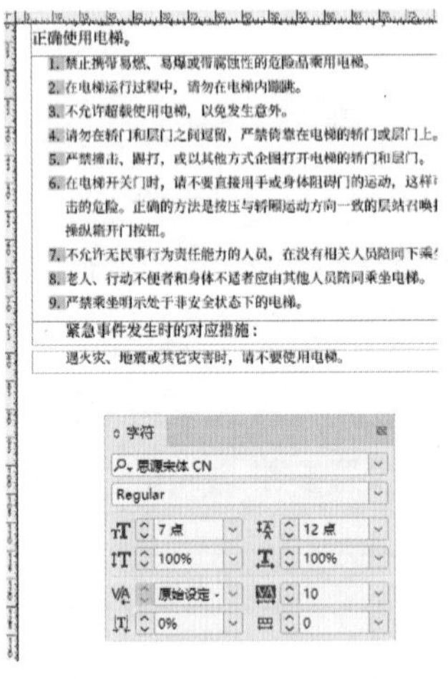

图 3-43

Step10 框选标题后的两组文字，按住 Shift+Alt 组合键垂直向下复制移动，如图 3-44 所示。

Step11 更改文字内容，如图 3-45 所示。

Step12 调整文本框位置，并将小标题的字体改为 Heavy，如图 3-46 所示。

Step13 框选标题文字，按住 Shift+Alt 组合键复制移动并更改文字内容，如图 3-47 所示。

ACAA课堂笔记

ACAA课堂笔记

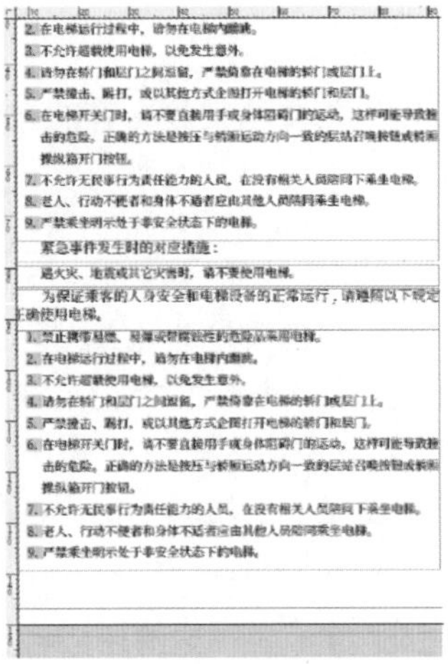

图 3-44 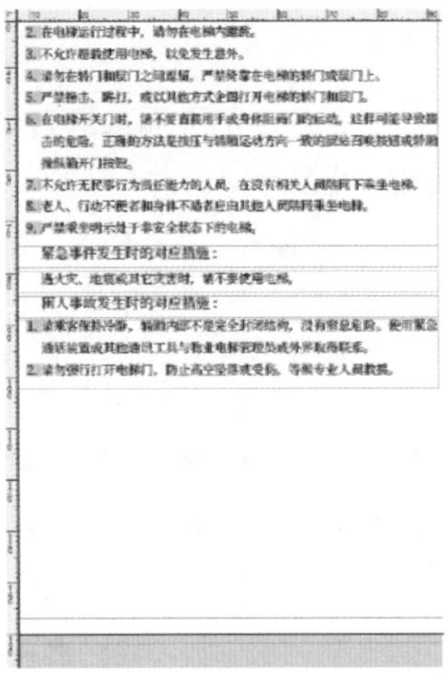　　图 3-45

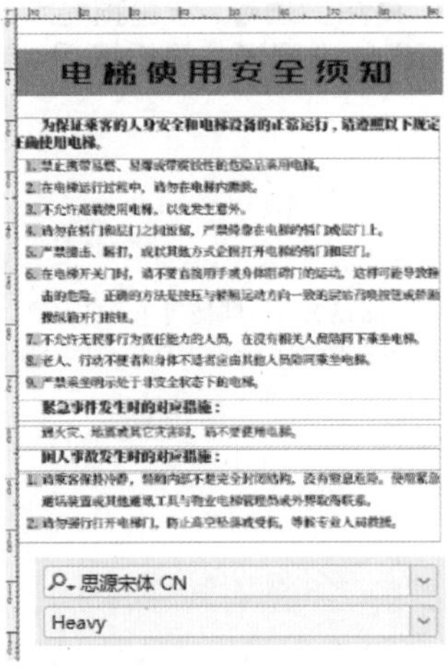

图 3-46 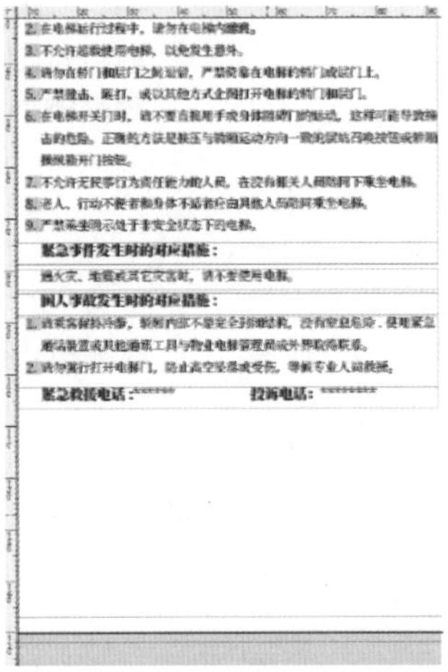　　图 3-47

Step14 选择矩形框架工具绘制框架，如图 3-48 所示。

Step15 执行“文件”|“置入”命令，置入素材图像，调整合适大小，如图 3-49 所示。

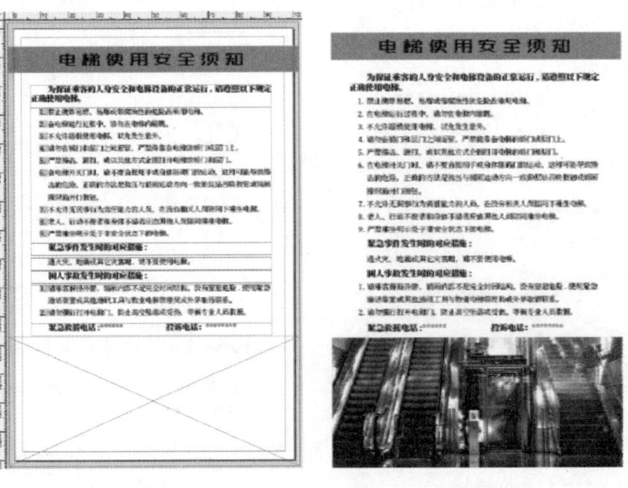

图 3-48　　图 3-49

至此，完成文本排版。

3.2.2 脚注

脚注一般位于页面的底部，可以作为文档某处内容的注释，本小节将对脚注的创建、编辑、删除等操作进行介绍。

1. 创建脚注

脚注由两个部分组成，显示在文本中的脚注引用编号，以及显示在栏底部的脚注文本。可以创建脚注或从 Word 或 RTF 文档中导入脚注。将脚注添加到文档时，脚注会自动编号。可设置脚注的编号样式、外观和位置，但不能将脚注添加到表或脚注文本中。

创建脚注的具体操作方法：在脚注需要引用编号出现的位置处设置插入点，执行“文字”|“插入脚注”命令，输入脚注文本，如图 3-50 所示。

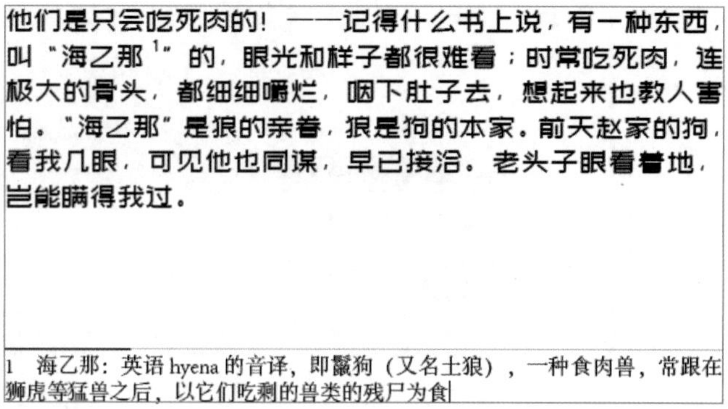

他们是只会吃死肉的！——记得什么书上说，有一种东西，叫“海乙那[1]”的，眼光和样子都很难看；时常吃死肉，连极大的骨头，都细细嚼烂，咽下肚子去，想起来也教人害怕。“海乙那”是狼的亲眷，狼是狗的本家。前天赵家的狗，看我几眼，可见他也同谋，早已接洽。老头子眼看着地，岂能瞒得我过。

1 海乙那：英语 hyena 的音译，即鬣狗（又名土狼），一种食肉兽，常跟在狮虎等猛兽之后，以它们吃剩的兽类的残尸为食

图 3-50

2. 更改脚注编号和版面

更改脚注编号和版面将影响现有脚注和所有新建脚注。

执行“文字”|“文档脚注选项”命令，弹出“脚注选项”对话框，如图 3-51 所示。在“编号与格式”选项卡中设置相关选项，包括引用编号的样式与脚注文本的编号方案和格式外观。切换到“版面”选项卡，选择控制页面脚注部分外观的选项，如图 3-52 所示。

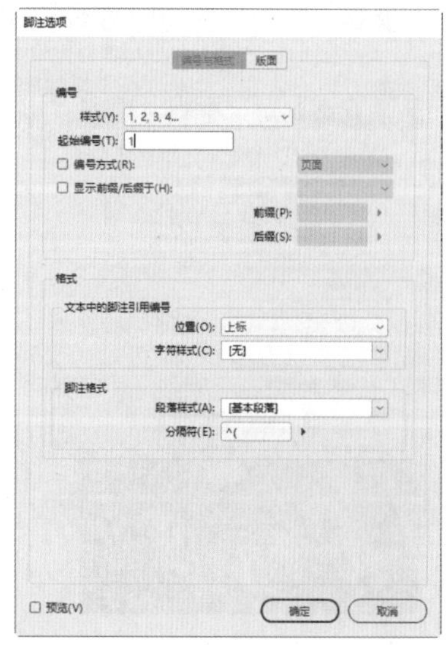

图 3-51

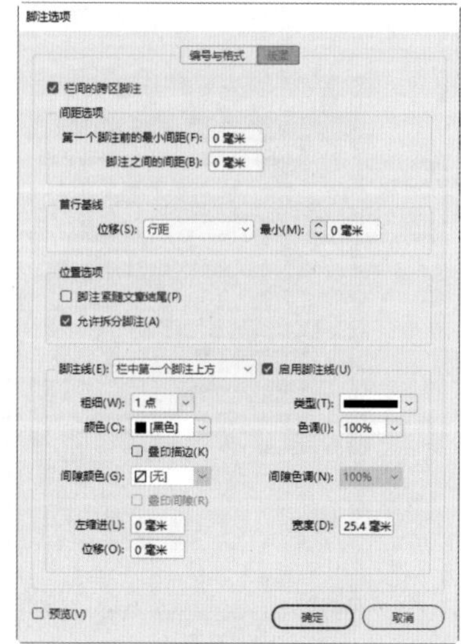

图 3-52

3．删除脚注

要想删除脚注，则选择文本中显示的脚注引用编号，按空格（Backspace）键或 Delete 键。如果仅删除脚注文本，则脚注引用编号和脚注结构将被保留下来。

3.3 文本绕排方法

InDesign 可以对任何图形框使用文本绕排，当对一个对象应用文本绕排时，InDesign 中会为这个对象创建边界以阻碍文本。

选择文字工具创建文本框并输入文字，执行“文件”|“置入”命令，置入素材图像，如图 3-53 所示。执行“窗口”|“文本绕排”命令，弹出“文本绕排”面板，默认为“无文本绕排”，如图 3-54 所示。

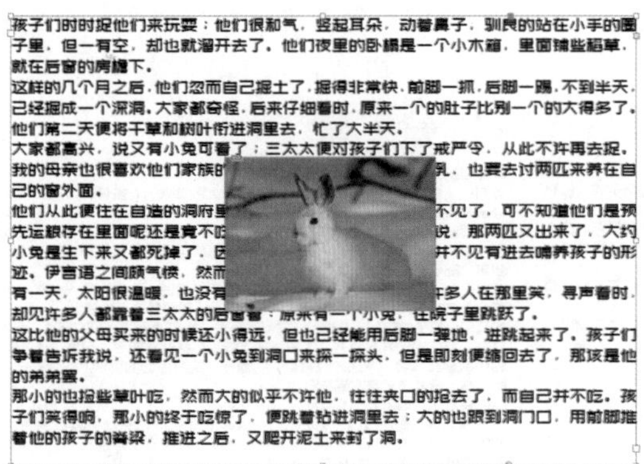

图 3-53

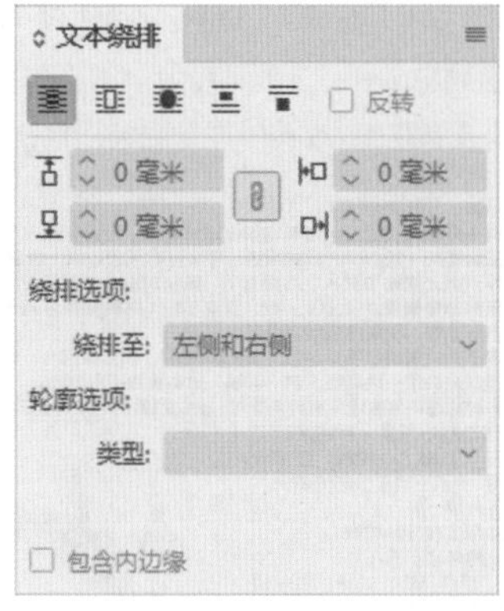

图 3-54

3.3.1 沿定界框绕排

创建一个定界框绕排，其宽度和高度由所选对象的定界框（包括指定的任何偏移距离）确定。在“文本绕排”面板中单击“沿定界框绕排”按钮，设置置入图像四周的位移参数， 在“绕排至”下拉列表框中选择绕排方式，如图 3-55 和图 3-56 所示。

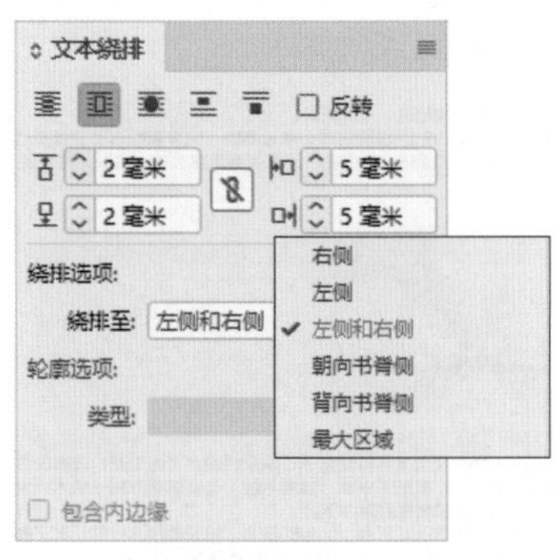

图 3-55

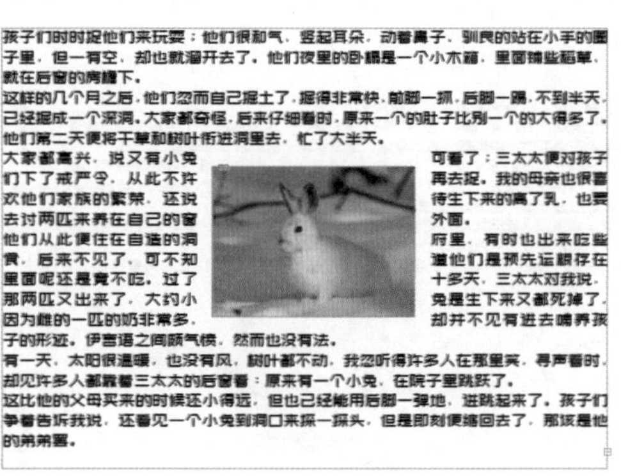

图 3-56

3.3.2 沿对象形状绕排

“沿对象形状绕排”也称为“轮廓绕排”，绕排边缘和图片形状相同。在“轮廓选项”组的“类型”下拉列表框中有“定界框”“检测边缘”“Alpha 通道”“Photoshop 路径”“图形框架”“与剪切路径相同”和“用户修改的路径”几个选项，如图 3-57 所示。

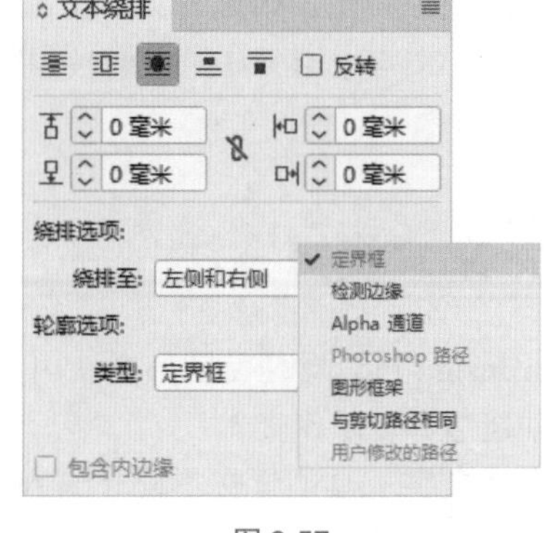

图 3-57

在“轮廓选项”组的“类型”下拉列表框中主要选项的功能介绍如下。

◎ 定界框：将文本绕排至由图像的高度和宽度构成的矩形。

◎ 图形框架：用容器框架生成边界。

◎ 与剪切路径相同：用导入图像的剪切路径生成边界。

◎ 用户修改的路径：与其他图形路径一样，可以使用直接选择工具和钢笔工具调整文本绕排边界与形状。

如图 3-58 和图 3-59 所示为选择“定界框”“Alpha 通道”选项的效果图。

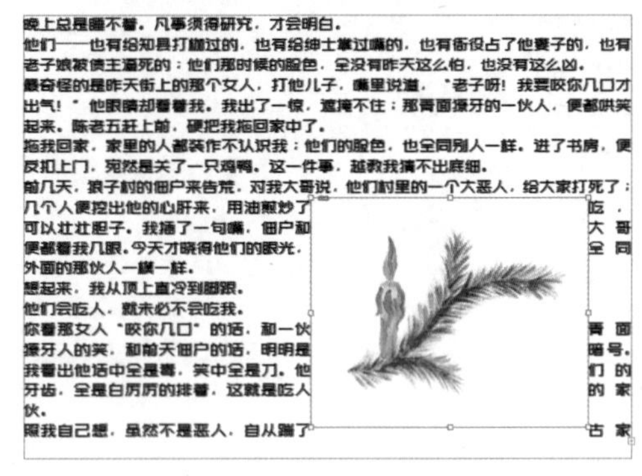

图 3-58

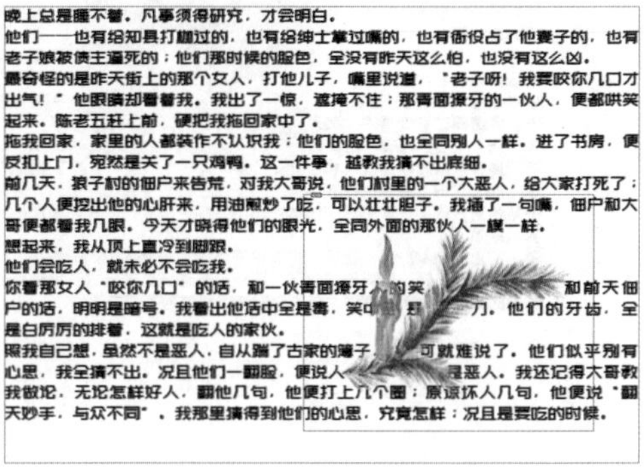

图 3-59

3.3.3 上下型绕排

上下型绕排是将图片所在栏中左右的文本全部排开至图片的上方和下方。单击“上下型绕排”按钮，如图 3-60 所示。移动图形框架，文本也随之变动，如图 3-61 所示。

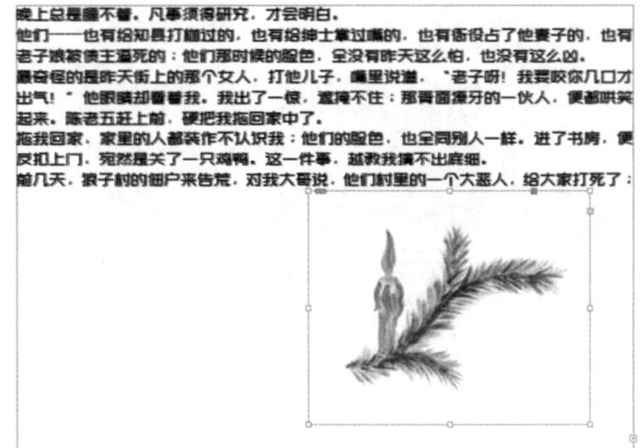

图 3-60

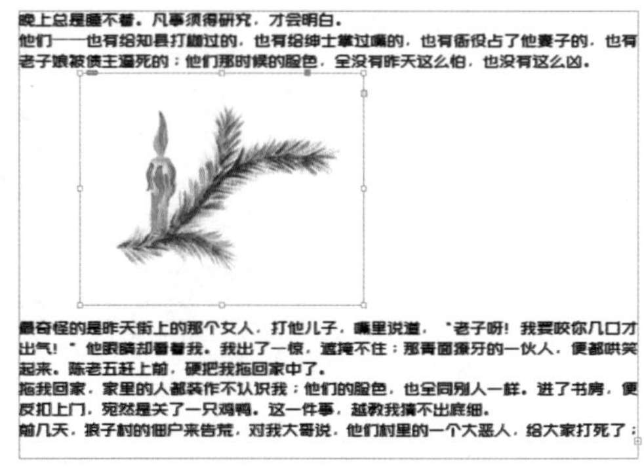

图 3-61

3.3.4 下型绕排

下型绕排是将图片所在栏中图片上边缘以下的所有文本都排开至下一栏。单击“下型绕排”按钮，设置偏移值为 7 毫米，如图 3-62 所示。移动图形框架，文本也随之变动，如图 3-63 所示。

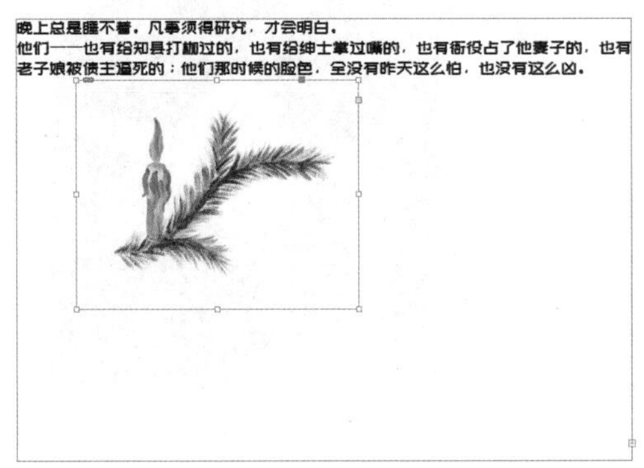

图 3-62

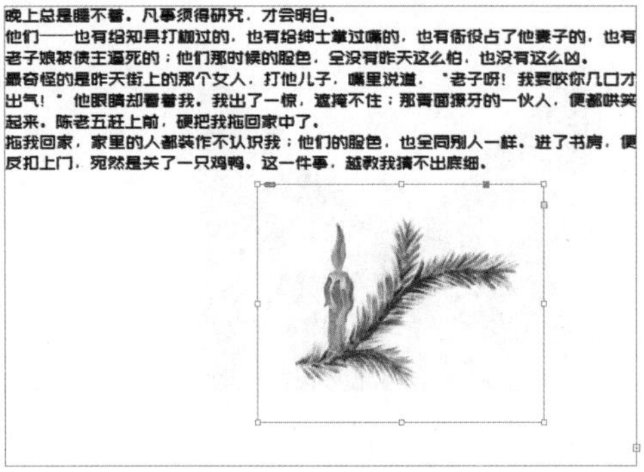

图 3-63

3.4 课堂实战　餐厅菜单的设计

设计一个好的菜谱可以让顾客更有食欲，更加吸引顾客的点餐欲望，从而给餐厅增加收入，所以设计一个好的菜单是非常有必要的。

1. 制作菜谱封面

下面将对菜单封面的制作过程进行介绍，要注意背景的布局与整体版式的结构。

Step01 执行“文件”|“新建”命令，在弹出的“新建文档”对话框中设置参数，如图 3-64 所示。

Step02 单击“边距和分栏”按钮，在弹出的“新建边距和分栏”对话框中设置参数，如图 3-65 所示。

图 3-64

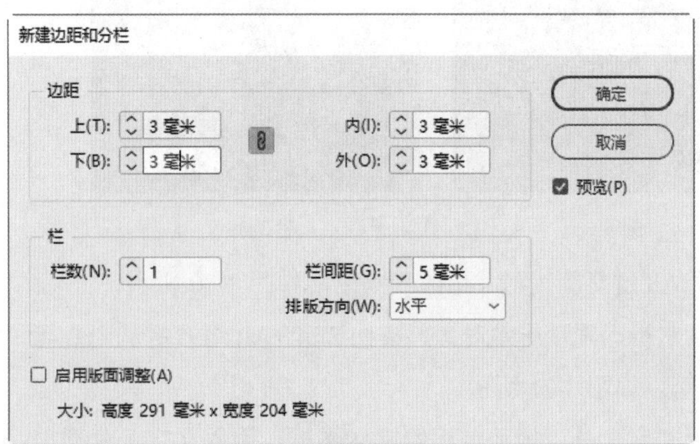

图 3-65

Step03 选择矩形框架工具绘制框架，执行“文件”|“置入”命令，置入“背景”图像，并调整至合适大小，如图 3-66 所示。

Step04 继续置入图像并放置在合适的位置，如图 3-67 所示。

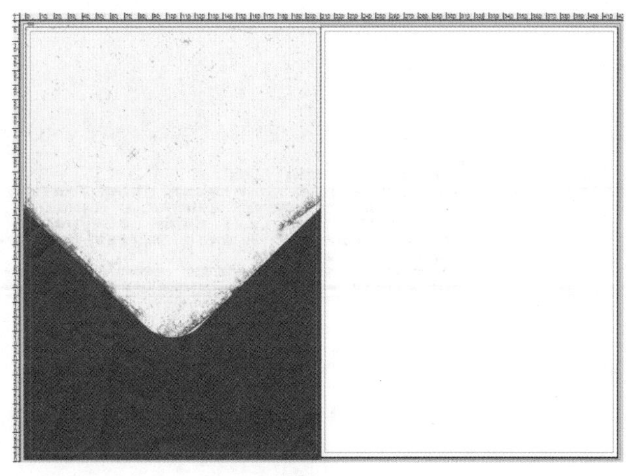
图 3-66

图 3-67

Step05 选择矩形工具绘制矩形，设置填充颜色，设置描边为无，旋转角度为 45°，对齐方式为“水平居中对齐”，如图 3-68 所示。

Step06 选中刚刚绘制的矩形，设置其圆角，在“控制”面板中找到圆角工具，单击其下拉按钮，在弹出的下拉列表中选择“圆角”选项，设置圆角的大小为 12 毫米，如图 3-69 所示。

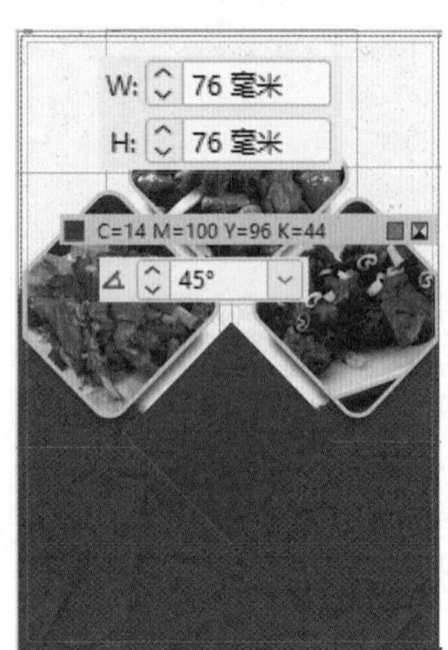

图 3-68

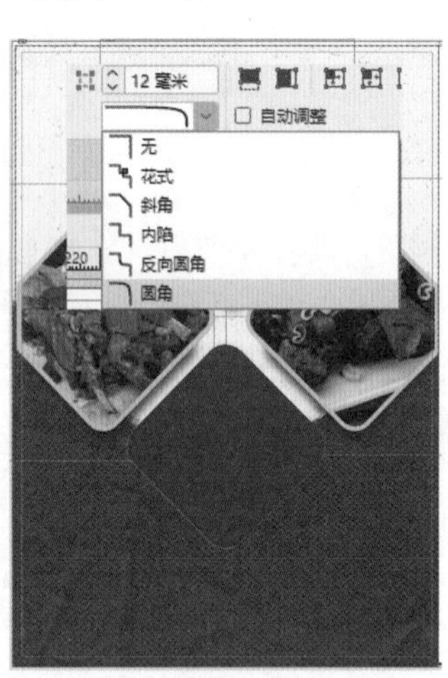

图 3-69

Step07 按住 Alt 键复制矩形并更改其颜色，如图 3-70 所示。

Step08 使其水平、垂直居中对齐，按住 Shift+Alt 组合键从中心等比例调整大小，如图 3-71 所示。

Step09 选择文字工具，拖动鼠标绘制文本框，输入文字，分别设置字体、字号并调整位置，如图 3-72 所示。

Step10 选择矩形框架工具绘制框架，执行“文件”|“置入”命令，置入“标签”图像，并调整其大小，如图 3-73 所示。

ACAA课堂笔记

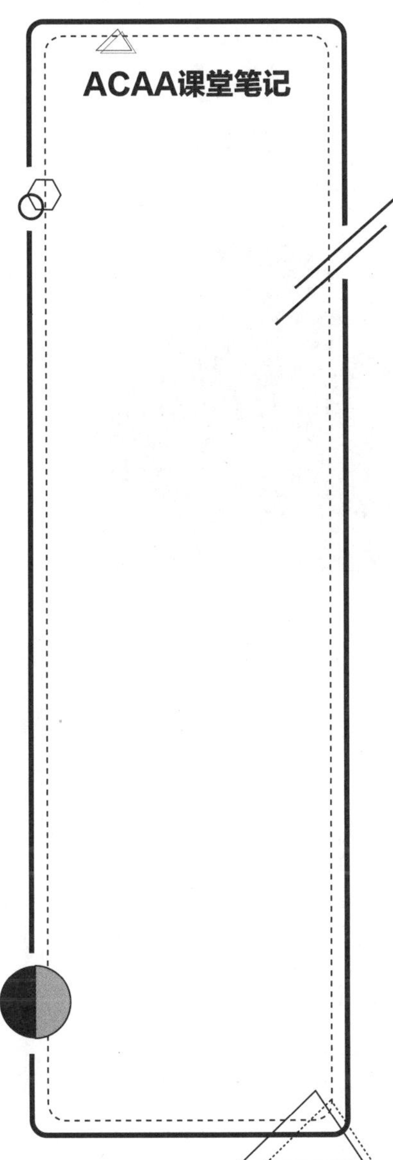

图 3-70

图 3-71

图 3-72

图 3-73

Step11 选中置入的“标签”图像，单击鼠标右键，在弹出的快捷菜单中选择“效果”|“投影”命令，在打开的“效果”对话框中设置参数，如图 3-74 和图 3-75 所示。

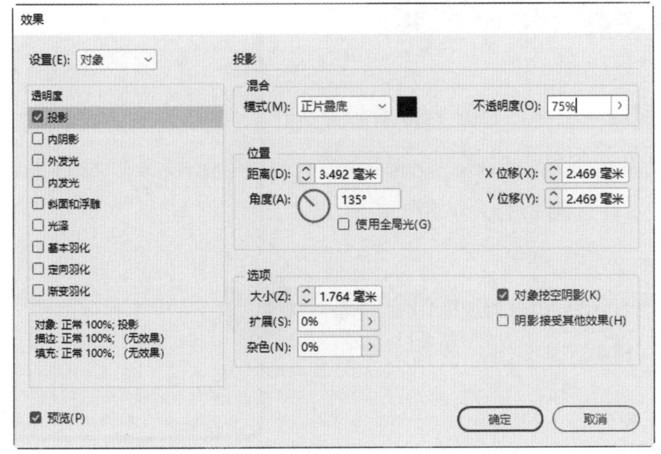

图 3-74

图 3-75

Step12 选中矩形，单击鼠标右键，在弹出的快捷菜单中选择“效果”|“投影”命令，在打开的“效果”对话框中设置参数，如图 3-76 和图 3-77 所示。

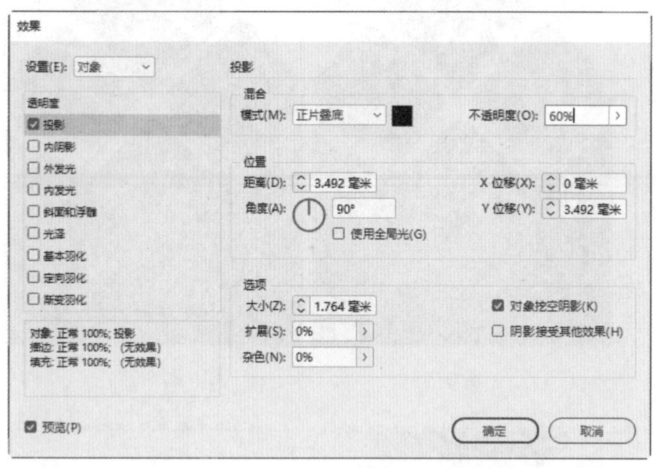

图 3-76

图 3-77

Step13 执行“文件”|“置入”命令，分别置入“箭头”与“白色箭头”图像，如图 3-78 所示。

Step14 选择文字工具绘制文本框，分别输入文字，如图 3-79 所示。

图 3-78

图 3-79

Step15 选择文字工具绘制文本框，分别输入文字，如图 3-80 所示。

Step16 选择矩形工具绘制矩形，设置填充颜色为白色，设置描边为无，大小为2.5毫米，旋转角度为45°，设置圆角的大小为5毫米，如图 3-81 所示。

Step17 按住 Alt 键水平复制移动，按住 Shift+Alt+Ctrl+D 组合键连续复制，并选中全部矩形按 Ctrl+G 组合键创建编组，使其水平居中对齐，如图 3-82 所示。

菜谱封面设计的最终效果如图 3-83 所示。

ACAA课堂笔记

图 3-80

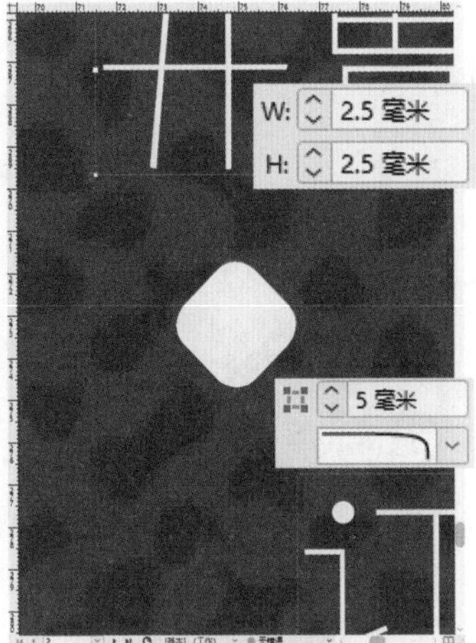

图 3-81

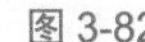
图 3-82

图 3-83

2. 制作菜谱内页

内页与封面内容要统一，注意内页文字的大小，要体现舒适感。

Step01 单击页面 2，选择矩形框架工具绘制框架，执行"文件"|"置入"命令，置入"内页背景"图像，并调整其大小，如图 3-84 所示。

Step02 选择矩形工具绘制矩形，并填充颜色，设置描边为无，如图 3-85 所示。

Step03 选择文字工具，拖动鼠标绘制文本框并输入文字，设置文字的大小、颜色，将其放置在合适的位置，如图 3-86 所示。

Step04 复制封面中绘制的矩形，将其放置在合适的位置，如图 3-87 所示。

C=20 M=84 Y=86 K=0

图 3-84

图 3-85

厨师长推荐

厨师长推荐

图 3-86

图 3-87

ACAA课堂笔记

Step05 执行“文件”|“置入”命令，在弹出的“置入”对话框中按住 Shift 键加选图像，如图 3-88 所示。

Step06 拖动置入图像至页面的右上角，如图 3-89 所示。

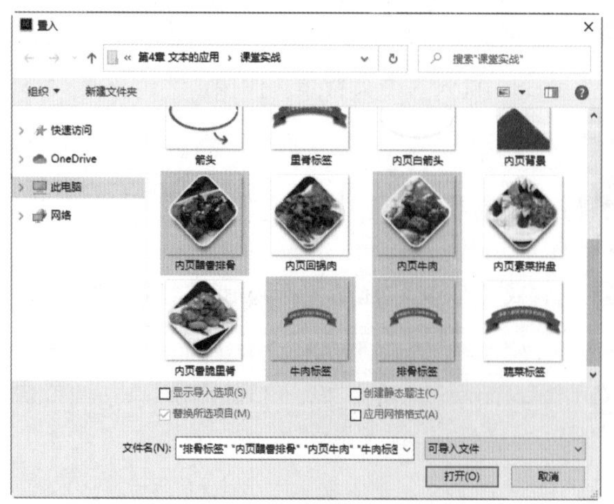

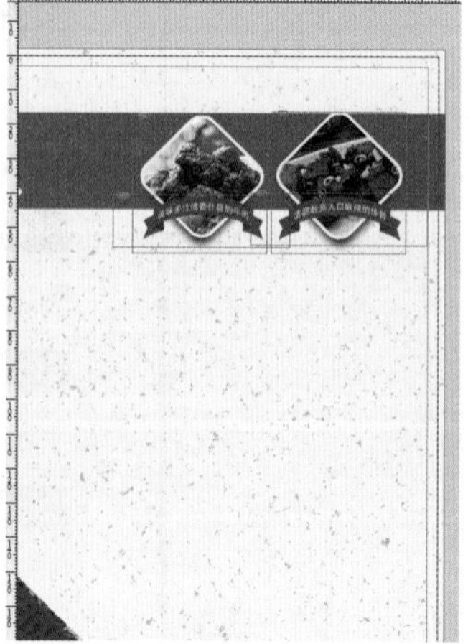

图 3-88

图 3-89

ACAA课堂笔记

Step07 选择椭圆工具，分别按住 Shift 键绘制两个圆，将其居中对齐并放置在合适的位置，如图 3-90 所示。

Step08 选择文字工具，拖动鼠标绘制文本框并输入文字，选中圆形和文字，按 Ctrl+G 组合键创建编组，如图 3-91 所示。

图 3-90

图 3-91

Step09 按住 Alt 键移动复制，如图 3-92 所示。

Step10 选择文字工具，拖动鼠标绘制文本框并输入文字，字号分别为 14 点和 10 点，如图 3-93 所示。

图 3-92

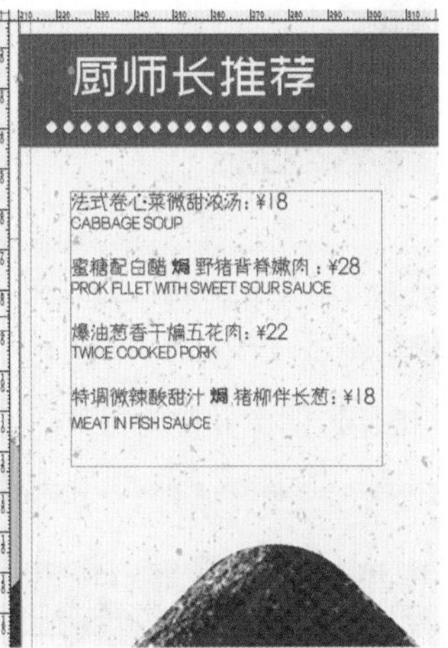

图 3-93

Step11 选择文字工具，拖动鼠标绘制文本框继续输入文字，如图 3-94 所示。

Step12 按住 Alt 键复制并移动矩形组，解锁该组并选中部分矩形移动到合适位置，如图 3-95 所示。

Step13 选择吸管工具吸取文字的颜色，按 Ctrl+G 组合键创建编组，删除多余矩形，如图 3-96 所示。

Step14 按住 Alt 键复制并移动文本框到合适位置，如图 3-97 所示。

图 3-94

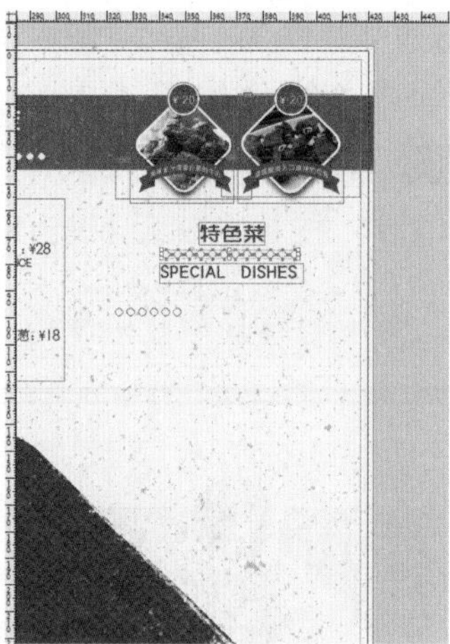

图 3-95

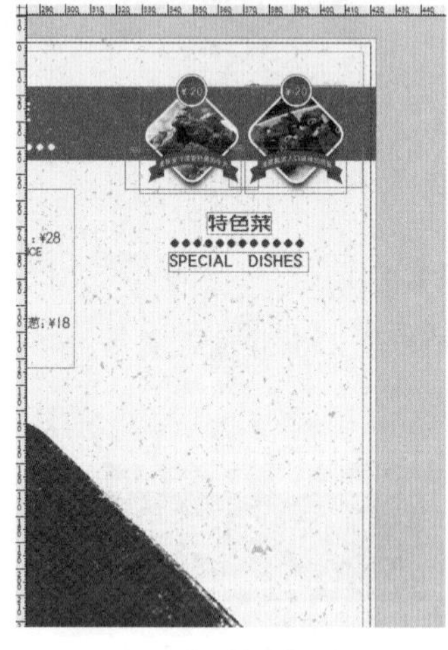

图 3-96

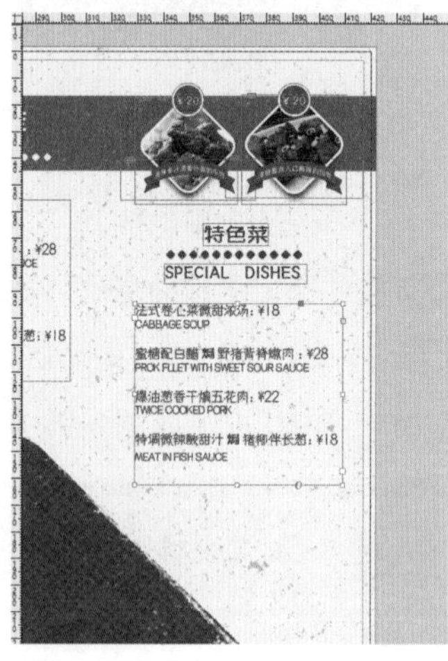

图 3-97

Step15 选择文字工具，更改文字内容，如图 3-98 所示。

Step16 执行“文件”|“置入”命令，在“置入”对话框中按住 Shift 键加选图像并拖动置入，如图 3-99 所示。

图 3-98

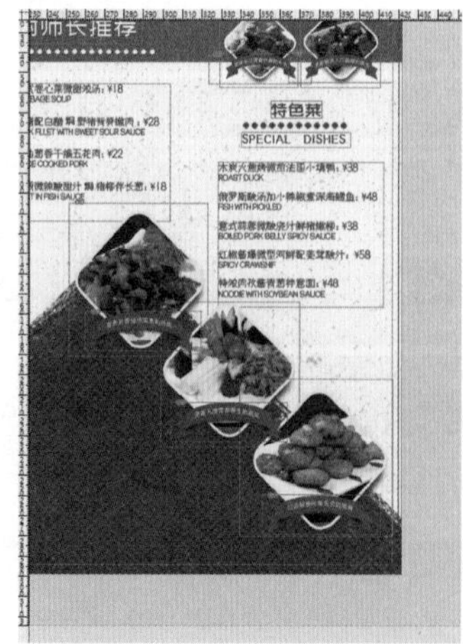

图 3-99

ACAA课堂笔记

Step17 使用矩形工具绘制两个居中对齐的圆角矩形，分别设置其颜色并旋转 45°，如图 3-100 所示。

Step18 选择文字工具，拖动鼠标绘制文本框并输入文字，选中矩形和文字，按 Ctrl+G 组合键创建编组，如图 3-101 所示。

图 3-100

图 3-101

Step19 按住 Alt 键复制移动，选择文字工具更改文字内容，如图 3-102 所示。

Step20 选择矩形框架工具绘制框架，执行“文件”|“置入”命令，置入“内页箭头”图像，将其放入合适的位置，如图 3-103 所示。

图 3-102

图 3-103

Step21 选择文字工具，拖动鼠标绘制文本框并输入文字，如图 3-104 所示。

Step22 使用同样方法置入“内页白箭头”图像并输入文字，如图 3-105 所示。

图 3-104

图 3-105

Step23 选择文字工具，拖动鼠标绘制文本框并输入文字，最终效果如图 3-106 所示。

图 3-106

至此，完成餐厅菜谱的制作。

课后作业

一、选择题

1. 使用文本工具不能完成的操作有（　　）。

   A. 选中多段文本　　B. 选中文本框

   C. 选中指定文本　　D. 插入文本插入点

2. 关于框架，说法不正确的是（　　）。

   A. 文本框架确定了文本要占用的区域以及文本在版面中的排列方式

   B. 图形框架可以充当边框和背景，并对图形进行裁切或蒙版

   C. 绘制完成的路径不可以作为框架容纳图片或文本

   D. 框架类型之间可以相互转换

3. 关于 InDesign 中的文本绕图说法正确的是（　　）。

   A. InDesign 的“文本绕排”面板提供了 5 种不同的图文绕排方式

   B. InDesign 中可以在绕排时让文本出现在图像的外部

   C. InDesign 中文本绕图只限于文本框与图形之间的绕图，文本框和文本框之间不能使用文本绕图

   D. 不能在 InDesign 的表格中制作文本绕图效果

二、填空题

1. ______是构成书籍版面的核心元素。

2. 文本格式包括字号、______、字间距、______、文本缩进等文字与段落之间的各项属性。

3. 文本绕排方式包含______、______、______以及下型绕排。

4. ______是指为每一段的开始添加符号。

5. ______是指为每一段的开始添加序号。

三、上机题

1. 绘制西餐菜单，如图 3-107 所示。

图 3-107

思路提示：

◎ 绘制框架并置入图像调整大小。

◎ 绘制矩形填充颜色调整不透明度。

◎ 输入文字。

2. 绘制二十四节气海报，如图 3-108 所示。

图 3-108

思路提示：

◎ 绘制框架并置入图像调整大小。

◎ 输入文字。

◎ 在“项目符号和编号”对话框中设置参数。

第4章 框架与对象效果

内容导读

框架可以作为文本或其他对象的容器，在版面设计中，可以省去较为复杂的操作过程，并能设计出较为满意的图片效果。使用图层可以有效地管理图形对象。在“效果”对话框中可以对图像对象进行不同效果的设置。

Adobe InDesign CC

学习目标

- 掌握框架的创建与编辑
- 掌握图层的编辑
- 熟练应用对象效果

4.1 框架是什么

框架是文档版面的基本构造块，框架可以包含文本或图形。文本框架确定了文本要占用的区域以及文本在版面中的排列方式。图形框架可以充当边框和背景，并对图形进行裁切或蒙版。

在创建框架时，不必指定创建什么类型框架，因为用文本填充便为文本框架，用图像填充则为图形框架，彼此可以相互转换。

4.1.1 图形框架

在 InDesign 中，置入的外部图形图像都将包含在一个矩形框内，通常将这个矩形框称为图形框架。

1. 创建图形框架

可以选择工具箱中的工具绘制图形框架。

（1）右击“钢笔工具”按钮，在弹出的工具选项栏中可选择“钢笔工具”“添加锚点工具”“删除锚点工具”和“转换方向点工具”，如图 4-1 所示。

（2）右击“框架工具”按钮，在弹出的工具选项栏中可选择“矩形框架工具”“椭圆框架工具”和“多边形框架工具”，如图 4-2 所示。

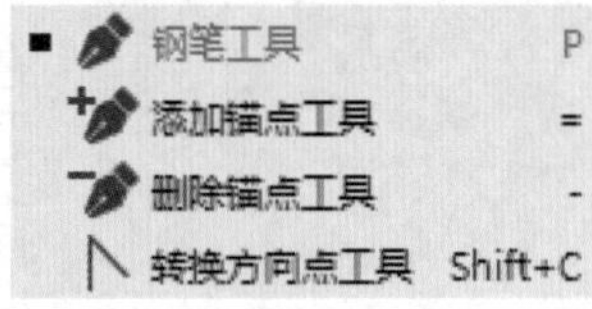

图 4-1

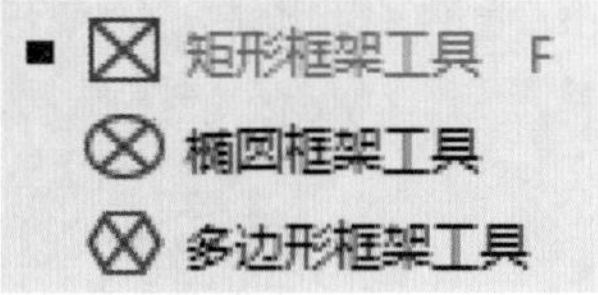

矩形框架工具 F
椭圆框架工具
多边形框架工具

图 4-2

3 种框架工具所创建的几何框架如图 4-3~ 图 4-5 所示。

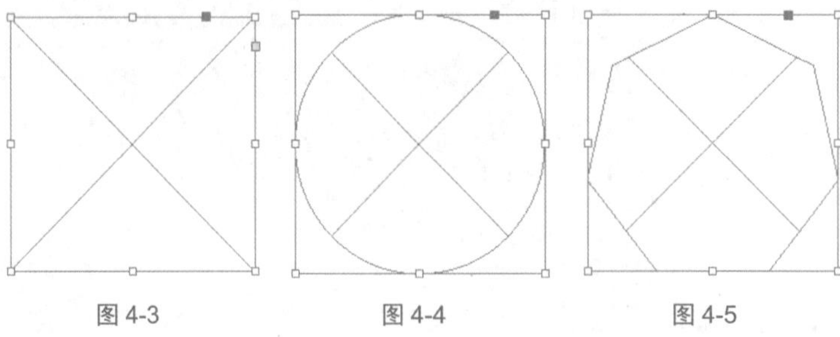

图 4-3　图 4-4　图 4-5

2. 编辑图形框架

图形框架和图形操作一样，可以对其填色、描边，或者选择钢笔工具或直接选择工具编辑框架形状，如图 4-6~ 图 4-9 所示。

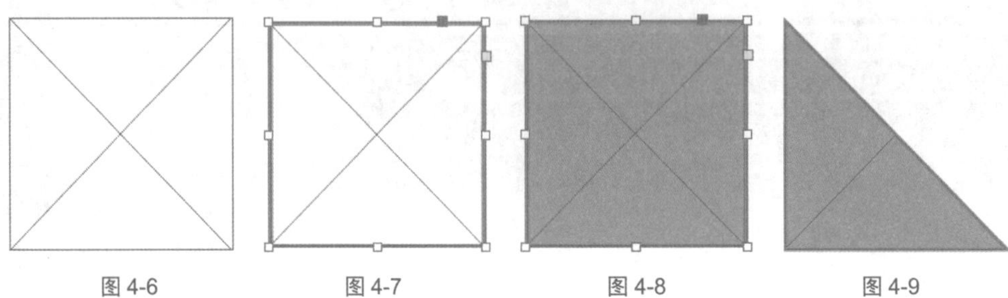

图 4-6　图 4-7　图 4-8　图 4-9

3．置入图像到图形框架

使用绘图工具和框架工具绘制图形框架后，执行“文件”|“置入”命令，或者“复制 / 贴入内部”命令将图像放置到框架内。图形框架裁切图片是通过用户更改框的大小来裁切，框是可见的，如图 4-10 和图 4-11 所示。

图 4-10

图 4-11

4.1.2 文本框架

InDesign 提供了两种文本框架，即文本框架和框架网格。两种框架类型之间是可以相互转换的。

1. 将文本框架转换为框架网格

选择文本框架，执行“对象”|“框架类型”|“框架网格”命令，如图 4-12 和图 4-13 所示。

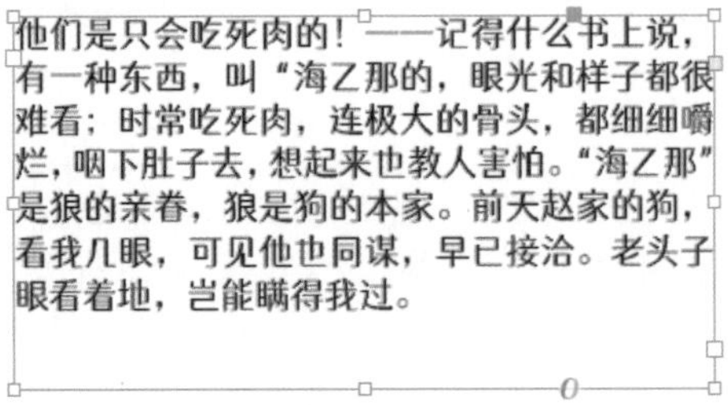

他们是只会吃死肉的！——记得什么书上说，有一种东西，叫“海乙那的，眼光和样子都很难看；时常吃死肉，连极大的骨头，都细细嚼烂，咽下肚子去，想起来也教人害怕。“海乙那”是狼的亲眷，狼是狗的本家。前天赵家的狗，看我几眼，可见他也同谋，早已接洽。老头子眼看着地，岂能瞒得我过。

图 4-12

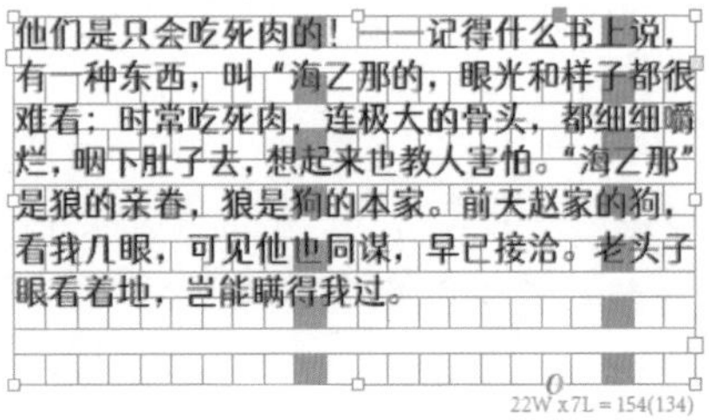

他们是只会吃死肉的！——记得什么书上说，有一种东西，叫“海乙那的，眼光和样子都很难看；时常吃死肉，连极大的骨头，都细细嚼烂，咽下肚子去，想起来也教人害怕。“海乙那”是狼的亲眷，狼是狗的本家。前天赵家的狗，看我几眼，可见他也同谋，早已接洽。老头子眼看着地，岂能瞒得我过。

22W x 7L = 154(134)

图 4-13

知识点拨

要根据网格属性重新设置文本格式，在选中框架网格后，执行“编辑”|“应用网格格式”命令，效果如图 4-14 所示。

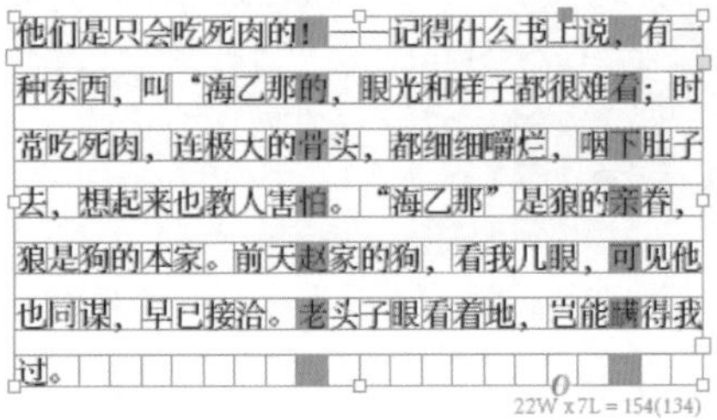

他们是只会吃死肉的！——记得什么书上说，有一种东西，叫“海乙那的，眼光和样子都很难看；时常吃死肉，连极大的骨头，都细细嚼烂，咽下肚子去，想起来也教人害怕。“海乙那”是狼的亲眷，狼是狗的本家。前天赵家的狗，看我几眼，可见他也同谋，早已接洽。老头子眼看着地，岂能瞒得我过。

22W x 7L = 154(134)

图 4-14

2. 将框架网格转换为文本框架

将框架网格转换为文本框架时，若网格格式中设置的字体大小或行距值无法将文本框架的宽度或高度分配完，将显示这个空白区。使用选择工具，拖动框架网格的控制点，进行适当调整，就可以移去这个空白区，如图 4-15 和图 4-16 所示。

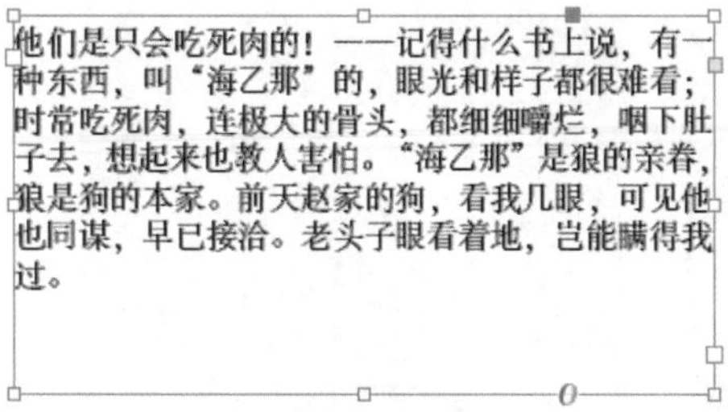

他们是只会吃死肉的！——记得什么书上说，有一种东西，叫“海乙那”的，眼光和样子都很难看；时常吃死肉，连极大的骨头，都细细嚼烂，咽下肚子去，想起来也教人害怕。“海乙那”是狼的亲眷，狼是狗的本家。前天赵家的狗，看我几眼，可见他也同谋，早已接洽。老头子眼看着地，岂能瞒得我过。

图 4-15

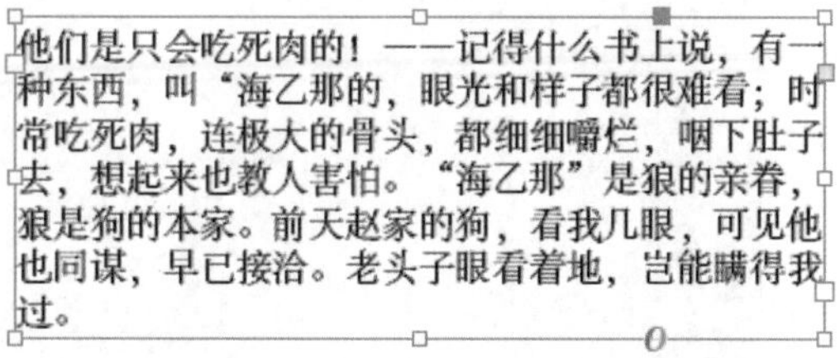

他们是只会吃死肉的！——记得什么书上说，有一种东西，叫“海乙那的，眼光和样子都很难看；时常吃死肉，连极大的骨头，都细细嚼烂，咽下肚子去，想起来也教人害怕。“海乙那”是狼的亲眷，狼是狗的本家。前天赵家的狗，看我几眼，可见他也同谋，早已接洽。老头子眼看着地，岂能瞒得我过。

图 4-16

4.2 框架内容的编辑

在 InDesign 中，可以对选定的框架进行不同形式的编辑，如删除框架内容、移动图形框架及其内容、设置框架适合选项、创建边框和背景以及裁剪对象等。

4.2.1 选择、删除、剪切框架内容

使用选择删除和剪切框架工具，可以根据自己的需求操作，此工具让制作更加方便简洁。

1. 选择框架内容

使用“直接选择工具”，可选取框架中的内容，选择框架内容的方法有以下几种。

（1）若要选择一个图形或文本框架，则可使用“直接选择工具”选择对象，如图 4-17 所示。

（2）若要选择文本字符，则可使用文字工具选择这些字符，如图 4-18 所示。

图 4-17

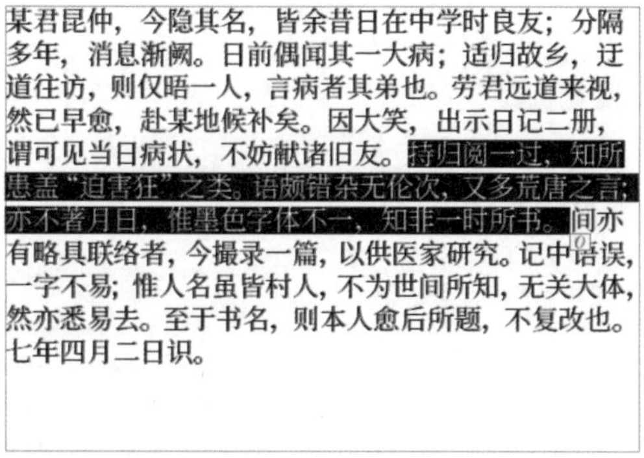

某君昆仲，今隐其名，皆余昔日在中学时良友；分隔多年，消息渐阙。日前偶闻其一大病；适归故乡，迂道往访，则仅晤一人，言病者其弟也。劳君远道来视，然已早愈，赴某地候补矣。因大笑，出示日记二册，谓可见当日病状，不妨献诸旧友。持归阅一过，知所患盖“迫害狂”之类。语颇错杂无伦次，又多荒唐之言；亦不著月日，惟墨色字体不一，知非一时所书。间亦有略具联络者，今撮录一篇，以供医家研究。记中语误，一字不易；惟人名虽皆村人，不为世间所知，无关大体，然亦悉易去。至于书名，则本人愈后所题，不复改也。七年四月二日识。

图 4-18

2. 删除框架内容

使用直接选择工具，选择要删除的框架内容，然后按 Delete 键或空格（Backspace）键，或者将项目拖曳至删除图标按钮上，即可删除框架内容。

3. 剪切框架内容

使用直接选择工具，选择要剪切的框架内容，执行“编辑”|“剪切”命令，在要放置内容的版面上选择“编辑”|“粘贴”命令，粘贴时有多种方式可供选择，如图 4-19 所示。

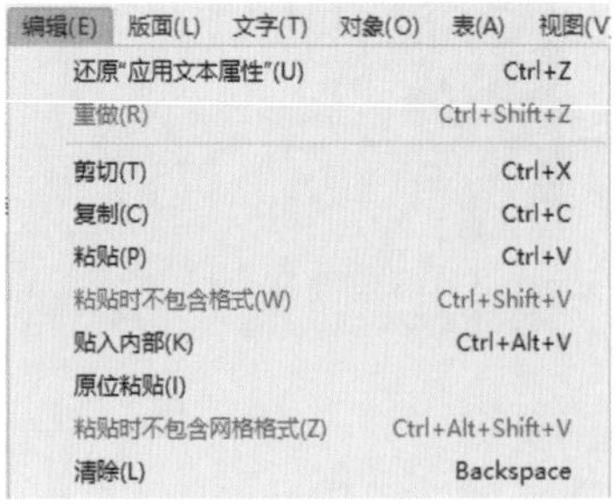

编辑(E) 版面(L) 文字(T) 对象(O) 表(A) 视图(V	
还原"应用文本属性"(U)	Ctrl+Z
重做(R)	Ctrl+Shift+Z
剪切(T)	Ctrl+X
复制(C)	Ctrl+C
粘贴(P)	Ctrl+V
粘贴时不包含格式(W)	Ctrl+Shift+V
贴入内部(K)	Ctrl+Alt+V
原位粘贴(I)	
粘贴时不包含网格格式(Z)	Ctrl+Alt+Shift+V
清除(L)	Backspace

图 4-19

4.2.2 替换框架内容

InDesign 在制作作品时可直接替换框架中原有内容，既方便又快捷。使用直接选择工具，在框架上单击，选中框架中原有的内容，如图 4-20 所示。执行“文件”|“置入”命令，在弹出的“置入”对话框中选择替换的图像即可，如图 4-21 所示。

图 4-20

图 4-21

知识点拨

在“链接”面板中单击“重新链接”按钮，在弹出的对话框中选择目标图像也可以进行内容的替换。

4.2.3 移动框架

当使用选择工具移动框架时，框架的内容也会一起移动。移动框架或移动其内容的方法有以下几种。

（1）若要将框架和内容一起移动，则可以使用“选择工具”。

（2）若要移动导入内容而不移动框架，则可以使用“直接选择工具”。将直接选择工具放置到导入图形上时，它会自动变为抓手工具，随后进行拖动即可移动所导入的内容，如图 4-22 和图 4-23 所示。

图 4-22

图 4-23

4.2.4 调整框架

可以使用“适合”命令自动调整内容与框架的关系。将一个对象放置或粘贴到框架中时，若框架和其内容的大小不同，可以选择对象的框架后右击，在弹出的快捷菜单中选择“适合”级联菜单中的命令即可，如图 4-24 所示。

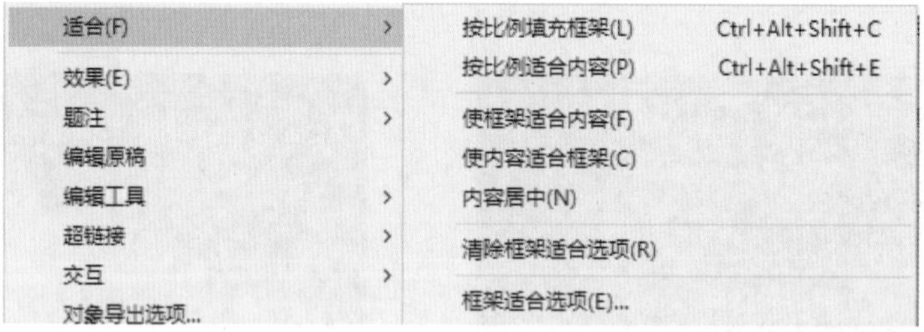

适合(F) >	按比例填充框架(L) Ctrl+Alt+Shift+C
效果(E) >	按比例适合内容(P) Ctrl+Alt+Shift+E
题注 >	使框架适合内容(F)
编辑原稿	使内容适合框架(C)
编辑工具 >	内容居中(N)
超链接 >	清除框架适合选项(R)
交互 >	框架适合选项(E)...
对象导出选项...	

图 4-24

“适合”级联菜单中主要命令的功能介绍如下。

◎ 按比例填充框架：调整内容大小以填充整个框架，同时保持内容的比例，框架的尺寸不会更改，如果内容和框架的比例不同，框架的外框将会裁剪部分内容，如图 4-25 和图 4-26 所示。

图 4-25

图 4-26

知识点拨

使用直接选择工具选择框架，通过查看控制板中的“X 水平缩放百分比”和“Y 垂直缩放百分比”的数值可以判别框架中图像的缩放，大于 100% 是放大，小于 100% 则是缩小。

◎ 按比例适合内容：调整内容大小以适合框架，同时保持内容的比例，框架的尺寸不会更改，如果内容和框架的比例不同，将会导致一些空白区，如图 4-27 所示。

◎ 使框架适合内容：调整框架大小以适合其内容，如图 4-28 所示。如有必要，可改变框架的比例以匹配内容的比例。要使框架快速适合其内容，可双击框架上的任一角手柄。框架将向远离单击点的方向调整大小。如果单击边手柄，则框架仅在该维空间调整大小。

图 4-27

图 4-28

◎ 使内容适合框架：调整内容大小以适合框架并允许更改内容比例。框架不会更改，但是如果内容和框架具有不同比例，则内容可能显示为拉伸状态，如图 4-29 所示。

◎ 内容居中：将内容放置在框架的中心，框架及其内容的比例会被保留，内容和框架的大小不会改变，如图 4-30 所示。

图 4-29

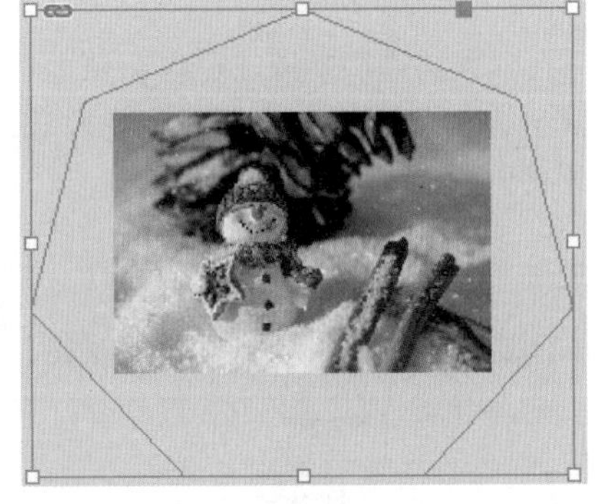

图 4-30

◎ 清除框架适合选项：清除框架适合选项中的设置，将其中的参数变为默认状态。若要将对象还原为设置框架适合选项前的状态，需先执行“清除框架适合选项”命令，再选择“框架适合选项”命令，直接单击“确定”按钮即可。需要注意的是，在执行“清除框架适合选项”命令之前，必须使用选择工具选中对象，而非使用直接选择工具。

知识点拨

在“控制”面板中单击相应按钮，可以直接快捷地调整内容与框架的关系，如图 4-31 所示。

图 4-31

4.3 图层的应用

每个文档都至少包含一个已命名的图层，通过使用多个图层，可以创建和编辑文档中的特定区域或各种内容，而不会影响其他区域或其他种类的内容。还可以使用图层来为同一个版面显示不同的设计思路。隐藏和显示图层能够达到不同的显示效果。

4.3.1 创建图层

执行“窗口”|“图层”命令，弹出“图层”面板，单击面板底部的“创建新图层”按钮创建新图层，如图 4-32 所示。

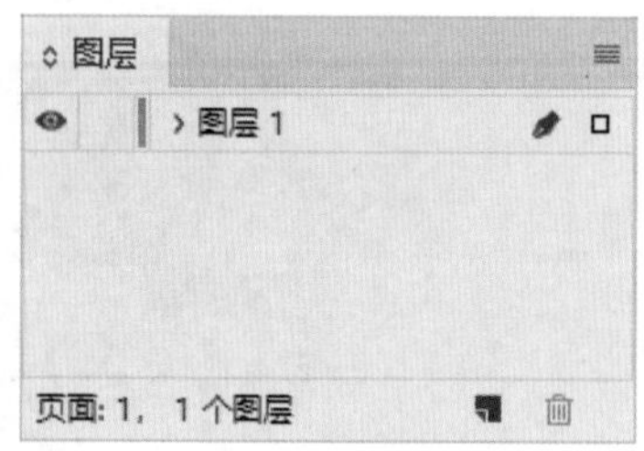

图 4-32

思路点拨

若要在选定图层的上方创建一个新图层，则可在按住 Ctrl 键的同时单击“创建新图层”按钮。若要在所选图层的下方创建新图层，则可在按住 Ctrl+Alt 组合键的同时单击“创建新图层”按钮。

4.3.2 编辑图层

InDesign 拥有强大的图层功能，可以将页面中不同类型的对象置于不同的图层中，便于用户进行编辑和管理。此外，对于图层中不同类型的对象还可以设置透明、投影、羽化等各种特殊效果，使出版物的页面效果更加丰富、完美。

1. 图层选项

双击现有的图层，弹出“图层选项”对话框，如图 4-33 所示。

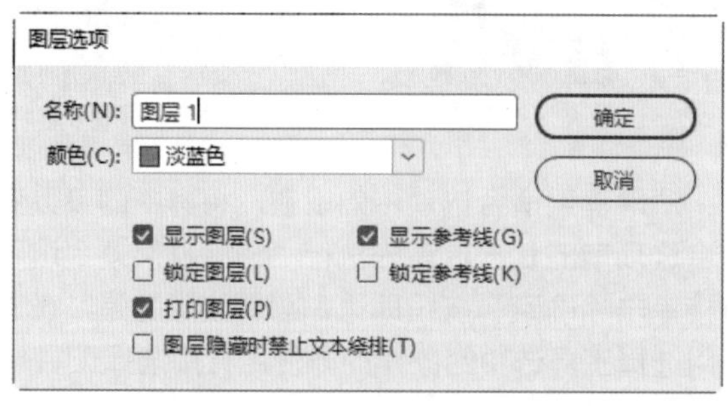

图 4-33

该对话框中主要选项的功能介绍如下。

◎ 颜色：指定颜色以标识该图层上的对象，在“颜色”下拉列表框中可以为图层指定一种颜色。

◎ 显示图层：选中此复选框，可以使图层可见。

◎ 显示参考线：选中此复选框，可以使图层上的参考线可见。若没有为图层选中此复选框，即使通过为文档执行“视图”|“显示参考线”命令，参考线也不可见。

◎ 锁定图层：选中此复选框，可以防止对图层上的任何对象进行更改。

◎ 锁定参考线：选中此复选框，可以防止对图层上的所有标尺参考线进行更改。

◎ 打印图层：选中此复选框，可允许图层被打印。当打印或导出至 PDF 时，可以决定是否打印隐藏图层和非打印图层。

◎ 图层隐藏时禁止文本绕排：在图层处于隐藏状态并且该图层包含应用了文本绕排的文本时，如果要使其他图层上的文本正常排列，则选中此复选框。

2. 图层颜色

指定图层颜色便于区分不同选定对象的图层。对于包含选定对象的每个图层，“图层”面板都将以该图层的颜色显示一个点，如图 4-34 所示。

图 4-34

■ 实例：制作九宫格效果图像

下面将利用所学的框架知识制作九宫格效果图像。

Step01 执行“文件”|“新建”命令，在弹出的“新建文档”对话框中设置参数，如图 4-35 所示。

Step02 单击“边距和分栏”按钮，在弹出的“新建边距和分栏”对话框中设置参数，如图 4-36 所示。

图 4-35

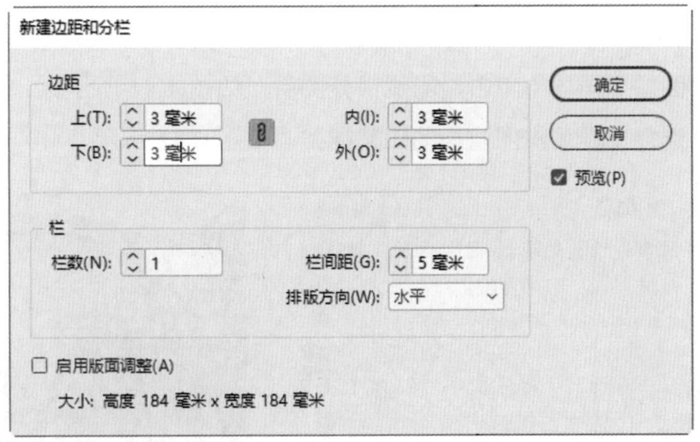

图 4-36

Step03 选择矩形框架工具绘制框架，如图 4-37 所示。

Step04 执行“文件”|“置入”命令，置入素材文件，如图 4-38 所示。

Step05 在“控制”面板中单击“按比例填充框架”按钮▬，使用直接选择工具单击图像向右调整，如图 4-39 所示。

Step06 执行“窗口”|“图层”命令，打开“图层”面板，拖动 <1.jpg> 至面板底部的“创建新图层”按钮上，复制 8 个，如图 4-40 所示。

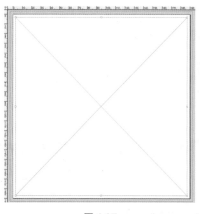

图 4-37

图 4-38

图 4-39

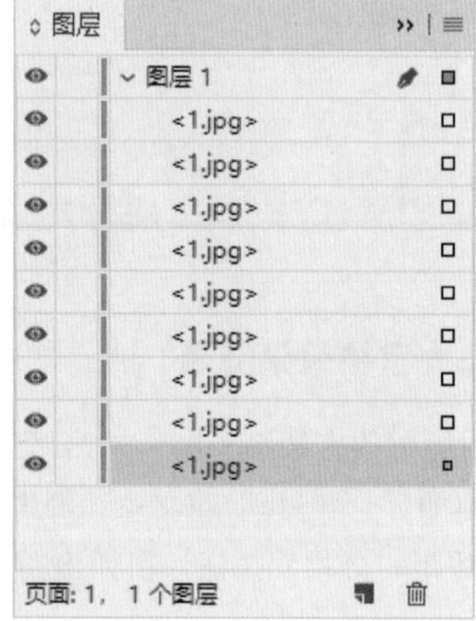

图 4-40

Step07 在“图层”面板中单击，隐藏部分图层，如图 4-41 所示。

Step08 使用选择工具单击图像拖动调整框架，如图 4-42 所示。

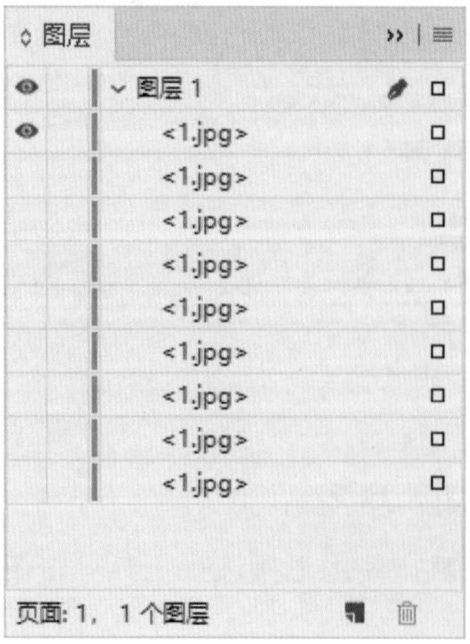

图 4-41

图 4-42

Step09 在“图层”面板中单击显示图层，如图 4-43 所示。

Step10 使用选择工具单击图像拖动调整框架，间距为 2 毫米，如图 4-44 所示。

图层
图层 1
<1.jpg>
<1.jpg>
<1.jpg>
<1.jpg>
<1.jpg>
<1.jpg>
<1.jpg>
<1.jpg>
<1.jpg>
页面：1， 1 个图层

图 4-43

图 4-44

Step11 使用相同的方法调整其余的图像，如图 4-45 所示。最终效果如图 4-46 所示。

图 4-45

图 4-46

至此，完成九宫格效果的制作。

4.4 效果的添加

单击“效果”面板中的“菜单”按钮，在弹出的下拉菜单中选择“效果”|“透明度”命令，弹出“效果”对话框，如图 4-47 所示。

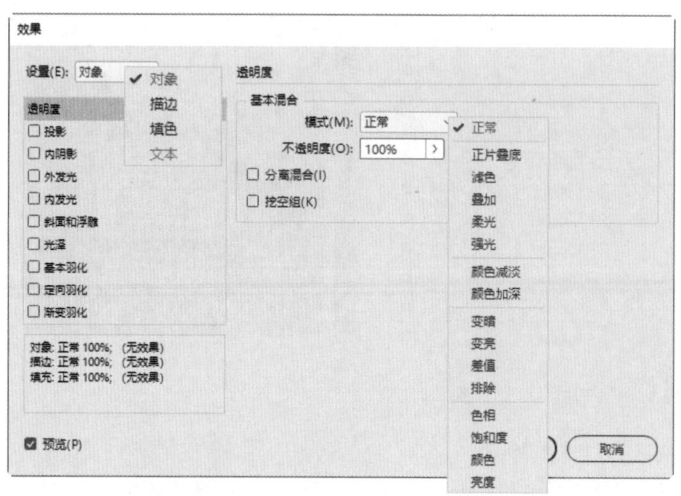

图 4-47

在“设置”下拉列表框中可以设置要更改的部分。

◎ 对象：影响整个对象（包括其描边、填色和文本）。

◎ 描边：仅影响对象的描边（包括其间隙颜色）。

◎ 填色：仅影响对象的填色。

◎ 文本：仅影响对象中的文本而不影响文本框架。应用于文本的效果将影响对象中的所有文本；不能将效果应用于个别单词或字母。

4.4.1 透明度

在“透明度”选项界面中，可以指定对象的不透明度以及与其下方对象的混合方式，既可以选择对特定对象执行分离混合，也可以选择让对象挖空某个组中的对象，而不是与之混合。

1. 混合模式

在“模式”下拉列表框中有 16 种模式可供选择。

◎ 正常：在不与基色相作用的情况下，采用混合色为选区着色。此模式为默认模式。

◎ 正片叠底：将基色与混合色相乘。得到的颜色总是比基色和混合色都要暗一些。任何颜色与黑色正片叠底产生黑色。任何颜色与白色正片叠底保持不变。

◎ 滤色：将混合色的反相颜色与基色相乘。得到的颜色总是比基色和混合色都要亮一些。用黑色过滤时颜色保持不变。用白色过滤时将产生白色。

◎ 叠加：对颜色进行正片叠底或过滤，具体取决于基色。图案或颜色叠加在现有的图稿上，在与混合色混合以反映原始颜色的亮度和暗度的同时，保留基色的高光和阴影。

◎ 柔光：使颜色变暗或变亮，具体取决于混合色。

◎ 强光：对颜色进行正片叠底或过滤，具体取决于混合色。

◎ 颜色减淡：加亮基色以反映混合色。与黑色混合则不发生变化。

◎ 颜色加深：加深基色以反映混合色。与白色混合后不产生变化。

◎ 变暗：选择基色或混合色中较暗的一个作为结果色。比混合色亮的区域将被替换，而比混合色暗的区域则保持不变。

◎ 变亮：选择基色或混合色中较亮的一个作为结果色。比混合色暗的区域将被替换，而比混合

色亮的区域则保持不变。

◎ 差值：从基色减去混合色或从混合色减去基色，具体取决于哪一种的亮度值较大。与白色混合将反转基色值；与黑色混合则不产生变化。

◎ 排除：创建类似于差值模式的效果，但是对比度比插值模式低。与白色混合将反转基色分量。与黑色混合则不发生变化。

◎ 色相：用基色的亮度和饱和度与混合色的色相创建颜色。

◎ 饱和度：用基色的亮度和色相与混合色的饱和度创建颜色。用此模式在没有饱和度（灰色）的区域中上色，将不会产生变化。

◎ 颜色：用基色的亮度与混合色的色相和饱和度创建颜色。它可以保留图稿的灰阶，对于给单色图稿上色和给彩色图稿着色都非常有用。

◎ 亮度：用基色的色相及饱和度与混合色的亮度创建颜色。此模式创建与“颜色”模式相反的效果。

2. 不透明度

默认情况下，创建对象或描边、应用填色或输入文本时，这些项目显示为实底状态，即不透明度为100%。在“不透明度”组合框中可以直接输入数值，也可以单击文本框旁边的箭头›按钮，调整数值。如图 4-48 和图 4-49 所示为 100%（不透明）和 50%（半透明）效果。

图 4-48

图 4-49

3. 分离混合

在对象上应用混合模式时，其颜色会与其下面的所有对象混合。若将混合范围限制于特定对象，可以先对目标对象进行编组，然后对该组应用“分离混合”选项。

4. 挖空组

让选定组中每个对象的不透明度和混合属性挖空（即在视觉上遮蔽）组中底层对象。只有选定组中的对象才会被挖空。选定组下面的对象将会受到应用于该组中对象的混合模式或不透明度的影响。

> **提　示**
>
> 混合模式应用于单个对象，而“分离混合”与“挖空组”选项则应用于组。

4.4.2 投影

可以使用投影效果创建三维阴影；可以让投影沿 X 轴或 Y 轴偏离；还可以改变混合模式、颜色、不透明度、距离、角度以及投影的大小，增强空间感和层次感。

选择目标对象，单击fx.按钮，在弹出的下拉菜单中选择“投影”命令，弹出“效果”对话框，如图 4-50 所示。

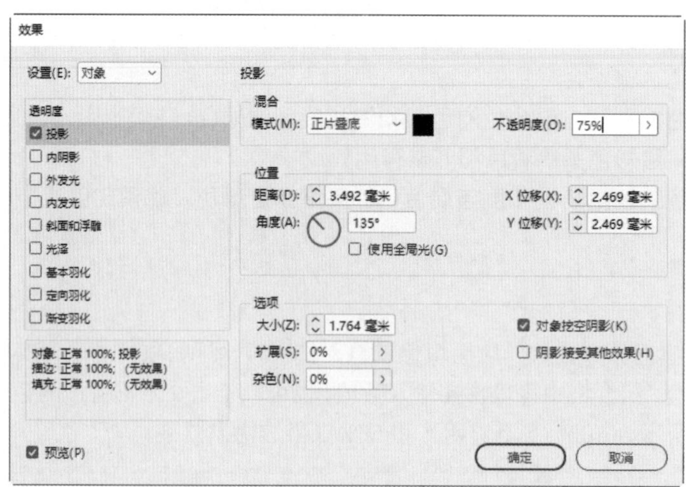

图 4-50

该对话框中主要选项的功能介绍如下。

◎ 模式：设置透明对象中的颜色如何与其下面的对象相互作用。适用于投影、内阴影、外发光、内发光和光泽效果。

◎ 设置投影颜色■：单击此按钮，在弹出的“效果颜色”对话框中设置投影的颜色，如图 4-51 所示。在该对话框中可以选择已有的色板颜色，还可以在“颜色”下拉列表框中设置其他颜色模式，调整其颜色参数。

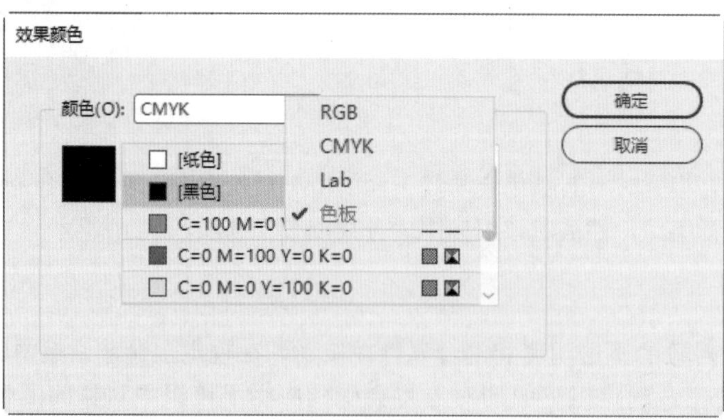

图 4-51

◎ 距离：设置投影、内投影或光泽的位移效果。

◎ 角度：设置应用光源效果的光源角度，0° 为底边，90° 为对象正上方。

◎ 使用全局光：将全局光设置应用于投影。

◎ 大小：设置投影或发光应用的量。

◎ 扩展：确定大小设置中多设定的投影或发光效果中模糊的透明度。

◎ 杂色：设置指定数值或拖动滑块时发光不透明度或投影不透明度中随机元素的数量。

◎ 对象挖空阴影：对象显示在它所投射投影的前面。

◎ 阴影接受其他效果：投影中包含其他透明效果。例如，如果对象的一侧被羽化，则可以使投影忽略羽化，以便阴影不会淡出，或者使阴影看上去已经羽化，就像对象被羽化一样。

如图 4-52 和图 4-53 所示为应用“投影”效果前后的对比图。

图 4-52

图 4-53

4.4.3 内阴影

内阴影效果将阴影置于对象内部，给人以对象凹陷的印象。可以让内阴影沿不同轴偏离，并可以改变混合模式、不透明度、距离、角度、大小、杂色和阴影的收缩量。

选择目标对象，单击 fx 按钮，在弹出的下拉菜单中选择“内阴影”命令，弹出“效果”对话框，如图 4-54 所示。

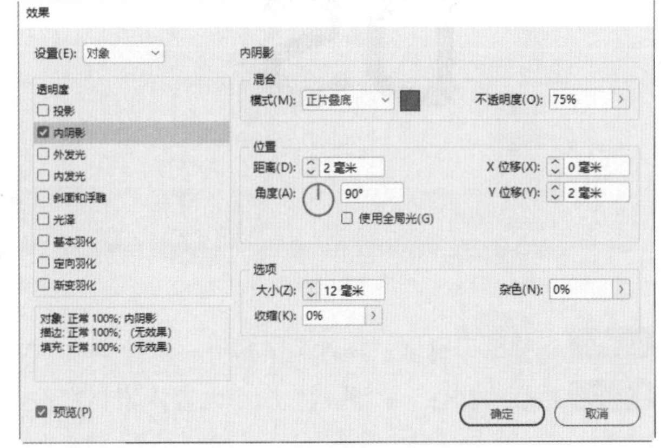

图 4-54

如图 4-55 和图 4-56 所示为应用“内阴影”效果前后的对比图。

图 4-55

图 4-56

■ 实例：制作字母剪纸效果

下面将利用所学的内阴影知识制作字母剪纸效果。

Step01 选择矩形工具绘制矩形并填充颜色，按 Ctrl+L 组合键锁定该图层，如图 4-57 所示。

Step02 选择文字工具，拖动鼠标绘制文本框并输入文字，在“控制”面板中设置参数，如图 4-58 所示。

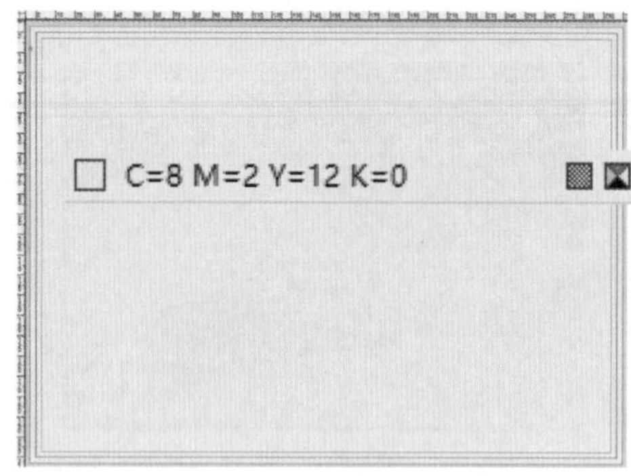

图 4-57

图 4-58

Step03 选择文字，右击，在弹出的快捷菜单中选择“创建轮廓”命令，效果如图 4-59 所示。

Step04 选择创建轮廓后的文字，按 Ctrl+X 组合键剪切，按 Ctrl+V 组合键粘贴，如图 4-60 所示。

图 4-59

图 4-60

Step05 删除空白框架，选择文字轮廓，按住 Shift+Alt 组合键等比例放大文字，如图 4-61 所示。

Step06 执行“文件”|“置入”命令，置入素材文件，如图 4-62 所示。

图 4-61

图 4-62

Step07 框选文字和置入的图像，执行“窗口”|“对象和版面”|“路径查找器”命令，在“路径查找器”面板中单击“交叉”按钮，如图 4-63 和图 4-64 所示。

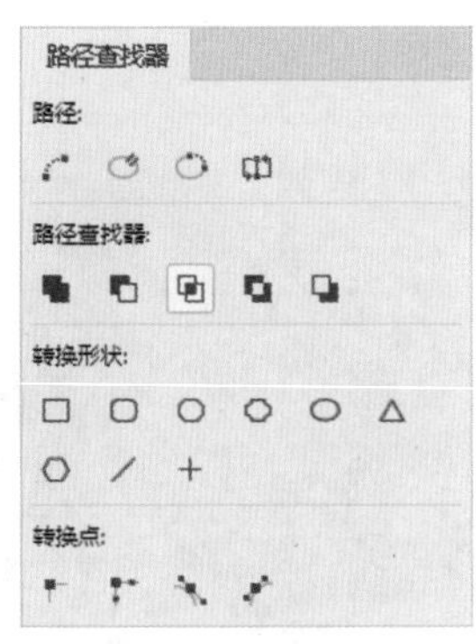

图 4-63

图 4-64

Step08 右击，在弹出的快捷菜单中选择“效果”|“内阴影”命令，在弹出的“效果”对话框中设置参数，如图 4-65 所示。

Step09 设置完成后单击“确定”按钮，最终效果如图 4-66 所示。

图 4-65

图 4-66

至此，完成字母剪纸效果。

4.4.4 外发光

外发光效果使光从对象下面发射出来。可以设置混合模式、不透明度、方法、杂色、大小和跨页。

选择目标对象，单击fx按钮，在弹出的下拉菜单中选择“外发光”命令，弹出“效果”对话框，如图 4-67 所示。在该对话框中，可以在“方法”下拉列表框中选择外发光的过渡方式：“柔和”与“精确”。

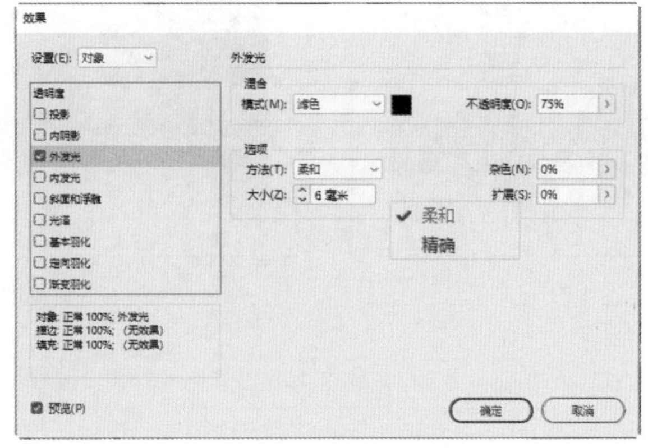

图 4-67

如图 4-68 和图 4-69 所示为应用“外发光”效果前后的对比图。

图 4-68

图 4-69

4.4.5 内发光

内发光效果使对象从内向外发光。可以选择混合模式、不透明度、方法、大小、杂色、收缩设置以及源设置。选择目标对象，单击 fx 按钮，在弹出的下拉菜单中选择“内发光”命令，弹出“效果”对话框，如图 4-70 所示。

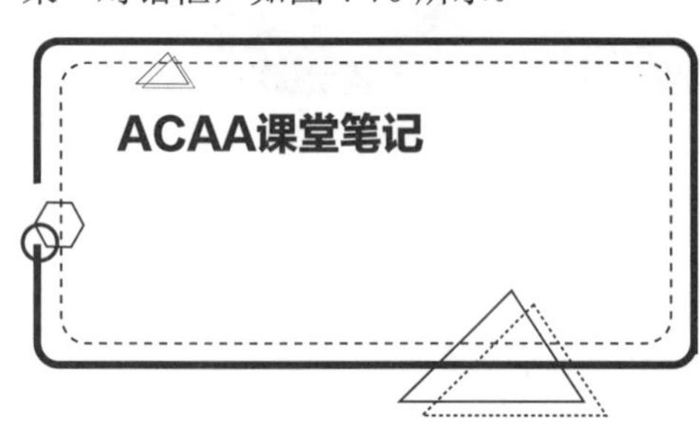

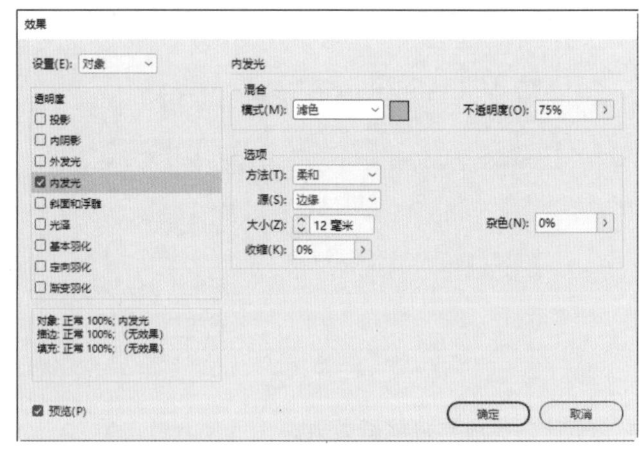

图 4-70

如图 4-71 和图 4-72 所示为应用“内发光”效果前后的对比图。

图 4-71

图 4-72

4.4.6 斜面和浮雕

使用斜面和浮雕效果可以为对象添加高光和阴影，使其产生立体的浮雕效果。结构设置确定对

象的大小和形状。选择目标对象，单击fx按钮，在弹出的下拉菜单中选择“斜面和浮雕”命令，弹出“效果”对话框，如图 4-73 所示。

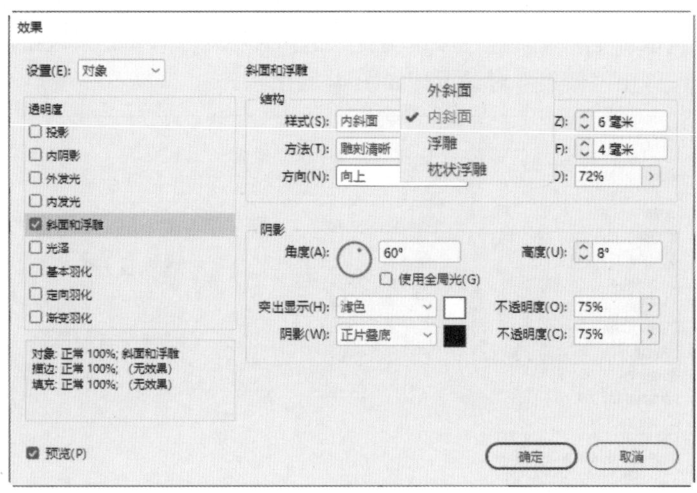

图 4-73

该对话框中主要选项的功能介绍如下。

◎ 样式：指定斜面样式。“外斜面”在对象的外部边缘创建斜面；“内斜面”在对象的内部边缘创建斜面；“浮雕”模拟在底层对象上凸饰另一对象的效果；“枕状浮雕”模拟将对象的边缘压入底层对象的效果。

◎ 大小：确定斜面或浮雕效果的大小。

◎ 方法：确定斜面或浮雕效果的边缘是如何与背景颜色相互作用的：“平滑”可以稍微模糊边缘；“雕刻柔和”也可以模糊边缘，但与平滑方法不尽相同；“雕刻清晰”可以保留更清晰、更明显的边缘。

◎ 柔化：除了使用方法设置外，还可以使用“柔化”来模糊效果，以此减少不必要的人工效果和粗糙边缘。

◎ 方向：通过选择“向上”或“向下”选项，可将效果显示的位置上下移动。

◎ 深度：指定斜面或浮雕效果的深度。

◎ 高度：设置光源的高度。

◎ 使用全局光：应用全局光源，它是为所有透明效果指定的光源。选中此复选框将覆盖任何角度和高度设置。

如图 4-74 和图 4-75 所示为应用“斜面和浮雕”效果前后的对比图。

图 4-74

图 4-75

4.4.7 光泽

使用光泽效果可以为对象添加具有流畅且光滑光泽的内阴影。可以选择混合模式、不透明度、角度、距离、大小设置以及是否反转颜色和透明度。选择目标对象，单击fx按钮，在弹出的下拉菜单中选择“光泽”命令，弹出“效果”对话框，如图 4-76 所示。

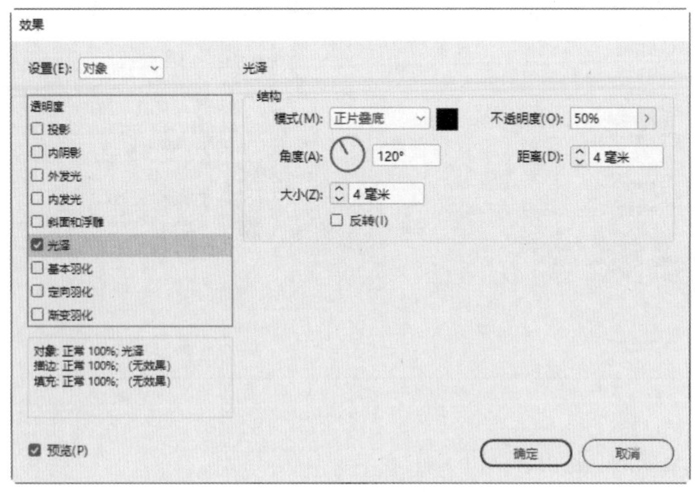

图 4-76

如图 4-77 和图 4-78 所示为应用“光泽”效果前后的对比图。

图 4-77

图 4-78

4.4.8 基本羽化

使用羽化效果可按照指定的距离柔化（渐隐）对象的边缘。选择目标对象，单击fx按钮，在弹出的下拉菜单中选择“基本羽化”命令，弹出“效果”对话框，如图 4-79 所示。

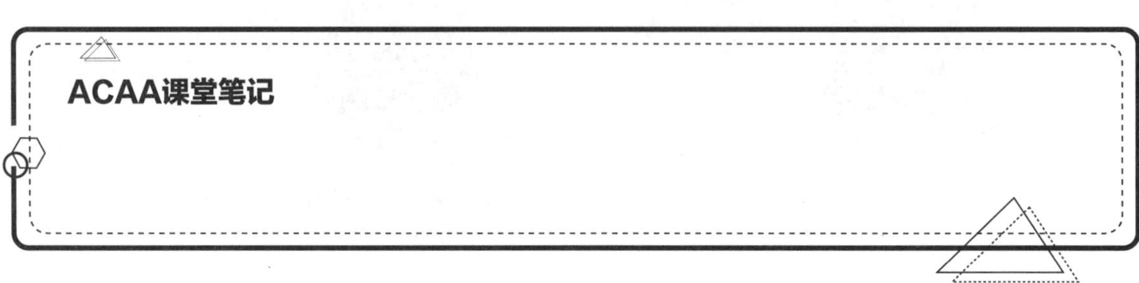

图 4-79

该对话框中主要选项的功能介绍如下。

◎ 羽化宽度：用于设置对象从不透明渐隐为透明需要经过的距离。

◎ 收缩：与“羽化宽度”设置一起，确定将发光柔化为不透明和透明的程度；设置的值越大，不透明度越高；设置的值越小，透明度越高。

◎ 角点：在其下拉列表框中有 3 种形式可以选择。“锐化”表示沿形状的外边缘（包括尖角）渐变。此选项适合于星形对象，以及对矩形应用特殊效果；“圆角”表示按羽化半径修成圆角。实际上，形状先内陷，然后向外隆起，形成两个轮廓。此选项应用于矩形时可取得良好效果；“扩散”表示使对象边缘从不透明渐隐为透明。

◎ 杂色：指定柔化发光中随机元素的数量。使用此选项可以柔化发光。

如图 4-80 和图 4-81 所示为应用“基本羽化”效果前后的对比图。

图 4-80

图 4-81

4.4.9 定向羽化

定向羽化效果可使对象的边缘沿指定的方向渐隐为透明，从而实现边缘柔化。例如，可以将羽化应用于对象的上方和下方，而不是左侧或右侧。

选择目标对象，单击 fx 按钮，在弹出的下拉菜单中选择“定向羽化”命令，弹出“效果”对话框，如图 4-82 所示。

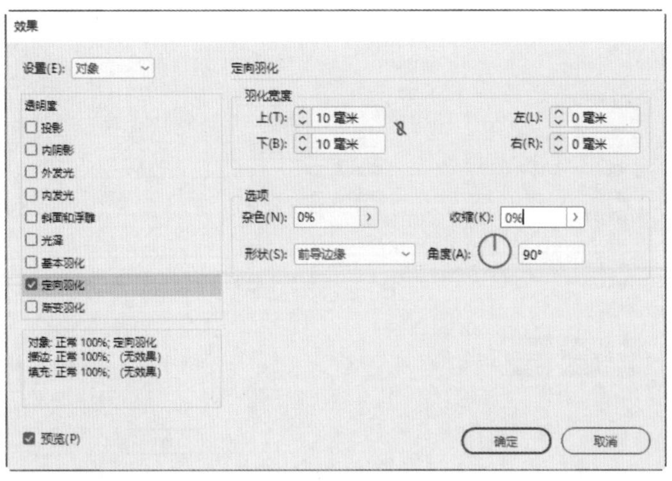

图 4-82

该对话框中主要选项的功能介绍如下。

◎ 羽化宽度：设置对象的上方、下方、左侧和右侧渐隐为透明的距离。选择“锁定”选项可以将对象的每一侧渐隐相同的距离。

◎ 形状：通过选择一个选项（“仅第一个边缘”“前导边缘”或“所有边缘”）可以确定对象原始形状的界限。

如图 4-83 和图 4-84 所示为应用“定向羽化”效果前后的对比图。

图 4-83

图 4-84

4.4.10 渐变羽化

使用渐变羽化效果可以使对象所在区域渐隐为透明，从而实现此区域的柔化。选择目标对象，单击fx按钮，在弹出的下拉菜单中选择“渐变羽化”命令，弹出“效果”对话框，如图 4-85 所示。

ACAA课堂笔记

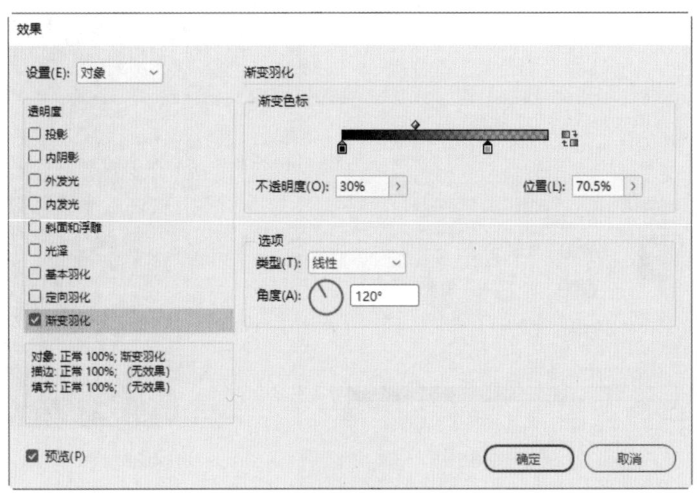

图 4-85

该对话框中主要选项的功能介绍如下。

◎ 渐变色标：为每个要用于对象的透明度渐变创建一个渐变色标。要创建渐变色标，需在渐变滑块下方单击（将渐变色标拖离滑块可以删除色标）；要调整色标的位置，需将其向左或向右拖动，或者先选定它，然后拖动位置滑块；要调整两个不透明度色标之间的中点，需拖动渐变滑块上方的菱形。菱形的位置决定色标之间过渡的剧烈或渐进程度。

◎ 反向渐变：单击▣按钮，可以反转渐变的方向。

◎ 不透明度：指定渐变点之间的透明度。先选定一点，然后拖动不透明度滑块。

◎ 位置：调整渐变色标的位置。用于在拖动滑块或输入测量值之前选择渐变色标。

◎ 类型：“线性”表示以直线方式从起始渐变点渐变到结束渐变点；“径向”表示以环绕方式从起始点渐变到结束点。

◎ 角度：对于线性渐变，用于确定渐变线的角度。

如图 4-86 和图 4-87 所示为应用“渐变羽化”效果前后的对比图。

图 4-86

图 4-87

■ 实例：制作渐变海报

下面将利用所学的效果知识制作渐变海报。

Step01 选择矩形工具绘制矩形，在工具箱中双击渐变色板工具，在弹出的“渐变”面板中单击渐变缩览图，如图 4-88 和图 4-89 所示。

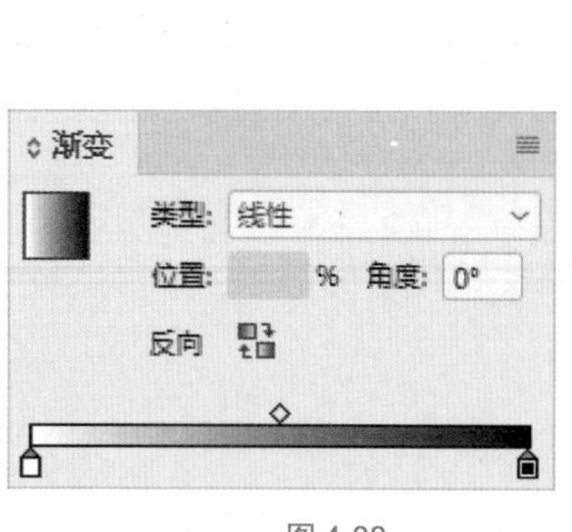

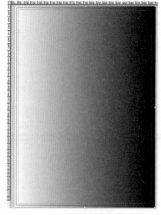

图 4-88

图 4-89

Step02 执行“窗口”|“颜色”|“颜色”命令，弹出“颜色”面板，搭配“渐变”面板设置渐变颜色，如图 4-90~ 图 4-92 所示。

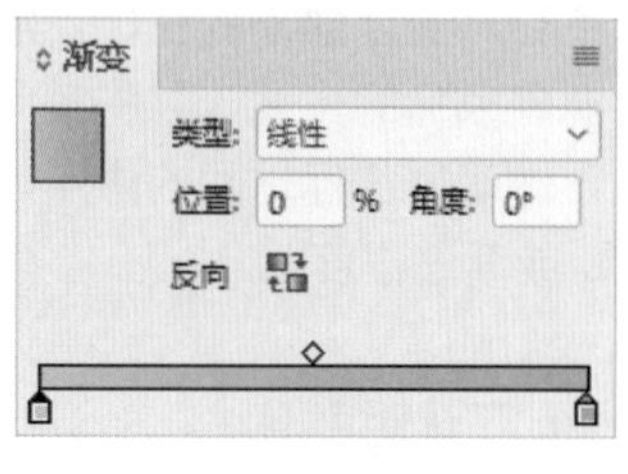

图 4-90

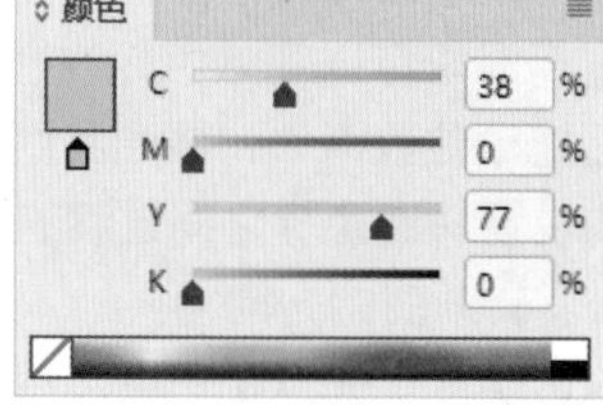

图 4-91

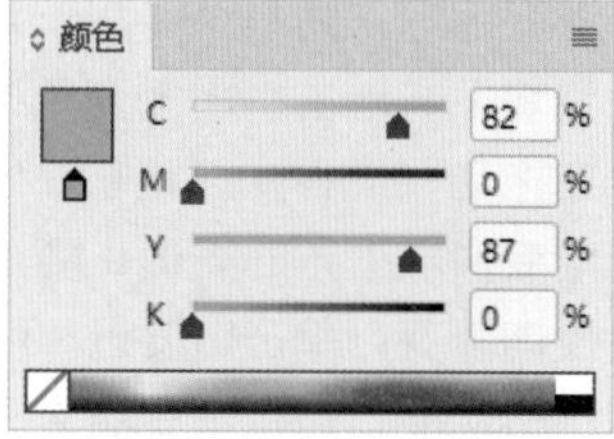

图 4-92

Step03 设置完成后的效果如图 4-93 所示。

Step04 选择钢笔工具绘制路径，如图 4-94 所示。

图 4-93

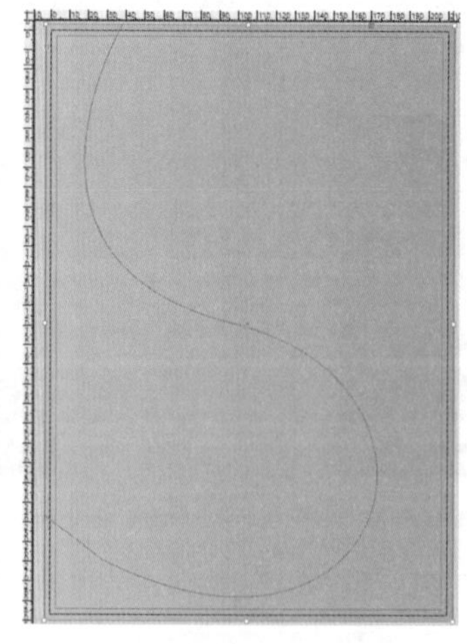

图 4-94

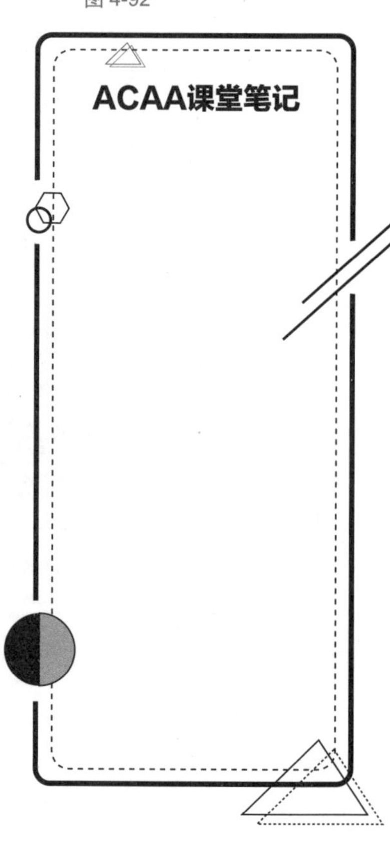

Step05 在“颜色”面板与“渐变”面板中设置渐变颜色，如图 4-95~ 图 4-97 所示。

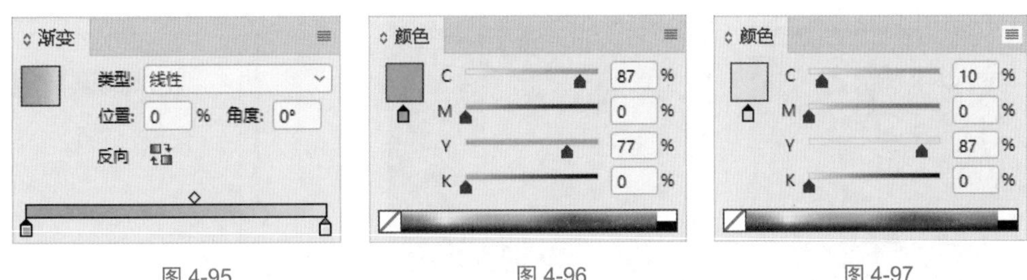

图 4-95　　图 4-96　　图 4-97

Step06 设置完成后的效果如图 4-98 所示。

Step07 右击，在弹出的快捷菜单中选择“效果”|“渐变羽化”命令，在弹出的“效果”对话框中设置参数，如图 4-99 所示。

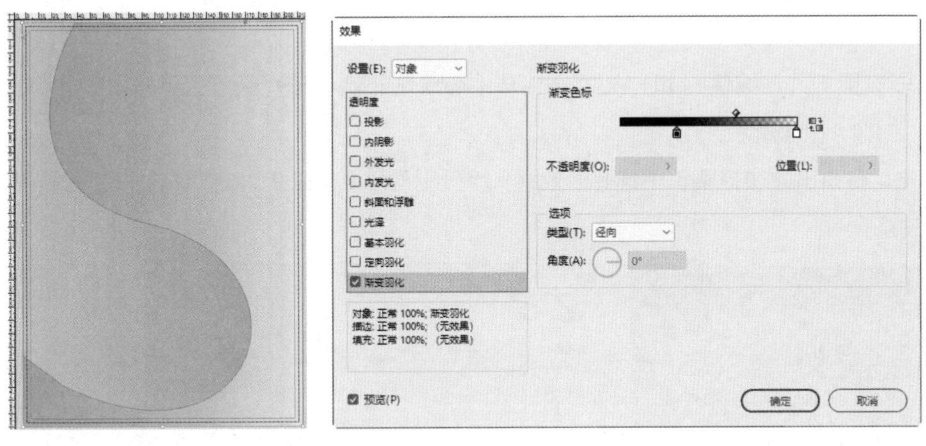

图 4-98　　图 4-99

Step08 选择“基本羽化”选项并设置参数，如图 4-100 所示。

Step09 单击“确定”按钮，效果如图 4-101 所示。

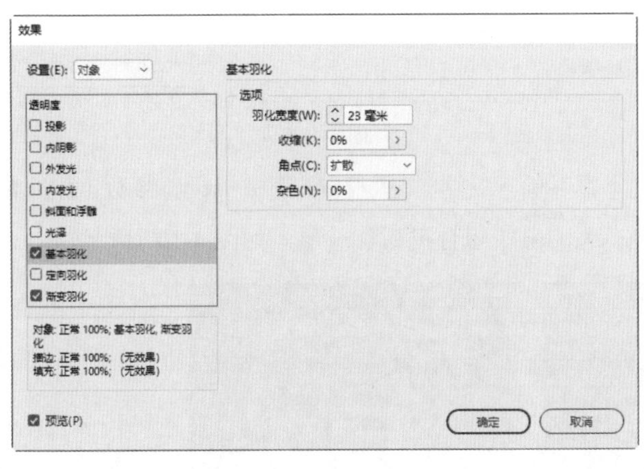

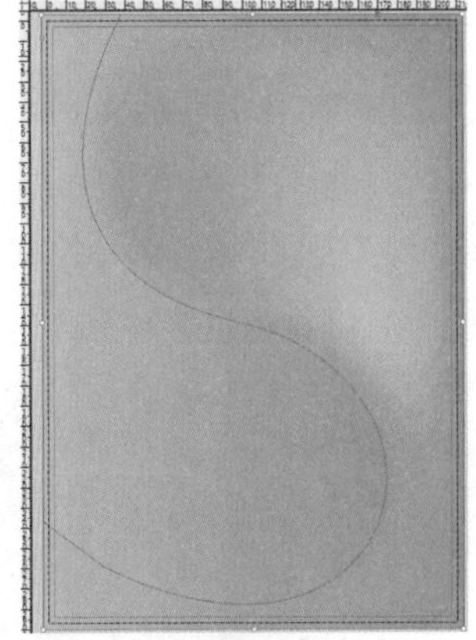

图 4-100　　图 4-101

Step10 按住 Alt 键复制渐变路径，在“控制”面板中设置参数，如图 4-102 所示。

Step11 在“渐变”面板中单击“反向”按钮，效果如图 4-103 所示。

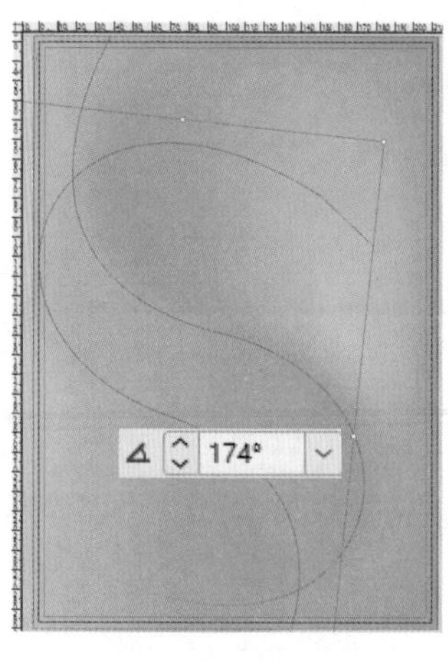

图 4-102

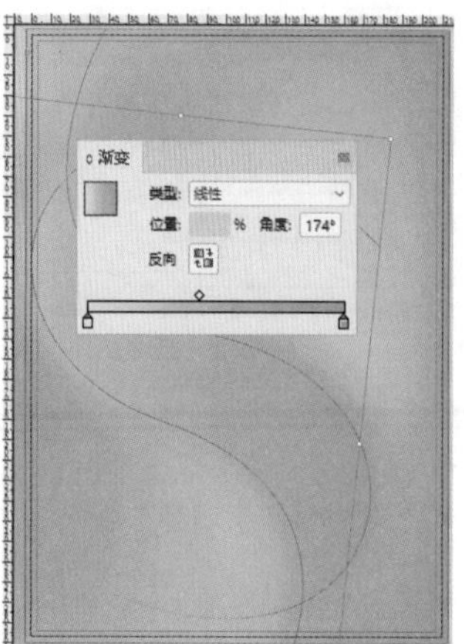

图 4-103

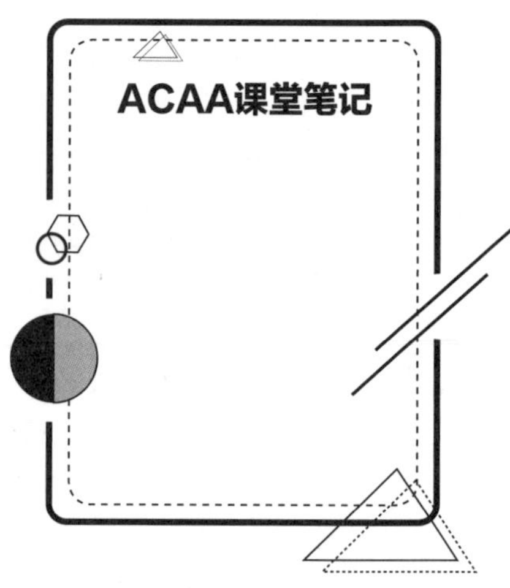

Step12 选择椭圆工具，按住 Shift+Alt 组合键从中心绘制正圆，选择吸管工具吸取背景颜色，并使其居中对齐，如图 4-104 所示。

Step13 右击，在弹出的快捷菜单中选择“效果”|“投影”命令，在弹出的“效果”对话框中设置参数，如图 4-105 所示。

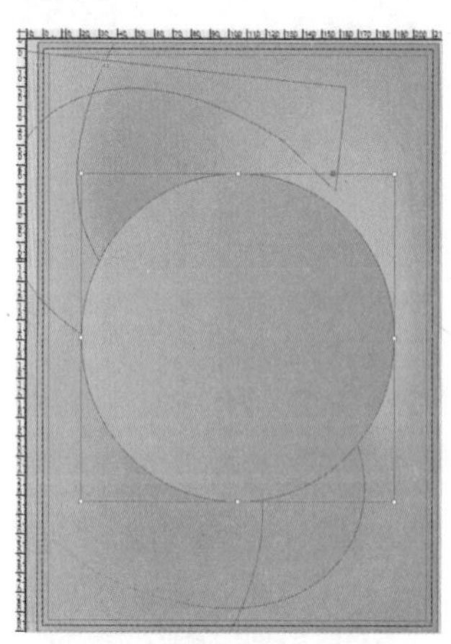

图 4-104

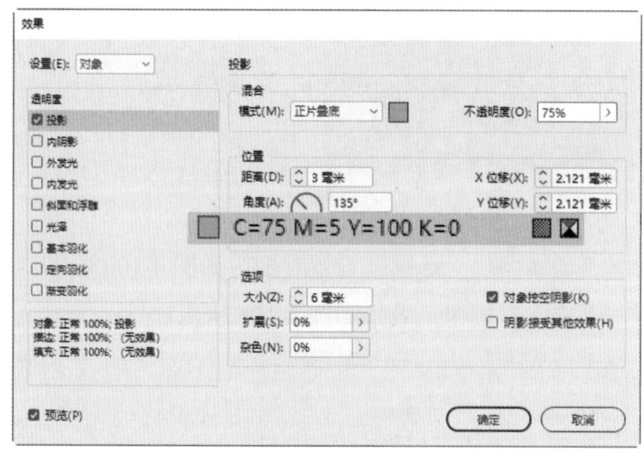

图 4-105

Step14 选择文字工具，拖动鼠标绘制文本框并输入文字，在“控制”面板中设置参数，如图 4-106 所示。

Step15 按住 Alt 键复制文字并更改颜色，按 Ctrl+[组合键后移一层，如图 4-107 所示。

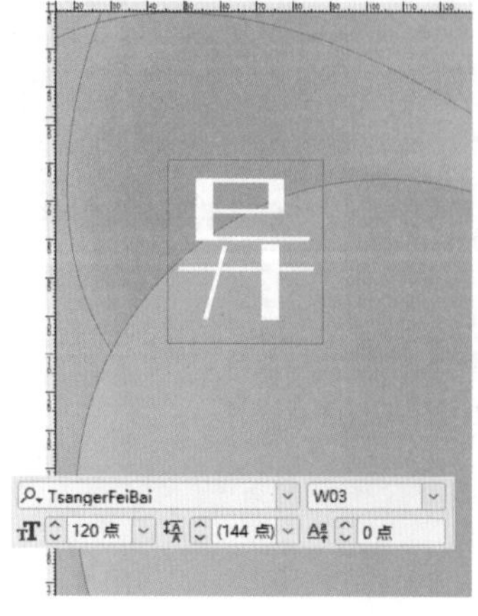

图 4-106

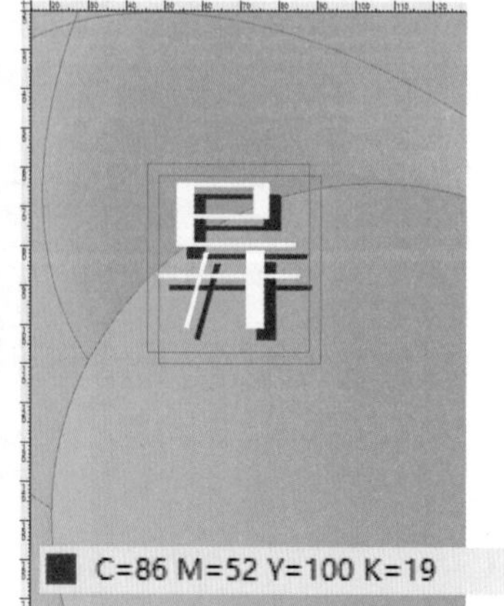

图 4-107

Step16 右击，在弹出的快捷菜单中选择“效果”|“渐变羽化”命令，在弹出的“效果”对话框中设置参数，如图 4-108 所示。

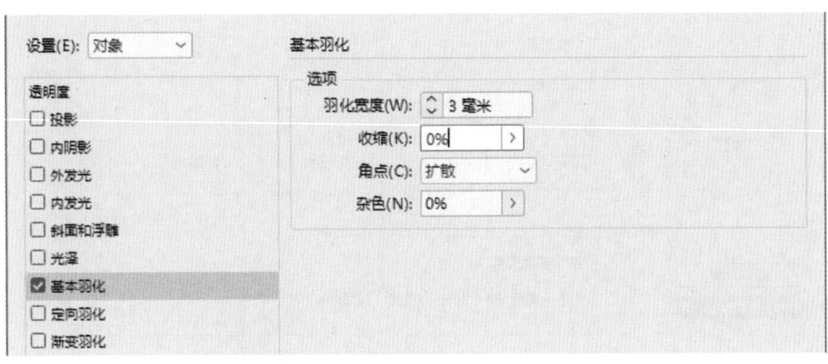

图 4-108

ACAA课堂笔记

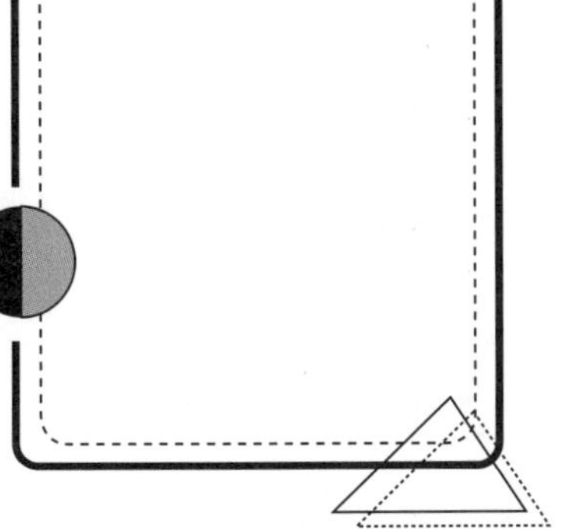

Step17 选中两个文字，按住 Alt 键复制 3 组，如图 4-109 所示。

Step18 依次使用文字工具更改文字，如图 4-110 所示。

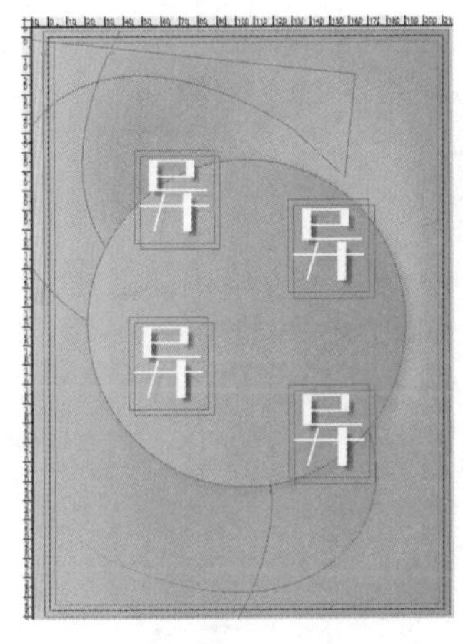

图 4-109

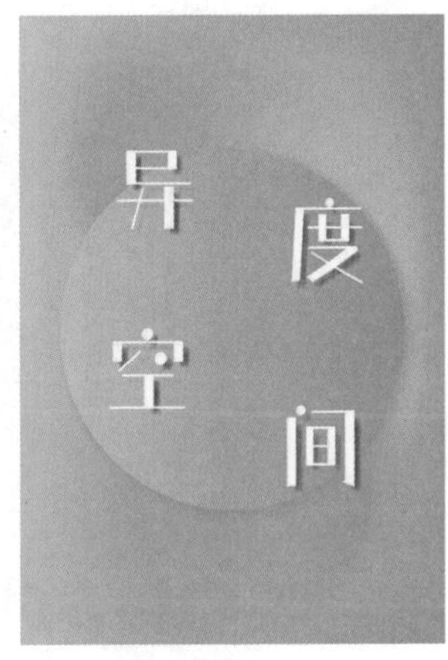

图 4-110

至此，完成渐变海报的制作。

4.5 课堂实战 杂志内页的设计

杂志的版式一般是比较简约大方，信息一目了然。杂志内页分为左右两页，左侧为大图，右侧为小图加文字介绍。下面将详细介绍绘制杂志内页的过程。

Step01 执行“文件”|“新建”命令，在弹出的“新建文档”对话框中设置参数，如图 4-111 所示。

Step02 单击“边距和分栏”按钮，在弹出的“新建边距和分栏”对话框中设置参数，如图 4-112 所示。

图 4-111

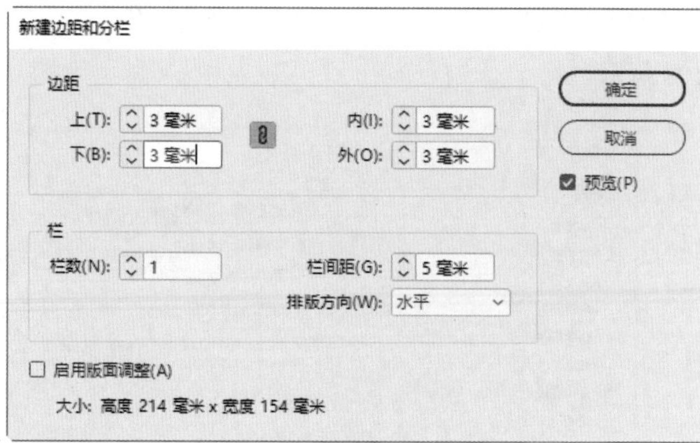

图 4-112

Step03 选择矩形工具绘制矩形并填充颜色，按住 Ctrl+L 组合键锁定该图层，如图 4-113 所示。

Step04 执行“窗口”|“图层”命令，在弹出的“图层”面板中双击“图层 1”，弹出“图层选项”对话框，设置“颜色”为“红色”，如图 4-114 所示。

图 4-113

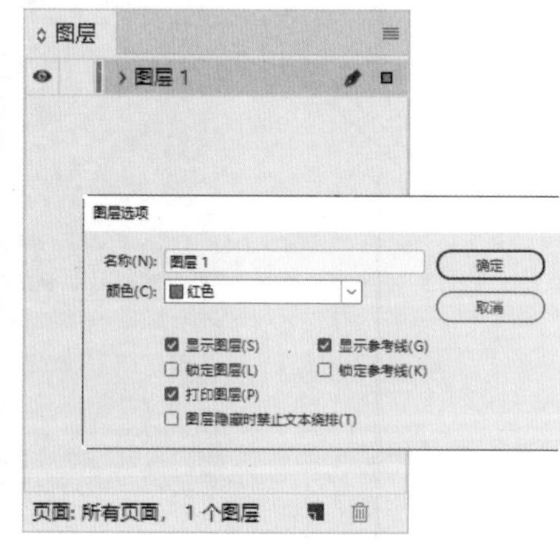

图 4-114

Step05 选择矩形工具绘制矩形并填充白色，按住 Ctrl+L 组合键锁定该图层，如图 4-115 所示。

Step06 选择矩形框架工具绘制框架，如图 4-116 所示。

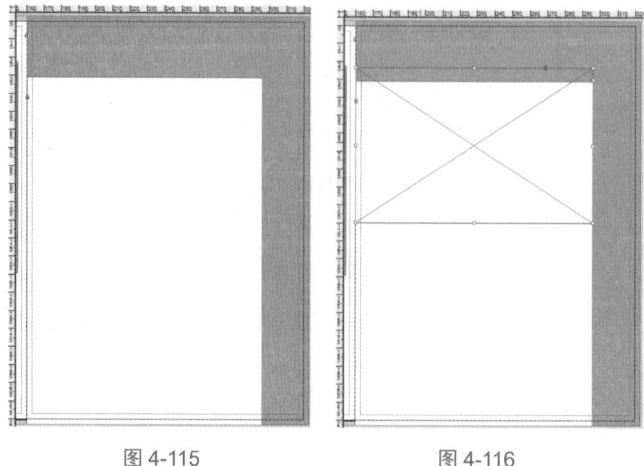

图 4-115　　图 4-116

ACAA课堂笔记

Step07 单击黄色可编辑转角，按住 Shift 键拖动锚点（10 毫米），如图 4-117 所示。

Step08 执行“文件”|“置入”命令，置入素材文件，如图 4-118 所示。

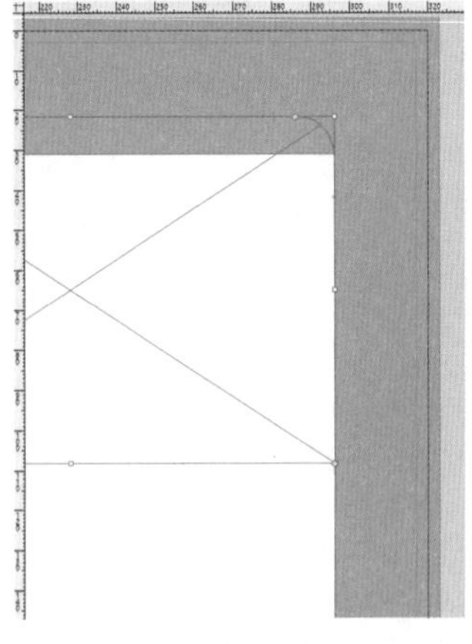

图 4-117

图 4-118

Step09 单击“控制”面板中的“按比例填充框架”按钮，右击，在弹出的快捷菜单中选择“显示性能”|“高品质显示”命令，如图 4-119 所示。

Step10 选择矩形工具绘制矩形，选择吸管工具吸取背景蓝色，如图 4-120 所示。

图 4-119

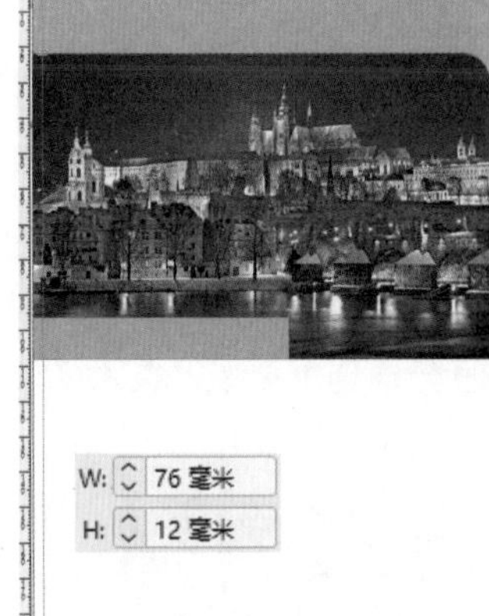

图 4-120

Step11 单击黄色可编辑转角，按住 Shift 键拖动锚点（10 毫米），如图 4-121 所示。

Step12 选择文字工具，拖动鼠标绘制文本框并输入文字，在工具箱中设置文字的填充颜色为白色，如图 4-122 所示。

图 4-121　　　　图 4-122

Step13 在“字符”面板中设置参数，并使其居中对齐，如图 4-123 和图 4-124 所示。

图 4-123　　　　图 4-124

Step14 选择矩形框架工具绘制框架，按住 Shift+Alt 组合键垂直移动复制框架，如图 4-125 所示。

Step15 分别选中框架，置入素材文件，如图 4-126 所示。

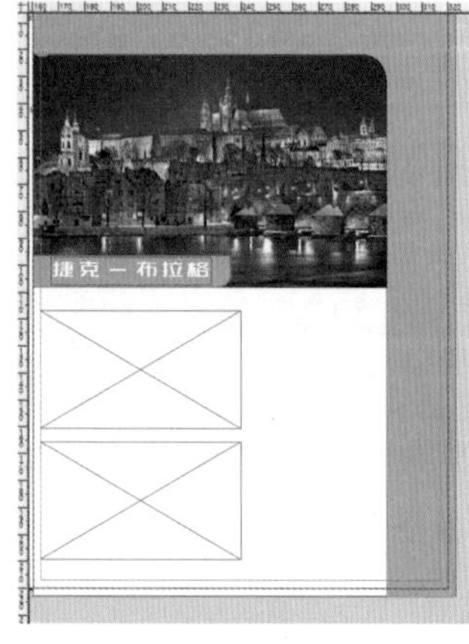

图 4-125　　　　图 4-126

ACAA课堂笔记

ACAA课堂笔记

Step16 选择文字工具，拖动鼠标绘制文本框并输入文字，在“控制”面板中设置参数，如图 4-127 所示。

Step17 选择文字工具，拖动鼠标绘制文本框并输入文字，在“控制”面板中设置参数，如图 4-128 所示。

图 4-127

图 4-128

Step18 按住 Shift+Alt 组合键垂直移动复制文本框，如图 4-129 所示。

Step19 选择文字工具更改文字，如图 4-130 所示。

图 4-129

图 4-130

Step20 选择文字工具，拖动鼠标绘制文本框并输入文字，在“控制”面板中设置参数，如图 4-131 所示。

Step21 选择直排文字工具，拖动鼠标绘制文本框并输入文字，在“控制”面板中设置参数，如图 4-132 所示。

Step22 选择矩形工具，绘制矩形并填充白色，单击黄色控制点并按住 Shift 键编辑转角，如图 4-133 所示。

Step23 选择文字工具，拖动鼠标绘制文本框并输入文字，在“控制”面板中设置参数，如图 4-134 所示。

图 4-131

图 4-132

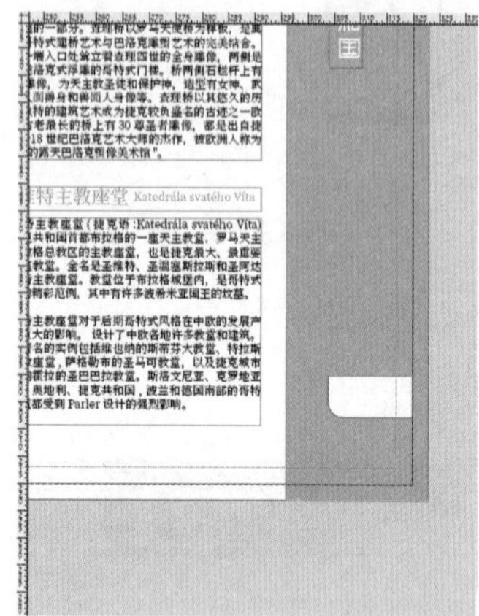

图 4-133

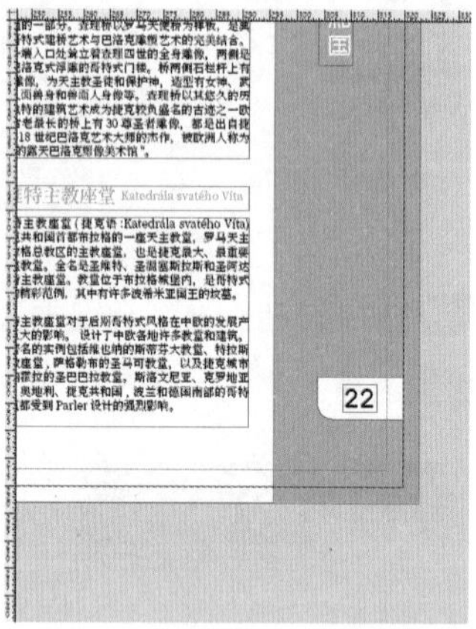

图 4-134

Step24 框选矩形和文字，按住 Shift+Alt 组合键水平移动复制，单击矩形，选择吸管工具吸取背景蓝色；选择文字工具更改文字，如图 4-135 所示。

Step25 选择矩形工具绘制矩形，选择吸管工具吸取背景蓝色，如图 4-136 所示。

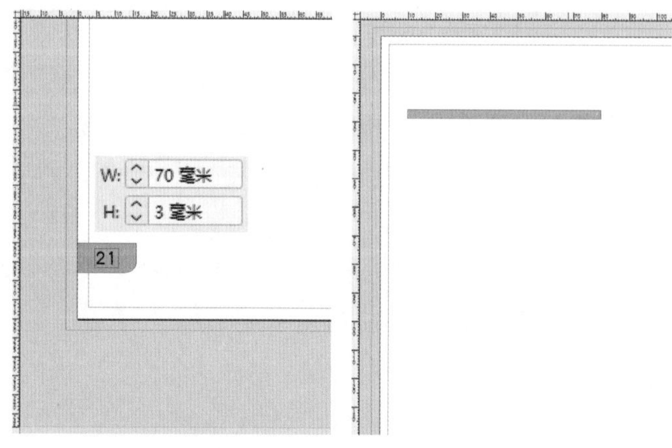

图 4-135

图 4-136

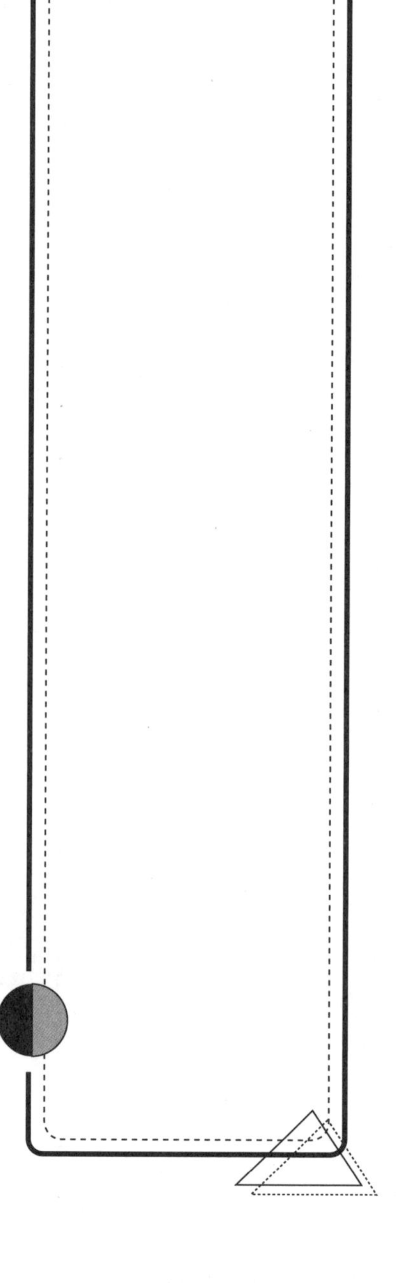

ACAA课堂笔记

Step26 选择文字工具，拖动鼠标绘制文本框并输入文字，在“控制”面板中设置参数，如图 4-137 所示。

Step27 选择矩形框架工具绘制框架并置入素材图像，如图 4-138 所示。

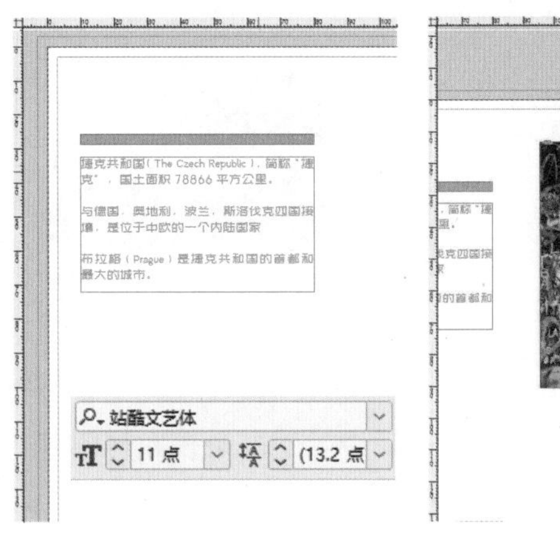

图 4-137

图 4-138

Step28 选择文字工具，拖动鼠标绘制文本框并输入文字，在“控制”面板中设置参数，单击“右对齐”按钮，如图 4-139 所示。

Step29 选择矩形工具绘制矩形，选择吸管工具吸取背景蓝色，如图 4-140 所示。

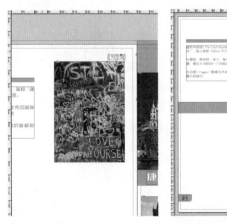

图 4-139　　图 4-140

Step30 按住 Alt 键复制“捷克 - 布拉格”文本框，按 Ctrl+Shift+] 组合键置入顶层，选择文字工具更改文字，并将其居中对齐，如图 4-141 所示。

Step31 按住 Alt 键复制“查理大桥”的图像，在“页面 2”中进行排列组合，如图 4-142 所示。

图 4-141

图 4-142

Step32 选中右上角的图像，执行“窗口”|“链接”命令，在弹出的“链接”面板中单击“重新链接”按钮，重新链接素材图像并调整其大小，如图 4-143 和图 4-144 所示。

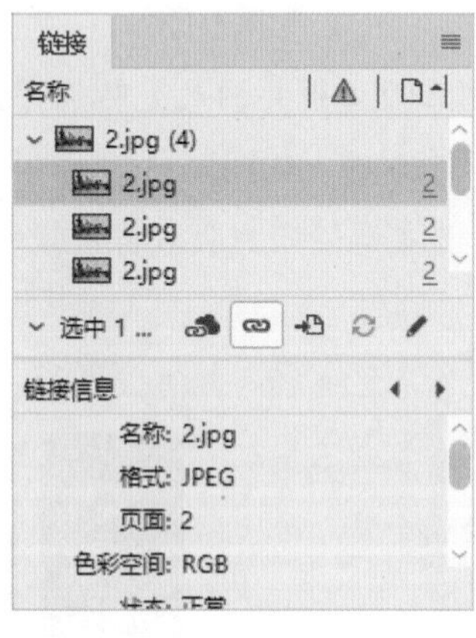

图 4-143

图 4-144

Step33 使用相同的方法，更改链接图像并调整其大小，如图 4-145 所示。

Step34 选择文字工具更改文字，如图 4-146 所示。

图 4-145

图 4-146

ACAA课堂笔记

Adobe InDesign CC 课堂实录

Step35 按住Shift+Alt组合键水平移动复制“世界旅游地理周刊”文本框，并更改颜色，如图4-147所示。最终效果如图4-148所示。

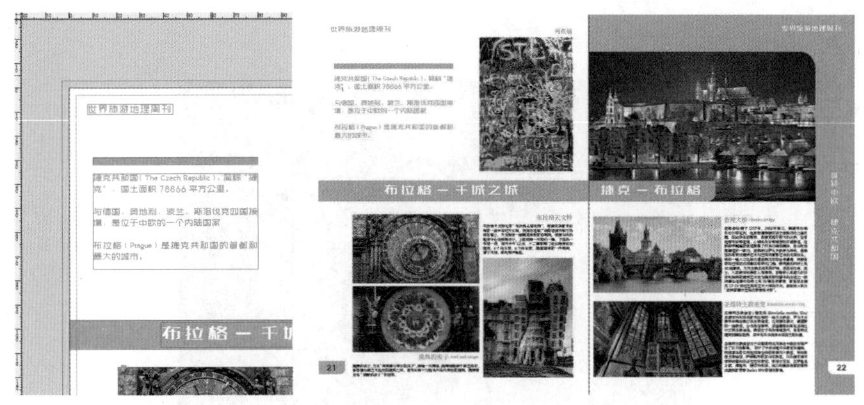

图 4-147　　　　图 4-148

至此，完成杂志内页的制作。

4.6 课后作业

一、选择题

1. 关于框架，说法不正确的是（　　）。
   A. 文本框架确定了文本要占用的区域以及文本在版面中的排列方式
   B. 图形框架可以充当边框和背景，并对图形进行裁切或蒙版
   C. 绘制完成的路径不可以作为框架容纳图片或文本
   D. 通过框架类型之间的相互转换，可以将某些复杂的图形框架轻松地转换为文本框架
2. 不移动框架，只更改内容的大小，可以使用（　　）。
   A. 直接选择工具　　B. 选择工具
   C. 抓手工具　　D. 框架工具
3. 关于图层，说法正确的是（　　）。
   A. 每个文档都至少包含一个已命名的图层，通过使用多个图层，可以创建和编辑文档中的特定区域或各种内容，而不会影响其他区域或其他种类的内容
   B. 若要在选定图层上方创建一个新图层，则可在按住 Ctrl 键的同时单击“创建新图层”按钮
   C. 若要在所选图层下方创建新图层，则可在按住 Ctrl+Alt 组合键的同时单击“创建新图层”按钮
   D. 可以指定图层颜色区分不同选定对象的图层

二、填空题

1. InDesign 提供了两种类型的文本框架，即______和______。
2. 按住 Ctrl+L 组合键______可以防止对图层上的任何对象进行更改。
3. 在混合模式设置中默认的模式是______。
4. 内阴影效果将阴影置于______，给人以对象凹陷的印象。可以让内阴影沿不同轴偏离，并可以改变混合模式、不透明度、距离、角度、大小、杂色和阴影的收缩量。

5. 定向羽化效果可使对象的边缘沿指定的方向渐隐为______，从而实现边缘柔化。

三、上机题

1. 绘制海报，如图 4-149 所示。

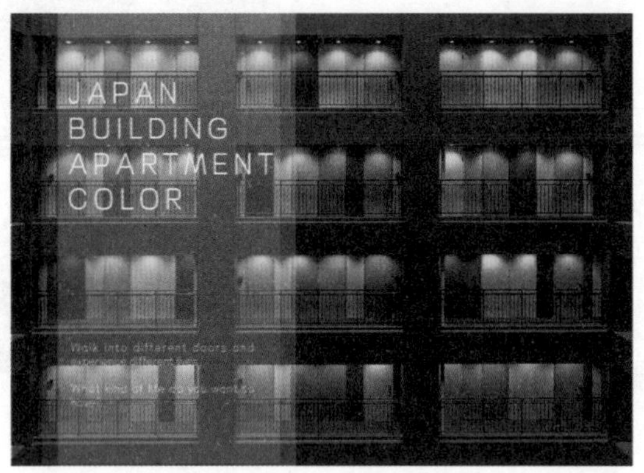

图 4-149

思路提示：

◎ 绘制框架并置入图像调整大小。

◎ 绘制矩形填充颜色调整不透明度。

◎ 输入文字。

2. 绘制“蒙版”海报，如图 4-150 所示。

图 4-150

思路提示：

◎ 绘制框架置入图像调整大小并复制，绘制矩形并创建渐变。

◎ 输入文字并创建轮廓，调整图层顺序，在“路径查找器”面板中单击“交叉”按钮。

◎ 输入文字并创建“投影”“羽化”等效果。

第5章 图文混排

内容导读

本章主要讲述的是文本框架排文，在版式设计中，文本处理、排版是否合理，会直接影响到整个版面的编排效果。在前面章节中，我们已学习了文本的基本创建与编辑，在本章我们将详细介绍如何利用文本框架进行文字排版。

Adobe InDesign CC

PITTSBURG
PHILADELPHI

学习目标

» 掌握调整定位对象

» 掌握串接文本框架

» 掌握设置文本框架选项

» 熟练应用框架网格

5.1 定位对象

定位对象是一些附加或者定位的特定文本的项目，如图形、图像或文本框架。重排文本时，定位对象会与包含锚点的文本一起移动。所有要与特定文本行或文本块相关联的对象都可以使用定位对象实现。例如与特定字词关联的旁注、图注、数字或图标。

用户可以创建下列任何位置的定位对象。

◎ 行中将定位对象与插入点的基线对齐。

◎ 行上可选择下列对齐方式将定位对象置入行上方：左、居中、右、朝向书脊、背向书脊和文本对齐方式。

5.1.1 创建定位对象

在 InDesign 中，可以在当前文档中置入新的定位对象，也可以通过现有的对象创建定位对象，用户还可以通过在文本中插入一个占位符框架，来临时替代定位对象，在需要时为其添加相关的内容即可。

实例：添加定位对象

下面将利用所学的创建定位对象知识进行添加定位对象的操作。

Step01 选择文字工具，拖动鼠标创建文本框并输入文字，如图 5-1 所示。

Step02 在文本前单击，以确定该对象的锚点的插入点，单击鼠标右键，在弹出的快捷菜单中选择“定位对象”|“插入”命令，弹出“插入定位对象”对话框，如图 5-2 所示。

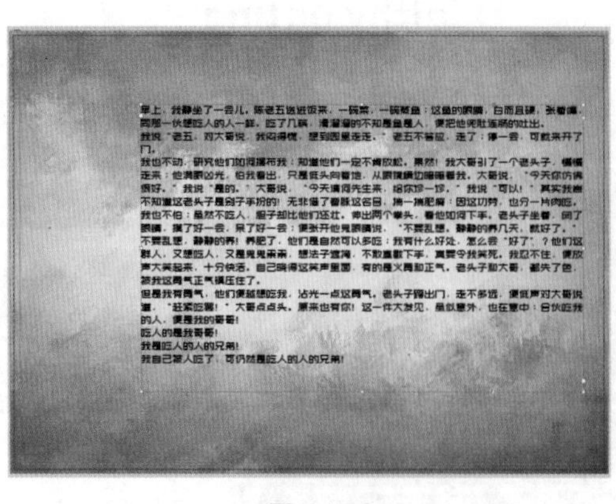

图 5-1

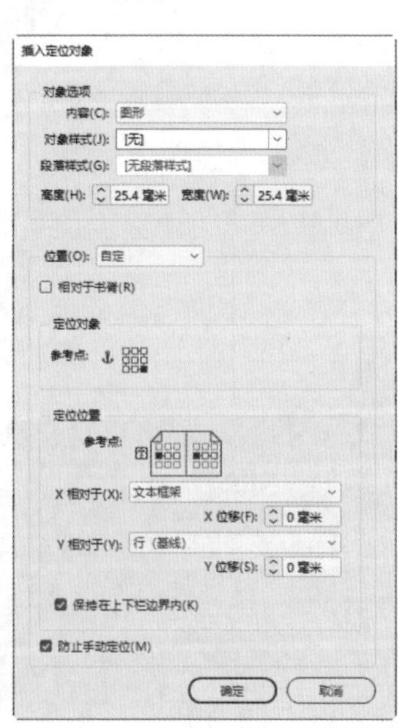

图 5-2

Step03 单击“确定”按钮，效果如图 5-3 所示。

Step04 单击图标，出现图标后单击解锁，如图 5-4 所示。

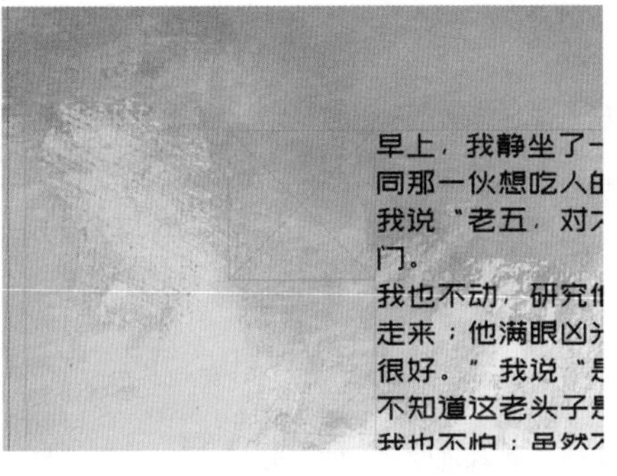

图 5-3　　　　图 5-4

Step05 执行“文件”|“置入”命令，在弹出的“置入”对话框中选择素材图像置入。在“控制”面板中单击“按比例适合内容”按钮，如图 5-5 所示。

Step06 选中置入的对象，按 Ctrl+C 组合键复制，选择文字工具在文本框中任意位置按 Ctrl+V 组合键粘贴，便可定位现有对象，如图 5-6 所示。

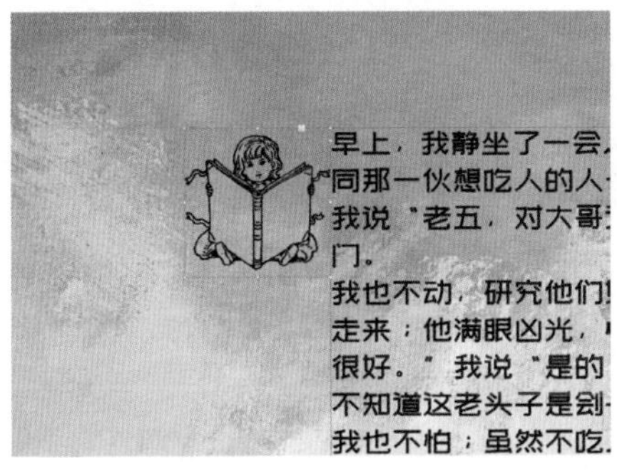

图 5-5　　　　图 5-6

5.1.2 调整定位对象

在“定位对象选项”对话框的“位置”下拉列表框中选择“行中或行上”选项，可设置“行中”或“行上方”的参数，如图 5-7 所示。

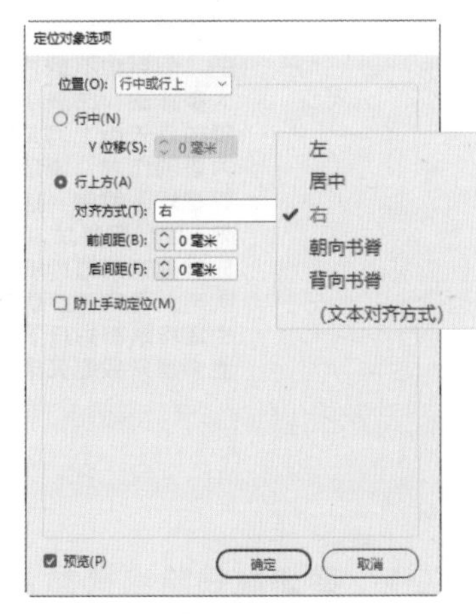

图 5-7

5.2 串接文本

框架中的文本可独立于其他框架，也可在多个框架之间连续排文。要在多个框架之间连续排文，首先必须将框架连接起来。连接的框架可位于同一页或跨页，也可位于文档的其他页。在框架之间连接文本的过程称为串接文本。

5.2.1 串接文本框架

每个文本框架都包含一个入口和一个出口，这些端口用来与其他文本框架进行链接。空的入口或出口分别表示文章的开头或结尾。端口中的箭头表示该框架链接到另一框架。出口中的红色加号（⊞）表示该文章中有更多要置入的文本，但没有更多的文本框架可放置文本，这些剩余的不可见文本称为溢流文本，如图 5-8 所示。

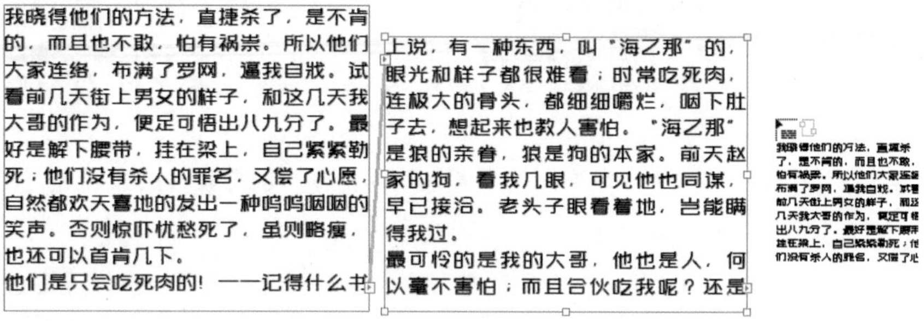

我晓得他们的方法，直捷杀了，是不肯的，而且也不敢，怕有祸祟。所以他们大家连络，布满了罗网，逼我自戕。试看前几天街上男女的样子，和这几天我大哥的作为，便足可悟出八九分了。最好是解下腰带，挂在梁上，自己紧紧勒死；他们没有杀人的罪名，又偿了心愿，自然都欢天喜地的发出一种呜呜咽咽的笑声。否则惊吓忧愁死了，虽则略瘦，也还可以首肯几下。
他们是只会吃死肉的！——记得什么书

上说，有一种东西，叫"海乙那"的，眼光和样子都很难看；时常吃死肉，连极大的骨头，都细细嚼烂，咽下肚子去，想起来也教人害怕。"海乙那"是狼的亲眷，狼是狗的本家。前天赵家的狗，看我几眼，可见他也同谋，早已接洽。老头子眼看着地，岂能瞒得我过。
最可怜的是我的大哥，他也是人，何以毫不害怕；而且合伙吃我呢？还是

图 5-8

知识点拨

执行"视图"|"其他"|"显示文本串接"命令以查看串接框架的可视化表示。无论文本框架是否包含文本，都可进行串接。

取消串接文本框架时，将断开该框架与串接中的所有后续框架之间的链接。之前显示在这些框架中的任何文本将成为溢流文本（不会删除文本），变为空白框架。

在一个由两个框架组成的串接中，单击第一个框架的出口或第二个框架的入口，将载入的文本图标放置到上一个框架或下一个框架之上，以显示取消串接图标，单击要从串接文本中删除的框架即可删除以后的所有串接框架的文本，如图 5-9 所示。

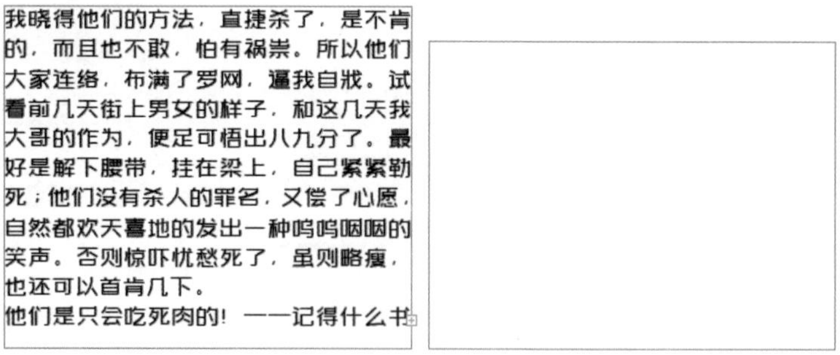

我晓得他们的方法，直捷杀了，是不肯的，而且也不敢，怕有祸祟。所以他们大家连络，布满了罗网，逼我自戕。试看前几天街上男女的样子，和这几天我大哥的作为，便足可悟出八九分了。最好是解下腰带，挂在梁上，自己紧紧勒死；他们没有杀人的罪名，又偿了心愿，自然都欢天喜地的发出一种呜呜咽咽的笑声。否则惊吓忧愁死了，虽则略瘦，也还可以首肯几下。
他们是只会吃死肉的！——记得什么书

图 5-9

5.2.2 剪切或删除串接文本框架

在剪切或删除文本框架时不会删除文本，文本仍包含在串接中。

1. 从串接文本中剪切框架

可以从串接中剪切框架，然后将其粘贴到其他位置。剪切的框架将使用文本的副本，不会从原文章中移去任何文本。在剪切和粘贴一系列串接文本框架时，粘贴的框架将保持彼此之间的链接，

但将失去与原文章中任何其他框架的链接。

使用选择工具，选择一个或多个框架（按住 Shift 键并单击可选择多个对象）。执行“编辑”|“剪切”命令或按 Ctrl+X 组合键，选中的框架消失，其中包含的所有文本都排列到该文章内的下一框架中。剪切文章的最后一个框架时，其中的文本将存储为上一个框架的溢流文本，如图 5-10 和图 5-11 所示。

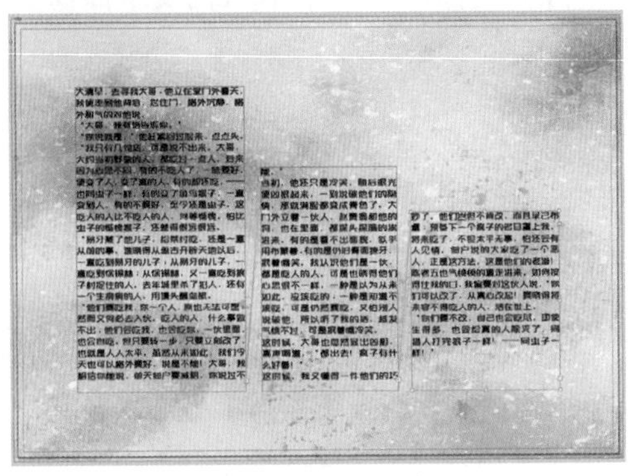

图 5-10

图 5-11

若要在文档的其他位置使用断开链接的框架，转到希望断开链接的文本出现的页面，然后执行“编辑”|“粘贴”命令，或按 Ctrl+V 组合键，如图 5-12 所示。

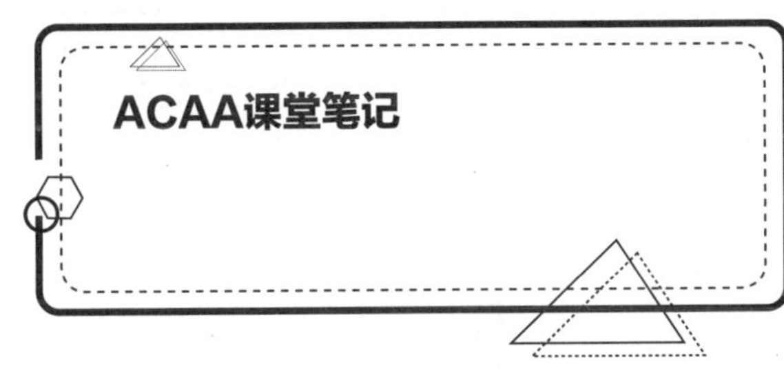

图 5-12

2. 从串接文本中删除框架

当删除串接中的文本框架时，不会删除任何文本，文本将成为溢流文本，或排列到连续的下一个框架中。如果文本框架未链接到其他任何框架，则会删除框架和文本。

选择文本框架，使用选择工具单击框架，按 Delete 键即可删除框架，如图 5-13 和图 5-14 所示。

图 5-13

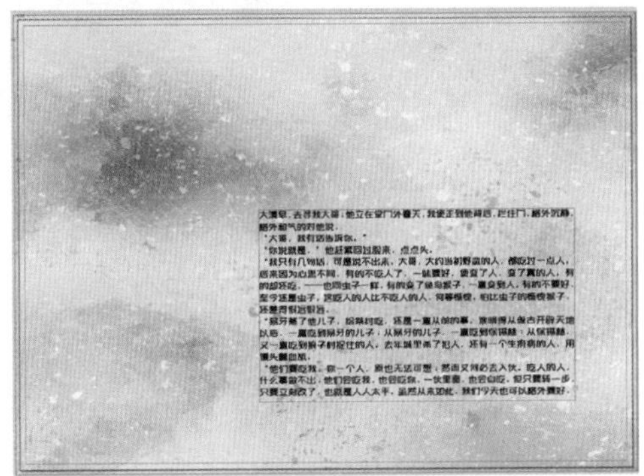

图 5-14

5.2.3 手动与自动排文

置入文本或者单击入口或出口后，指针将成为载入的文本图标。使用载入的文本图标可将文本排列到页面上。按住Shift键或Alt键，可确定文本排列的方式。载入文本图标将根据置入的位置改变外观。

将载入的文本图标置于文本框架之上时，该图标将括在圆括号中。将载入的文本图标置于参考线或网格靠齐点旁边时，黑色指针将变为白色。

可以使用下列4种方法排文。

◎ 手动文本排文。

◎ 单击置入文本时，按住Alt键，进行半自动排文。

◎ 按住Shift键单击，进行自动排文。

◎ 单击时按住Shift+Alt组合键，进行固定页面自动排文。

要在框架中排文，InDesign会检测是横排类型还是直排类型。使用半自动或自动排文排列文本时，将采用“文章”面板中设置的框架类型和方向。用户可以使用图标获得文本排文方向的视觉反馈。

5.3 文本框架

InDesign中的文本位于文本框架内。在文本框架内可以对文本在版面中的排列方式进行设置。

5.3.1 设置文本框架的常规选项

执行“对象”|“文本框架选项”命令，在弹出的“文本框架选项”对话框中切换到“常规”选项卡，可设置分栏、内边距、垂直对齐选项的值，如图5-15所示。

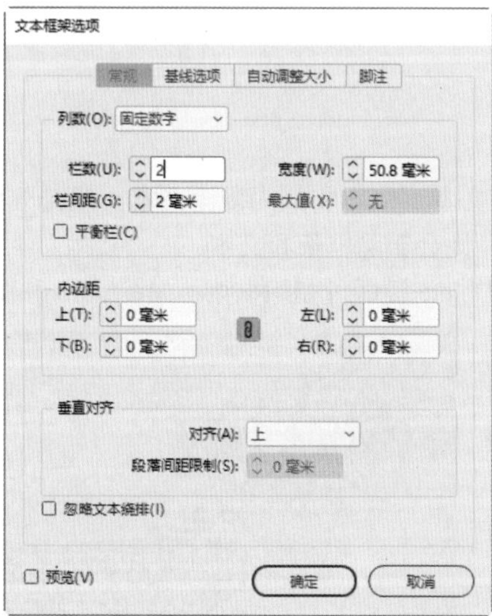

图5-15

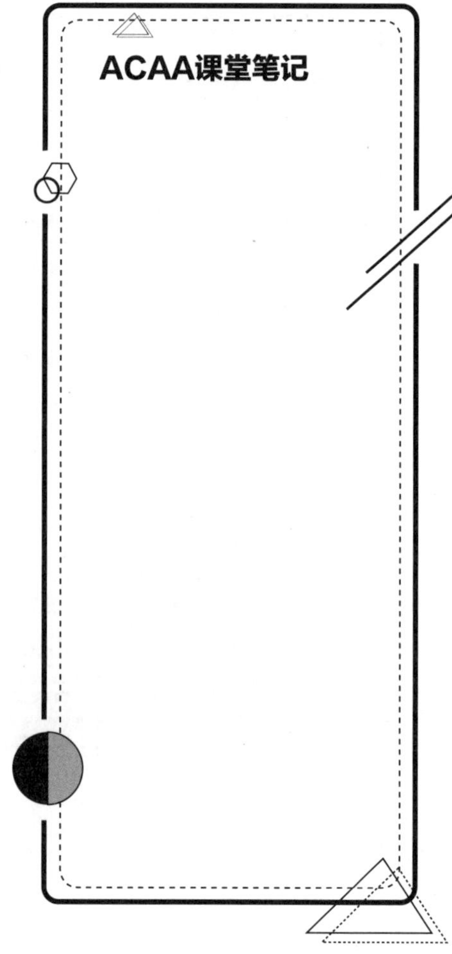

选择文字工具，拖动鼠标绘制文本框，输入文字，如图5-16和图5-17所示。

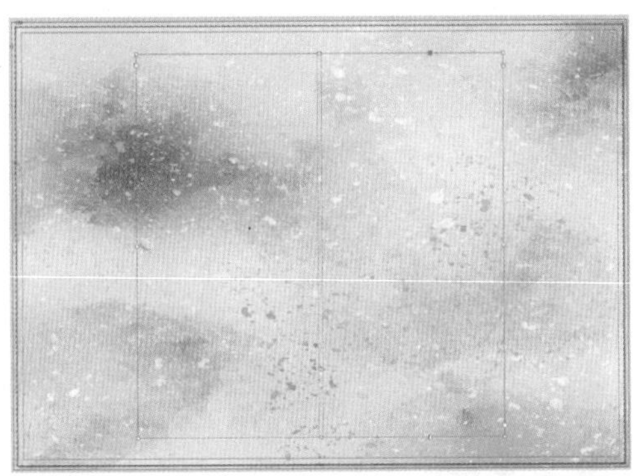

图 5-16

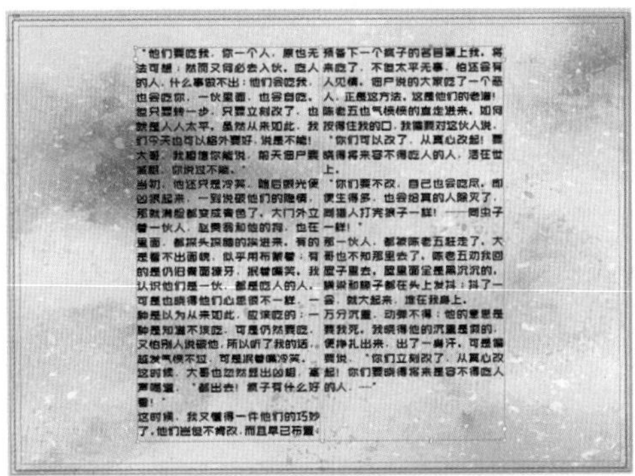

图 5-17

1. 向文本框架中添加栏数

选择文本框架，或者选中文本，执行“对象”|“文本框架选项”命令，在“文本框架选项”对话框中，可以指定文本框架的栏数、每栏宽度和每栏之间的间距（栏间距）等，如图 5-18 所示。

2. 更改文本框架内边距

首先利用选择工具选择框架，或者利用文字工具在文本框架中单击或选择文本，之后执行“对象”|“文本框架选项”命令，在“常规”选项卡的“内边距”选项组中输入上、左、下和右的位移距离即可，如图 5-19 所示。

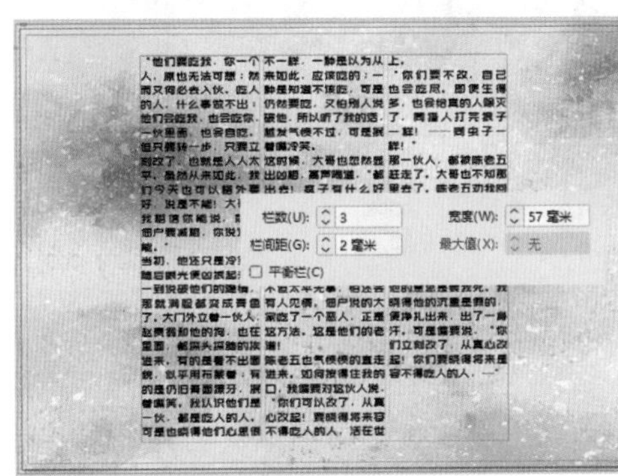

图 5-18

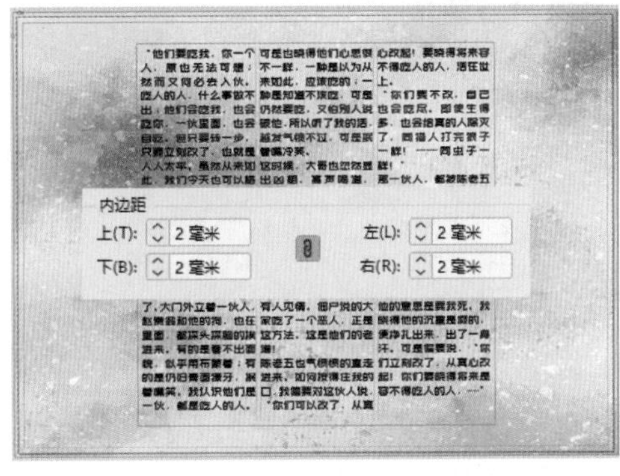

图 5-19

■ 实例：制作图文杂志排版

下面将利用所学的文本框架知识进行图文杂志排版。

Step01 执行“文件”|“新建”命令，在弹出的“新建文档”对话框中设置参数，如图 5-20 所示。

Step02 单击“边距和分栏”按钮，在弹出的“新建边距和分栏”对话框中设置参数，如图 5-21 所示。

图 5-20

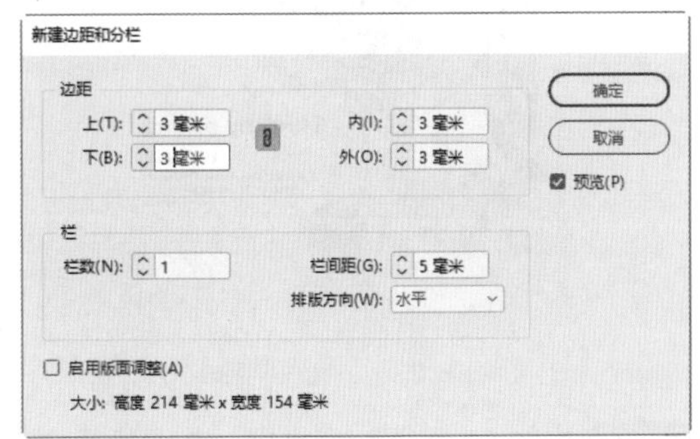

图 5-21

Step03 选择矩形文档工具，跨页创建框架，如图 5-22 所示。

Step04 执行“文件”|“置入”命令，在弹出的“置入”对话框中选择“背景”素材置入，并调整其大小，按 Ctrl+L 组合键锁定该图层，如图 5-23 所示。

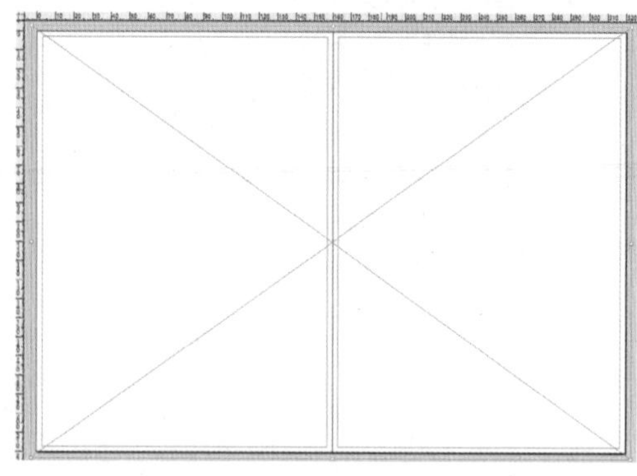

图 5-22

图 5-23

Step05 选择文字工具，拖动鼠标绘制文本框并输入文字，在“控制”面板中设置参数，如图 5-24 所示。

Step06 选中文字，在“控制”面板中单击“右对齐”按钮，如图 5-25 所示。

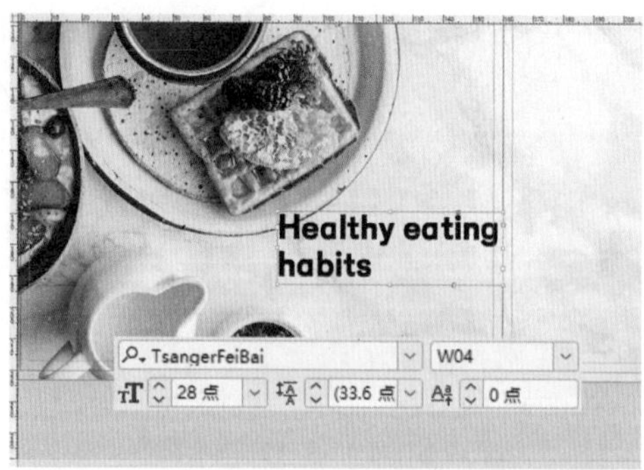

图 5-24

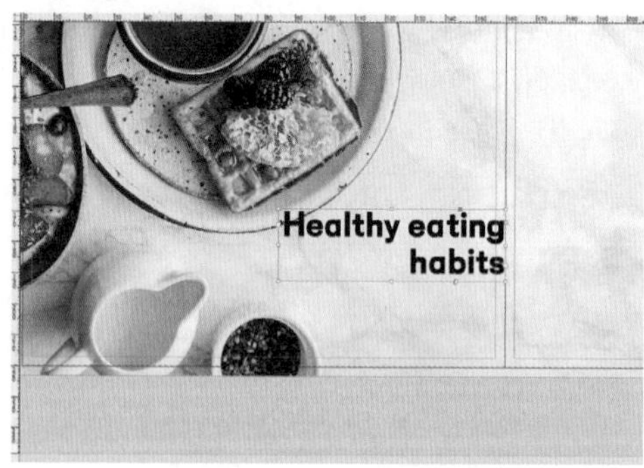

图 5-25

Step07 选择文字工具，拖动鼠标绘制文本框并输入文字，在“控制”面板中设置参数，单击“右对齐”按钮，如图 5-26 所示。

Step08 调整文字位置，如图 5-27 所示。

图 5-26

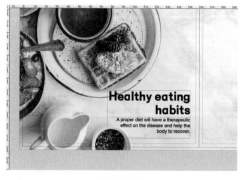

图 5-27

Step09 按住 Alt 键复制文本框，并调整其大小，如图 5-28 所示。

Step10 选择文字工具，拖动鼠标绘制文本框并输入文字，在“控制”面板中设置参数，单击“右对齐”按钮☰，如图 5-29 所示。

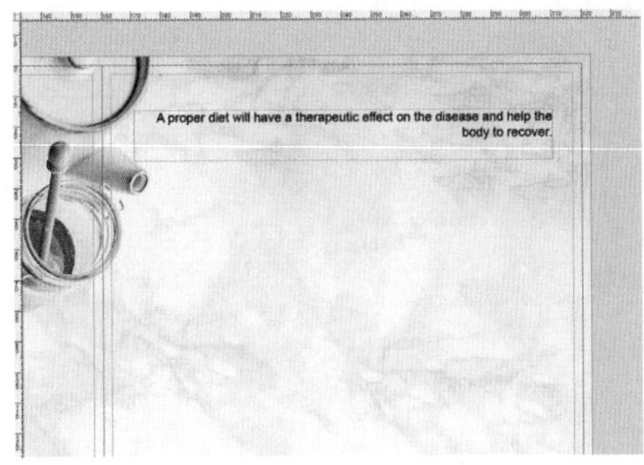

图 5-28

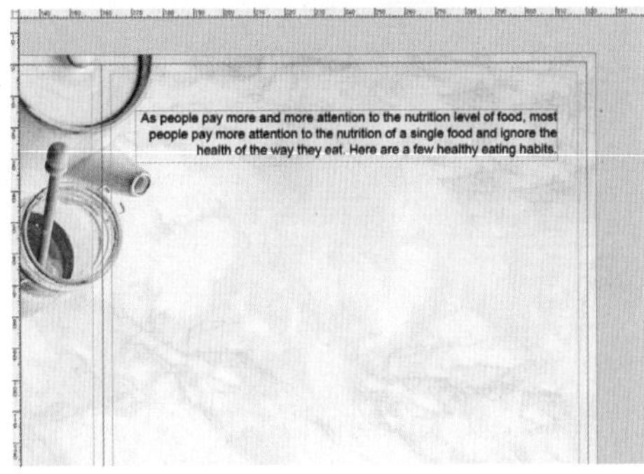

图 5-29

Step11 选择直线工具，按住 Shift 键水平绘制直线，并设置描边参数，如图 5-30 所示。

Step12 选择文字工具，拖动鼠标绘制文本框并输入文字，如图 5-31 所示。

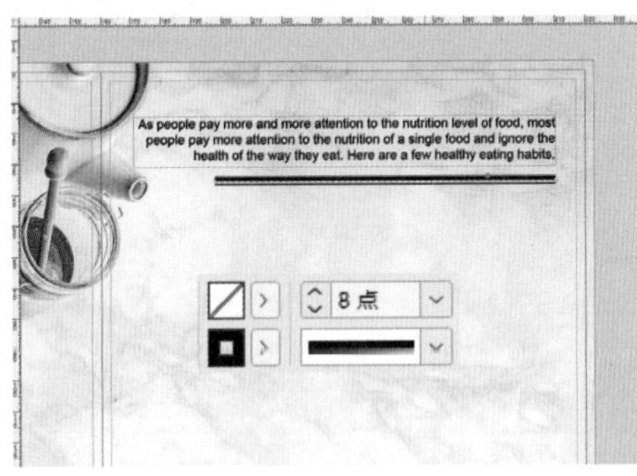

图 5-30

图 5-31

Step13 执行“对象”|“文本框架选项”命令，在弹出的“文本框架选项”对话框中设置参数，如图 5-32 所示。

Step14 选择文字工具，按 Ctrl+A 组合键全选文字，更改文字参数，如图 5-33 所示。

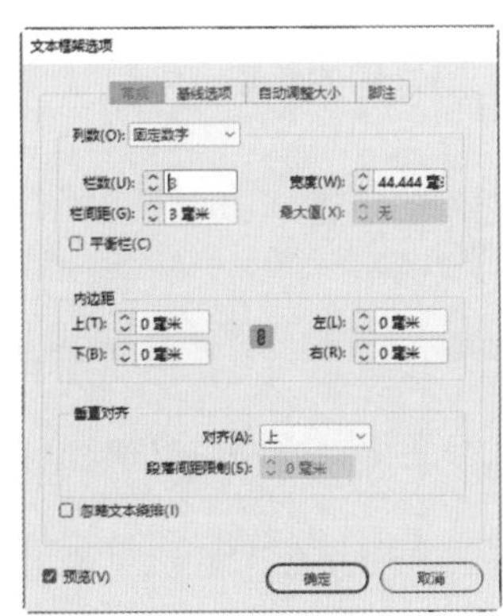

图 5-32

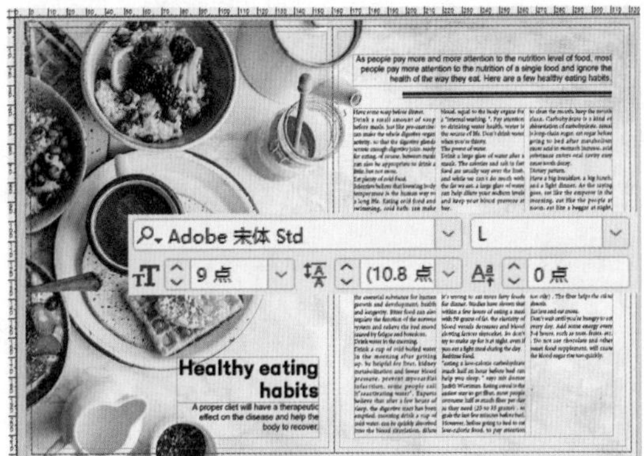

图 5-33

Step15 在文本框中调整段落与段落之间的距离，如图 5-34 所示。最终效果如图 5-35 所示。

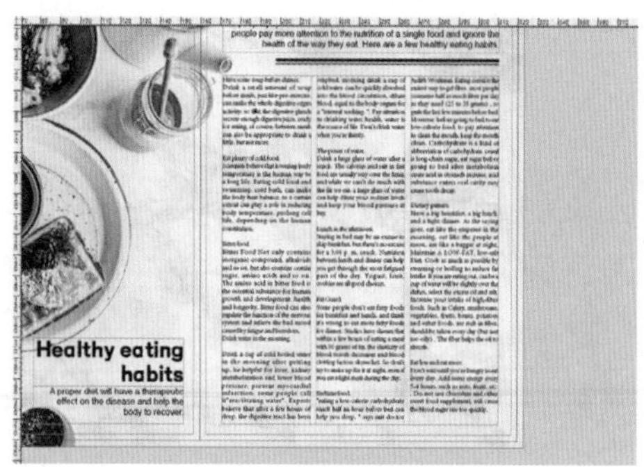

图 5-34

图 5-35

至此，完成图文杂志的排版制作。

5.3.2 设置文本框架的基线选项

在“文本框架选项”对话框中切换到“基线选项”选项卡，可以对文本框架中的基线进行设置。

1. 设置首行基线选项

在“首行基线”选项组中包括“位移”和“最小”两个选项，如图 5-36 所示。

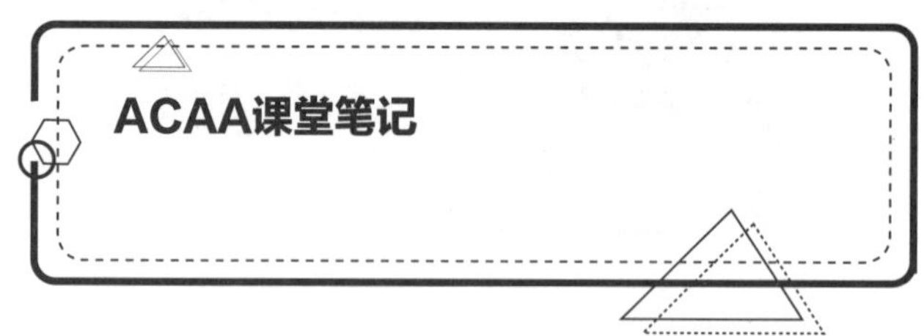

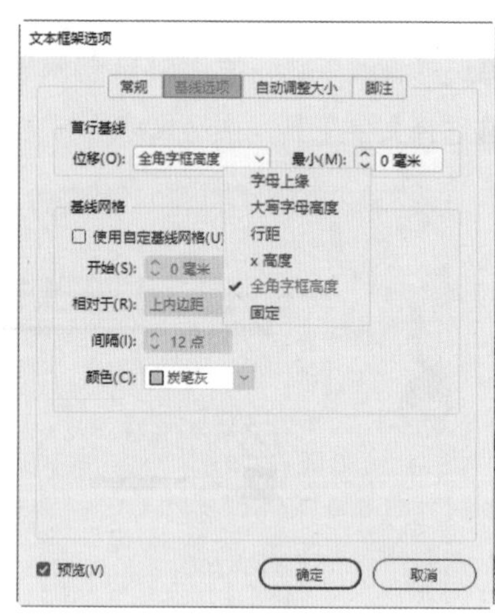

图 5-36

（1）位移：用于设置内边框边缘与第一行文本的基线之间的对齐方式。

在“位移”下拉列表框中主要选项的功能介绍如下。

◎ 字母上缘：字体中字符的高度降到文本框架的上内陷之下。

◎ 大写字母高度：大写字母的顶部触及文本框架的上内陷。

◎ 行距：以文本的行距值作为文本首行基线和框架的上内陷之间的距离。

◎ X 高度：字体中 X 字符的高度降到框架的上内陷之下。

◎ 全角字框高度：全角字框决定框架的顶部与首行基线之间的距离。

◎ 固定：指定文本首行基线和框架的上内陷之间的距离。

知识点拨

如果要将文本框架的顶部与网格靠齐，选择“行距”或“固定”选项，以便控制文本框架中文本首行基线的位置。

（2）最小：选择基线位移的最小值。例如，对于行距为 20 的文本，如果将位移设置为“行距”，则当使用的位移值小于行距值时，将应用“行距”；当设置的位移值大于行距时，则将位移值应用于文本。

思路点拨

在框架网格中，默认网格对齐方式设置为“全角字框，居中”，这意味着行高的中心将与网格框的中心对齐。通常，如果文本大小超过网格，“自动强制行数”将导致文本的中心与网格行间距的中心对齐。要使文本与第一个网格框的中心对齐，请使用首行基线位移设置，该设置可将文本首行的中心置于网格首行的中心上面。之后，将该行与网格对齐时，文本行的中心将与网格首行的中心对齐。

2．设置基线网格

在某些情况下，可能需要对框架而不是整个文档使用基线网格。使用“文本框架选项”对话框，将基线网格应用于文本框架的具体操作步骤如下。

（1）执行“视图”|“网格和参考线”|“显示基线网格”命令，以显示包括文本框架中的基线网格在内的所有基线网格，如图 5-37 和图 5-38 所示。

	菜单项	快捷键
	隐藏参考线(H)	Ctrl+;
	锁定参考线(K)	Ctrl+Alt+;
✓	锁定栏参考线(M)	
✓	靠齐参考线(D)	Ctrl+Shift+;
✓	智能参考线(S)	Ctrl+U
	删除跨页上的所有参考线(A)	
	显示基线网格(B)	Ctrl+Alt+'
	显示文档网格(G)	Ctrl+'
	靠齐文档网格(N)	Ctrl+Shift+'
	显示版面网格(L)	Ctrl+Alt+A
	靠齐版面网格(Z)	Ctrl+Alt+Shift+A
	隐藏框架字数统计(C)	Ctrl+Alt+C
	隐藏框架网格(F)	Ctrl+Shift+E

图 5-37

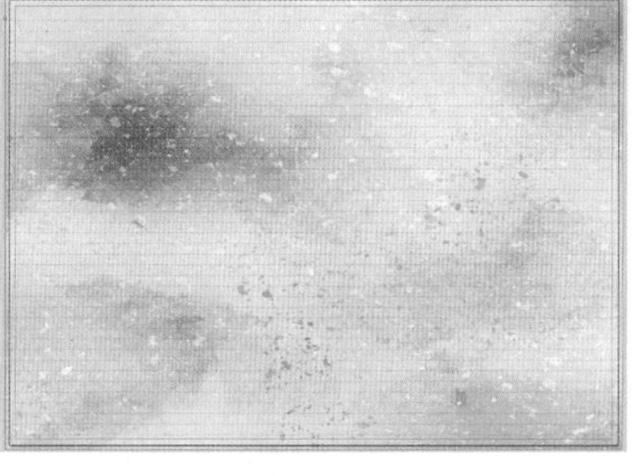

图 5-38

（2）选择文本框架或将插入点置入文本框架，按住 Ctrl+A 组合键全选，执行“对象”|“文本框架选项”命令。

（3）基线网格应用于串接的所有框架（即使一个或多个串接的框架也不包含文本），则文本应用“文本框架选项”对话框中的基线网格设置。

3．利用“使用自定基线网格”选项

在使用自定基线网格的文本框架之前或之后，不会出现文档基线网格。将基于框架的基线网格应用于框架网格时，会同时显示这两种网格，并且框架中的文本会与基于框架的基线网格对齐。

使用自定基线网格选项的功能介绍如下。

◎ 开始：输入一个值以从页面顶部、页面的上边距、框架顶部或框架的上内陷（取决于从“相对于”选项中选择的内容）移动网格。

◎ 相对于：指定基线网格的开始方式是相对于页面顶部、页面上边距、文本框架顶部，还是文本框架内陷顶部。

◎ 间隔：输入一个值作为网格线之间的间距。在大多数情况下，输入等于正文文本行距的值，以便与文本行能恰好对齐网格。

◎ 颜色：为网格线选择一种颜色，或选择图层颜色以便与显示文本框架的图层使用相同的颜色。

对绘制的文本框架使用自定基线网格的效果如图 5-39 和图 5-40 所示。

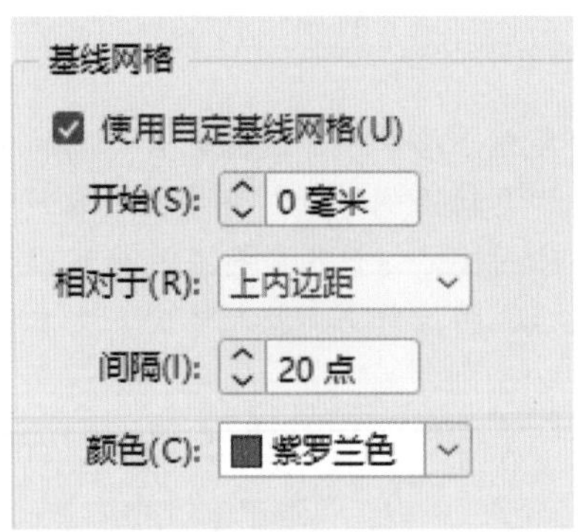

图 5-39

图 5-40

思路点拨

若在“网格首选项”中选中“网格置后”复选框，将按照以下顺序绘制基线：基于框架的基线网格→框架网格→基于文档的基线网格和版面网格。

若取消选中“网格置后”复选框，将按照以下顺序绘制基线：基于文档的基线网格→版面网格→基于框架的基线网格和框架网格。

5.4 框架网格

在“框架网格”对话框中可以更改框架网格的设置，例如字体、字符大小、字符间距、行数和字数等。本节将对框架网格的设置以及应用进行详细介绍。

5.4.1 设置框架网格属性

执行“对象”|“框架网格选项”命令，可弹出“框架网格”对话框，如图 5-41 所示。在该对话框中可以更改框架网格的设置，例如，字体、大小、间距、行数和字数。

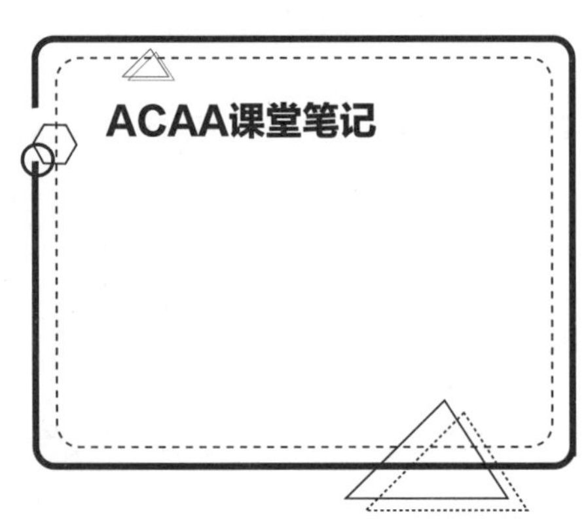

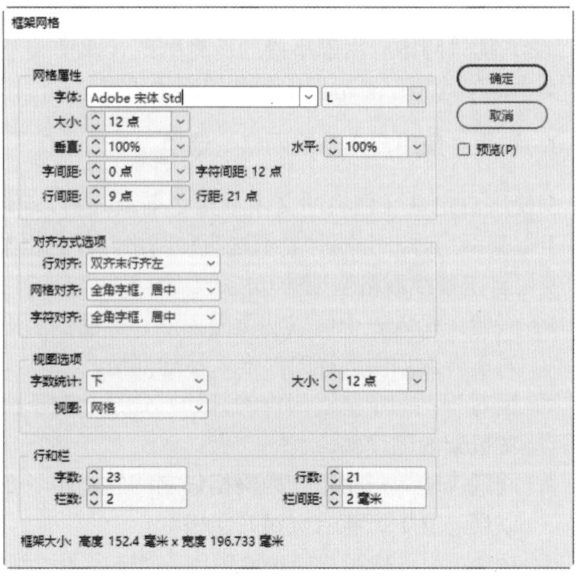

图 5-41

该对话框中主要选项的功能介绍如下。

◎ 字体：选择字体系列和字体样式。

◎ 大小：文字的大小。此值将作为网格单元格的大小。

◎ 垂直 / 水平：以百分比形式为全角亚洲字符指定网格缩放。

◎ 字间距：设置框架网格中单元格之间的间距。此值将作为网格间距。

◎ 行间距：设置框架网格中行之间的间距。是从首行中网格的底部（或左边）到下一行中网格的顶部（或右边）的距离。直接更改文本的行距值，将改变网格对齐方式向外扩展文本行，以便与最接近的网格行匹配。

◎ 行对齐：选择一个选项，设置文本的行对齐方式。

◎ 网格对齐：选择一个选项，设置文本与全角字框、表意字框对齐，还是与罗马字基线对齐。

◎ 字符对齐：选择一个选项，设置将同一行的小字符与大字符对齐的方法。

◎ 字数统计：选择一个选项，设置框架网格尺寸和字数统计所显示的位置。

◎ 视图：选择一个选项，以指定框架的显示方式。“网格”显示包含网格和行的框架网格，如图 5-42 所示。“N/Z 视图”将框架网格方向显示为深蓝色的对角线，插入文本时并不显示这些线条，如图 5-43 所示。“对齐方式视图”显示仅包含行的框架网格，如图 5-44 所示。“对齐方式”显示框架的行对齐方式。“N/Z 网格”的显示情况恰为“N/Z 视图”与“网格”的组合，如图 5-45 所示。

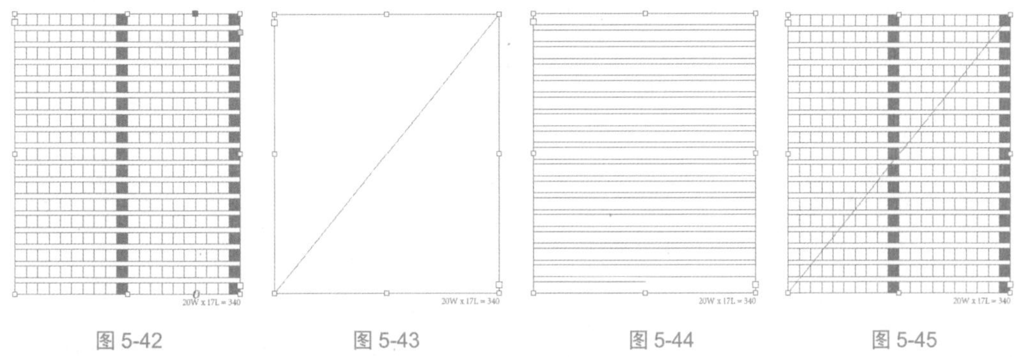

图 5-42　图 5-43　图 5-44　图 5-45

◎ 字数：指定一行中的字符数。

◎ 行数：指定一栏中的行数。

◎ 栏数：指定一个框架网格中的栏数。

◎ 栏间距：指定相邻栏之间的间距。

5.4.2　查看框架网格字数统计

框架网格字数统计显示在网格的底部。此处显示的是字符数、行数、单元格总数和实际字符数的值。如图 5-46 所示为每行字符数为 47，行数值为 21，总单元格数为 987，实际字符数为 679。

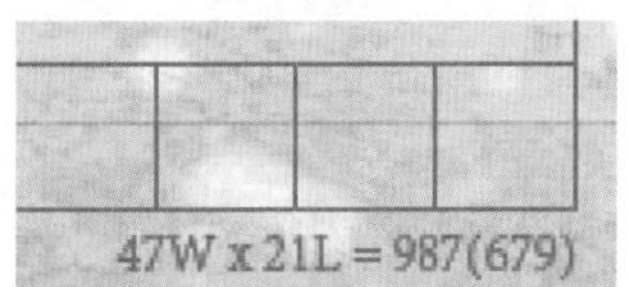

图 5-46

知识点拨

执行"视图"|"网格和参考线"|"显示字数统计"命令或执行"视图"|"网格和参考线"|"隐藏字数统计"命令可显示或隐藏统计字数。

5.5 课堂实战　宣传单页设计

如何使用 InDesign 软件，制作一个简单的国画宣传页呢？下面将以制作一张尺寸为 A4 大小的国画宣传页过程为例，展开详细介绍。

Step01 执行"文件"|"新建"命令，在弹出的"新建文档"对话框中设置参数，如图 5-47 所示。

Step02 单击"边距和分栏"按钮，在弹出的"新建边距和分栏"对话框中设置参数，如图 5-48 所示。

图 5-47

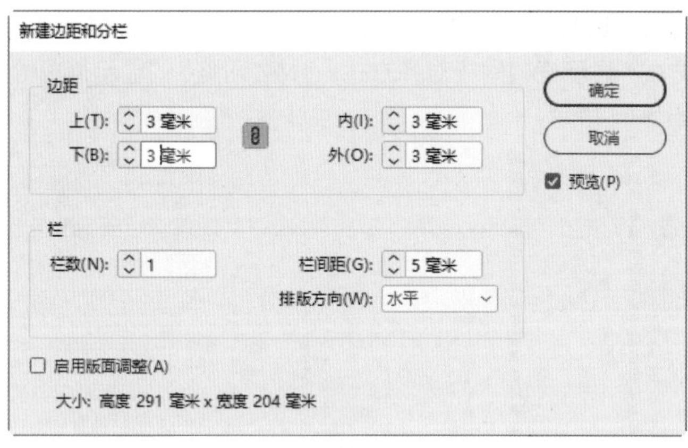

图 5-48

Step03 选择矩形框架工具绘制框架，如图 5-49 所示。

Step04 执行"文件"|"置入"命令，在弹出的"置入"对话框中选择"荷花"素材置入，并调整其大小，如图 5-50 所示。

图 5-49

图 5-50

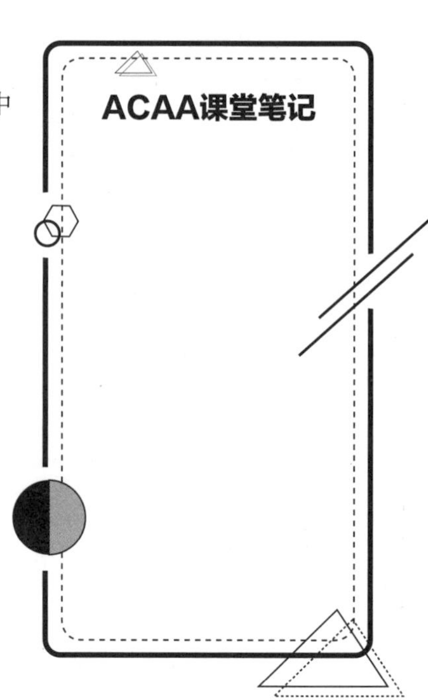

ACAA课堂笔记

Step05 使用相同的方法置入“淡色背景”图像，并调整其大小，如图 5-51 所示。

Step06 选择矩形工具绘制矩形，在“控制”面板中设置参数，如图 5-52 所示。

图 5-51

图 5-52

Step07 选择文字工具，拖动鼠标绘制文本框并输入文字，按 Ctrl+A 组合键全选文字，设置参数，居中放置，如图 5-53 所示。

Step08 选择文字工具，拖动鼠标绘制文本框，分别输入文字“荷”“塘”“色”，将其放置在合适的位置，如图 5-54 所示。

图 5-53

图 5-54

Step09 执行“文件”|“置入”命令，置入“月亮”背景图像，如图 5-55 所示。

Step10 执行“文件”|“置入”命令，置入“水纹”背景图像，如图 5-56 所示。

图 5-55

图 5-56

Step11 选择矩形工具，在“荷”字中间的“口”处绘制一个矩形，并设置填充颜色，描边为无，如图 5-57 所示。

Step12 使用同样方法，分别在“塘”和“色”字中间各绘制矩形，如图 5-58 所示。

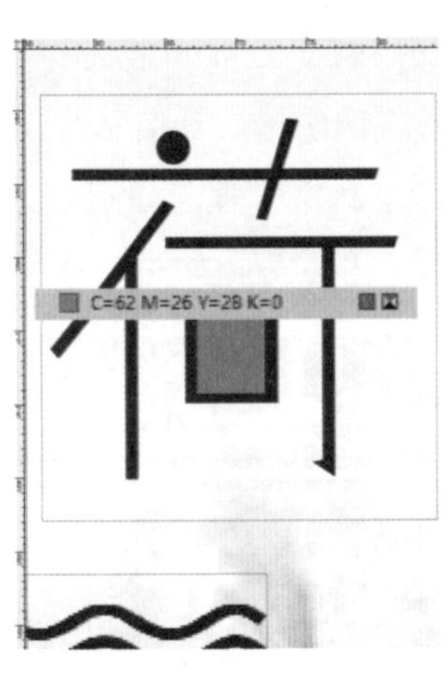

图 5-57

图 5-58

Step13 选择直线工具，绘制一条直线，设置描边为 0.4 点，填充色为无，设置描边颜色；选择椭圆工具绘制一个圆，设置描边大小为 0.4 点，填充色为无，设置描边颜色，将其放置到合适的位置，如图 5-59 所示。

Step14 选中直线和圆，按 Ctrl+G 组合键创建编组，按住 Alt 键移动复制，如图 5-60 所示。

Step15 框选文字与图形素材，按住 Ctrl+G 组合键创建编组，如图 5-61 所示。

Step16 执行“文件”|“置入”命令，置入“水滴”图像，如图 5-62 所示。

ACAA课堂笔记

ACAA课堂笔记

图 5-59

图 5-60

图 5-61

图 5-62

Step17 执行“窗口”|“图层”命令，在“图层”面板中调整图层顺序，如图 5-63 所示。

Step18 选择文字工具，拖动鼠标绘制文本框，输入文字，设置字体、字号、颜色，将其放置在合适的位置，如图 5-64 所示。

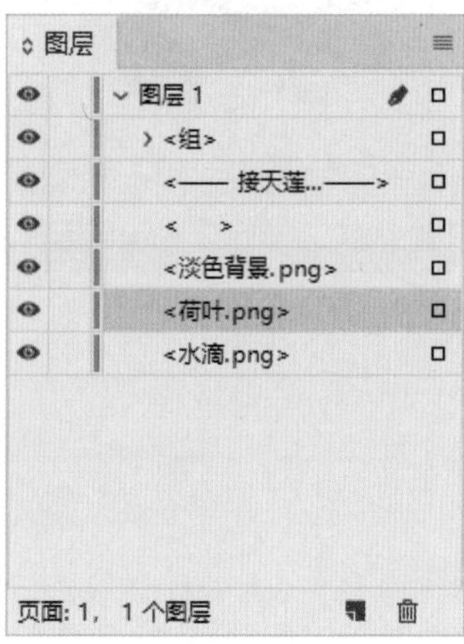

图 5-63

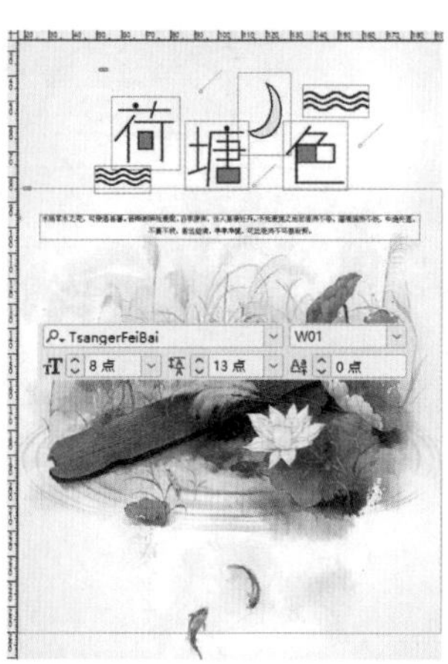

图 5-64

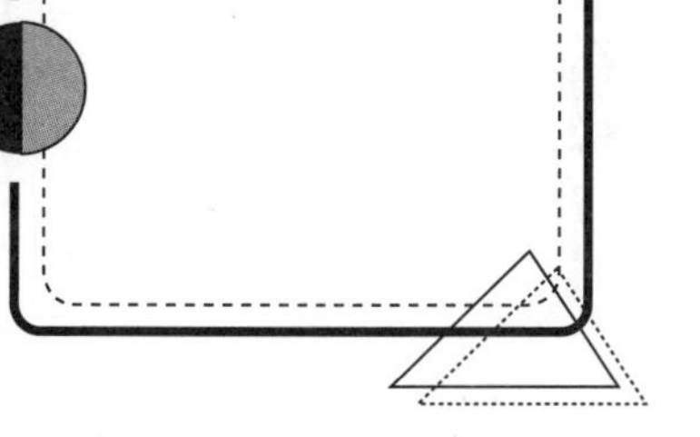

第5章

图文混排

Step19 选择椭圆工具，按住 Shift 键绘制正圆，设置描边颜色，描边大小为 0.5 点，填充色为无，将其放置到合适的位置，如图 5-65 所示。

Step20 选择文字工具，拖动鼠标绘制文本框，输入文字，设置字体、字号、颜色，将其放置在合适的位置，如图 5-66 所示。

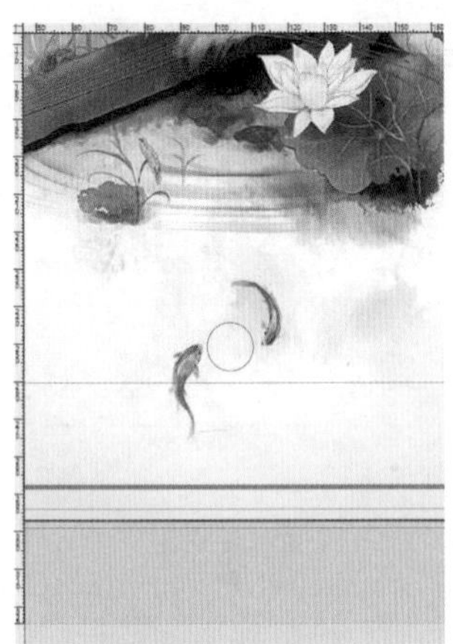

图 5-65

图 5-66

Step21 选择文字工具，拖动鼠标绘制文本框，输入文字，设置字体、字号、颜色，将其放置在合适的位置，按住 Ctrl+A 组合键全选文字，在“控制”面板中设置文字为“右对齐” ，如图 5-67 所示。最终效果如图 5-68 所示。

图 5-67

图 5-68

至此，完成宣传页的制作。

5.6 课后作业

一、选择题

1. 关于串接文本框架，说法不正确是（　　）。

A. 每个文本框架都包含一个入口和一个出口，这些端口用来与其他文本框架进行链接

B. 取消串接文本框架时，将断开该框架与串接中的所有后续框架之间的链接

C. 在剪切或删除文本框架时将会删除文本

D. 当删除串接中的文本框架时，不会删除任何文本，文本将成为溢流文本，或排列到连续的下一个框架中

2. 在文本框右下角出现红色加号表示该文本框（　　）。

A. 还有没装下的文本

B. 重叠在图片框上的文本

C. 后面已没有文本

D. 后面没有文本，文本框到此结束

3. 溢流文本是（　　）。

A. 沿着图片剪辑路径绕排的文本

B. 重叠在图片框上的文本

C. 文本框不能容下的文本

D. 图片的说明文本

二、填空题

1. 定位对象是一些附加或者定位的特定文本的项目，如 ________、________ 或文本框架。

2. 框架中的文本可独立于其他框架，也可以 ________。

3. 框架出口中的红色加号（⊞）表示该文章中有更多要置入的文本，但没有更多的文本框架可放置文本，这些剩余的不可见文本称为 ________。

4. 若要查看文本字数，可在 ________ 底部进行查看，显示的是字符数、行数、单元格总数和实际字符数的值。

三、上机题

1. 绘制旅游宣传单页，如图 5-69 所示。

图 5-69

思路提示：

◎ 置入图像调整大小和顺序。

◎ 绘制矩形填充颜色调整不透明度。

◎ 输入文字。

2. 绘制旅游杂志内页，如图 5-70 所示。

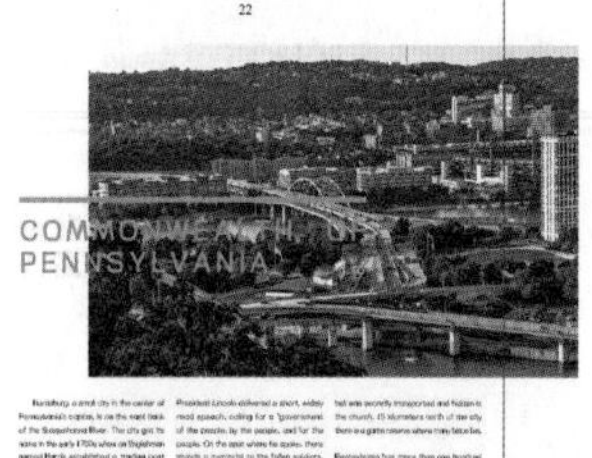

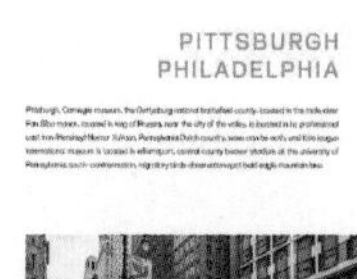

图 5-70

思路提示：

◎ 绘制框架置入图像调整大小。

◎ 输入文字并进行文本框架的设置。

第6章 表格功能的应用

内容导读

表格通常给人一种直观、明了的感觉，InDesign CC 软件中也提供了表格功能。为了能够用好该功能，本章将对表格的创建、编辑、设置等操作进行详细介绍。同时还将对选取表格元素、插入行与列、调整表格大小、拆分与合并单元格、设置表格选项等操作进行逐一讲解。

学习目标

- 熟悉表格基础知识
- 掌握表格的创建
- 掌握表格的编辑
- 掌握表格格式的设置

6.1 认识表格

表格是一种可视化交流模式，又是一种组织整理数据的手段。在编辑各种文档时，经常会用到各式各样的表格。通常，表格由整行整列的单元格所组成，用户可在其中添加文本，如图 6-1 所示。

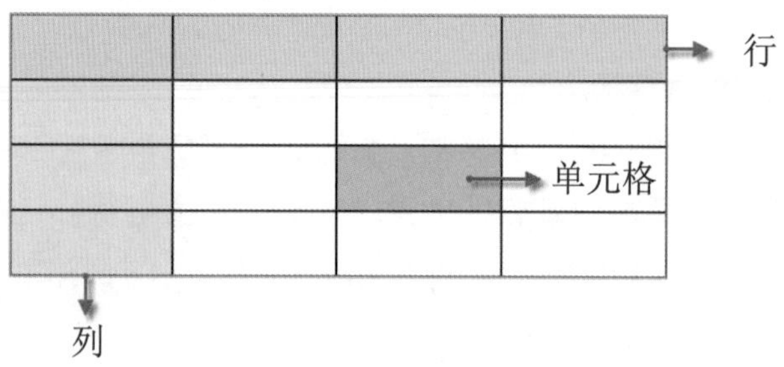

图 6-1

6.1.1 表格的创建

选择文字工具，拖动鼠标绘制文本框，执行“表”|“插入表”命令，弹出“创建表”对话框，如图 6-2 所示。

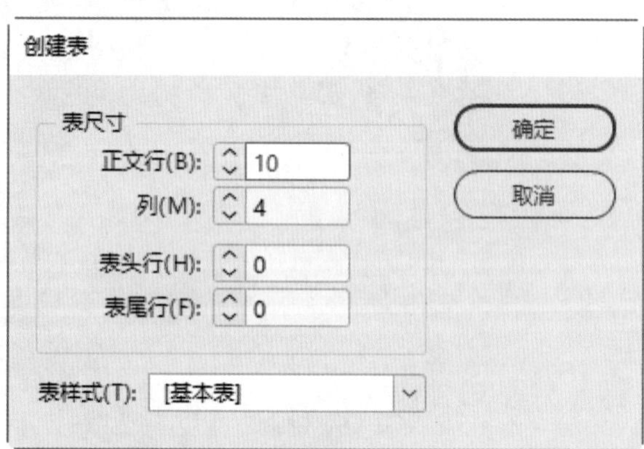

图 6-2

该对话框中主要选项的功能介绍如下。

◎ 正文行：指定表格横向行数。

◎ 列：指定表格纵向列数。

◎ 表头行：设置表格的表头行数，如表格的标题，在表格的最上方。

◎ 表尾行：设置表格的表尾行数，它与表头行一样，不过位于表格最下方。

◎ 表样式：设置表格样式。可以选择和创建新的表格样式。

表的排版方向取决于文本框架的方向，如图 6-3 和图 6-4 所示。

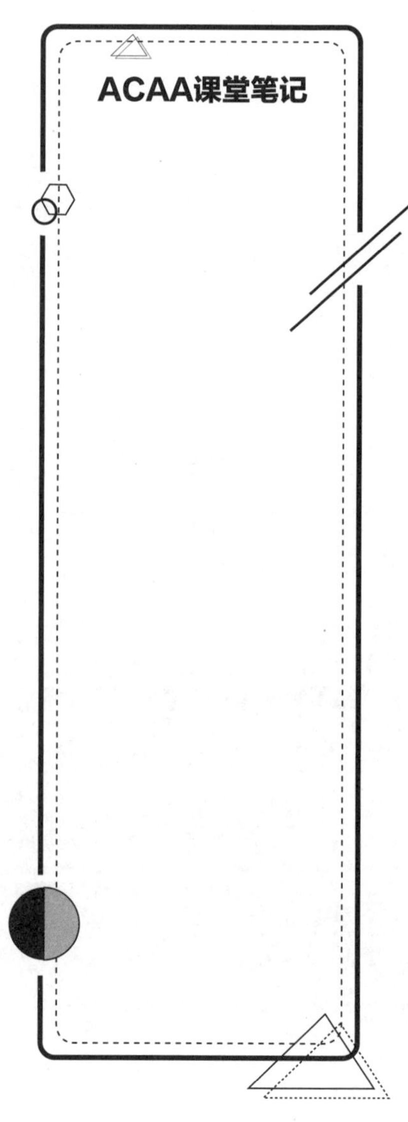

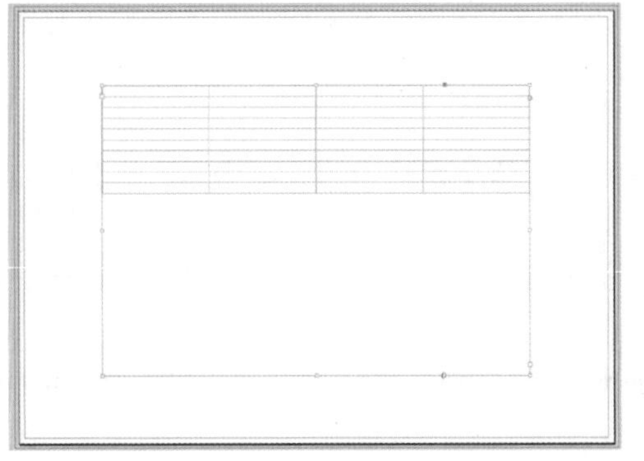

图 6-3

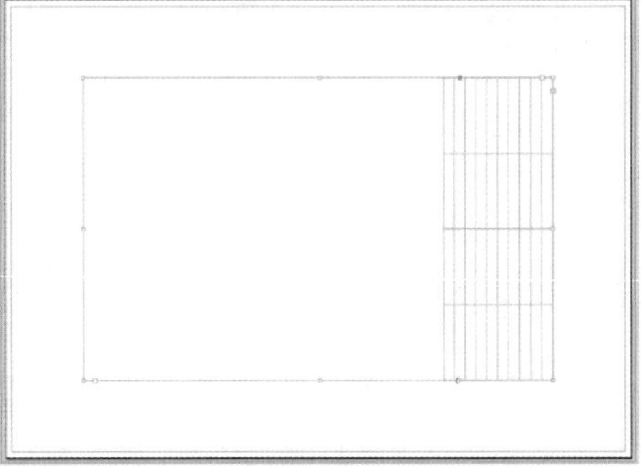

图 6-4

知识点拨

在 InDesign 中想要创建新的表格，必须建立在文本框上，即要创建表格必须先创建一个文本框，或者在现有的文本框中单击定位，再绘制表格。按 Alt+Shift+Ctrl+T 组合键可以快速地打开“创建表”对话框。

6.1.2 表格的导入

用户可以将其他软件制作的表格直接置入到 InDesign CC 的页面中，如 Word 文档表格、Excel 表格等，这将大大提高工作效率，非常方便。执行“文件”|“置入”命令，在弹出的“置入”对话框左下角选中“显示导入选项”复选框，单击“打开”按钮，弹出“Microsoft Excel 导入选项”对话框，如图 6-5 所示。

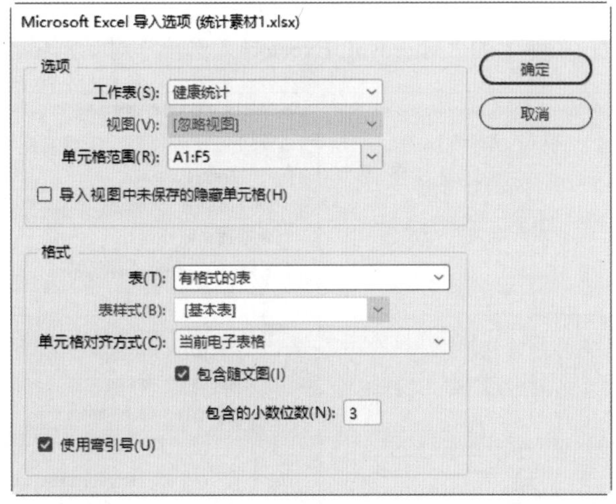

图 6-5

该对话框中主要选项的功能介绍如下。

◎ 工作表：指定要导入的工作表。

◎ 视图：指定是导入任何存储的自定义视图或个人视图，或是忽略这些视图。

◎ 单元格范围：指定单元格的范围，使用冒号（:）来指定范围（如 A1:L16）。如果工作表中存在指定的范围，则在“单元格范围”下拉列表框中将显示这些名称。

◎ 导入视图中未保存的隐藏单元格：包括设置为 Excel 电子表格的未保存的隐藏单元格在内的任何单元格。

◎ 表：指定电子表格信息在文档中显示的方式。

- 有格式的表：选择该选项时，虽然可能不会保留单元格中的文本格式，但 InDesign 将尝试保留 Excel 中用到的相同格式。
- 无格式的表：选择该选项时，不会从电子表格中导入任何格式，但可以将表样式应用于导入的表。
- 无格式制表符分隔文本：选择该选项时，导入制表符分隔文本，可以在 InDesign 或 InCopy 中将其转换为表。
- 仅设置一次格式：选择该选项时，InDesign 保留初次导入时 Excel 中使用的相同格式。如果电子表格是链接的而不是嵌入的，则在更新链接时会忽略链接表中对电子表格所做的格式更改。

◎ 表样式：将指定的表样式应用于导入的文档。仅当选择“无格式的表”选项时才可以用。

◎ 单元格对齐方式：设置导入文档的单元格对齐方式。

◎ 包含的小数位数：设置表格中小数点数。

◎ 包含随文图：保留置入文档的随文图。

◎ 使用弯引号：确保导入的文本包含左右弯引号（“”）和弯单引号（‘’），而不包含直双引号（""）和直单引号（'）。

■ 实例：导入 Excel 表格

下面将利用所学的导入表格知识导入 Excel 表格。

Step01 执行“文件”|“置入”命令，在弹出的“置入”对话框左下角选中“显示导入选项”复选框，如图 6-6 所示。

Step02 单击“打开”按钮，在弹出的“Microsoft Excel 导入选项”对话框中设置参数，如图 6-7 所示。

图 6-6

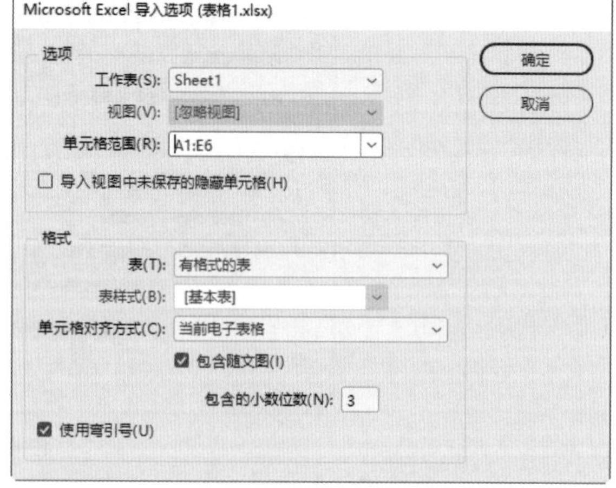

图 6-7

Step03 单击“确定”按钮，拖动鼠标置入表格，如图 6-8 所示。

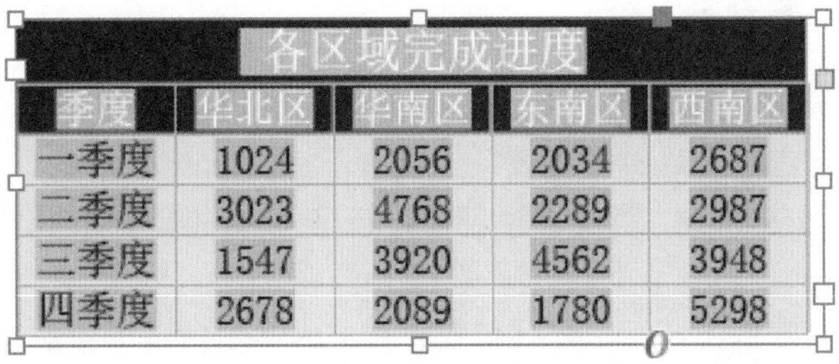

各区域完成进度				
季度	华北区	华南区	东南区	西南区
一季度	1024	2056	2034	2687
二季度	3023	4768	2289	2987
三季度	1547	3920	4562	3948
四季度	2678	2089	1780	5298

图 6-8

Step04 使用文字工具框选表格中的文字，在“字符”面板中设置文字参数，如图 6-9 和图 6-10 所示。

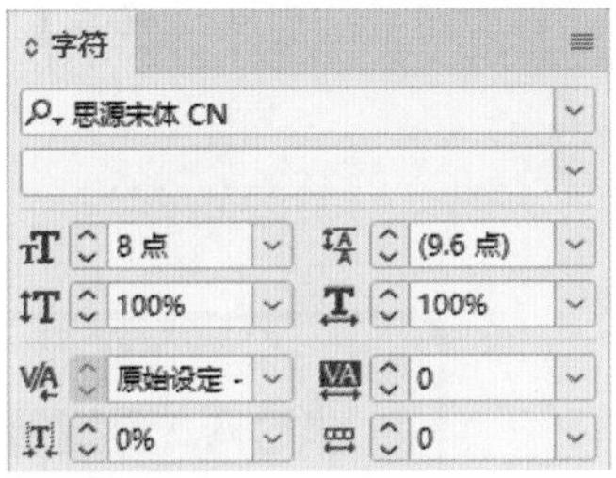

图 6-9

各区域完成进度				
季度	华北区	华南区	东南区	西南区
一季度	1024	2056	2034	2687
二季度	3023	4768	2289	2987
三季度	1547	3920	4562	3948
四季度	2678	2089	1780	5298

图 6-10

至此，完成导入 Excel 表格的制作。

6.1.3 图文对象的添加

在制作表格时适当地添加与内容相对应的图片，会增加表格的直观性，提高读者的阅读兴趣。选择文字工具，在要输入文本的单元格中单击鼠标定位，执行“文件”|“置入”命令，在弹出的“置入”对话框中选择需要的对象置入，如图 6-11 和图 6-12 所示。

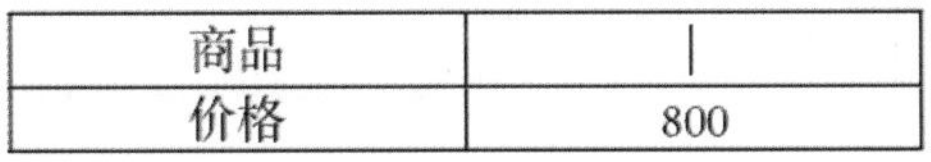

商品	
价格	800

图 6-11

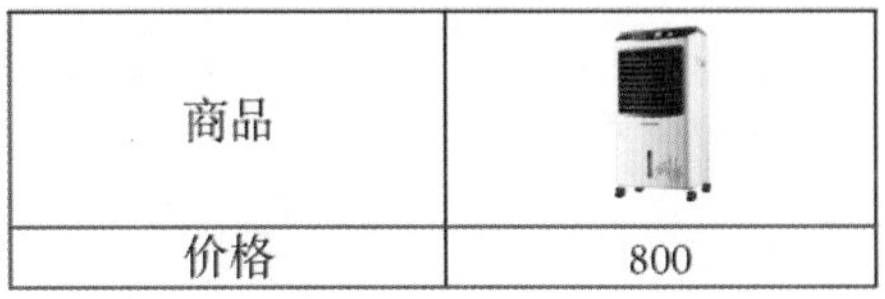

商品	
价格	800

图 6-12

知识点拨

按 Ctrl+D 组合键，可以快速地打开“置入”对话框。调整图片大小时，可以按住 Shift 键等比例缩放调整。

6.2 编辑表格

创建好表格后，可通过一些简单操作改变单元格的行数、列数，还可通过复制、剪切的方法改变表格中的内容。

6.2.1 选择单元格、行和列

单元格是构成表格的基本元素，使用文字工具选择单元格有以下 3 种方法。

◎ 在要选择的单元格内单击，执行“表”|“选择”|“单元格”命令，即可选择当前单元格。

◎ 在要选择的单元格内单击，定位光标位置，按住 Shift 键的同时按下方向键即可选择当前单元格。

◎ 在要选择的单元格内单击，定位光标位置，按 Ctrl+/ 组合键即可选择当前单元格。

◎ 在要选择的单元格内按住鼠标向右下角拖动，若选择多个单元格、行、列也可用这个方法。

知识点拨

选择文字工具，将光标移至列的上边缘或行的左边缘，当光标变为箭头形状（➡或⬇）时，单击鼠标选择整列或整行。

6.2.2 插入行和列

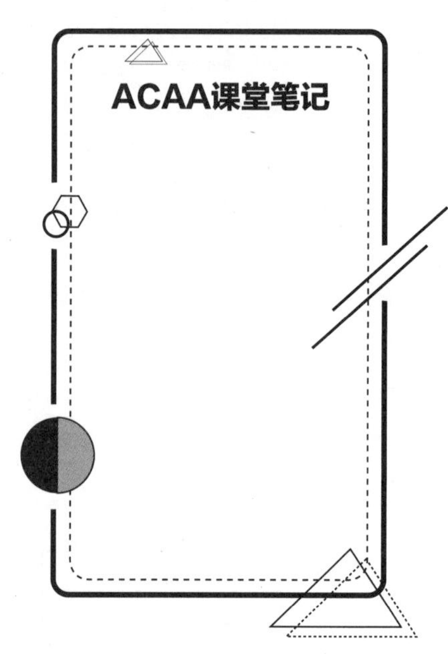

对于已经创建好的表格，可以通过相关命令自由添加行与列。

1. 插入行

选择文字工具，在要插入行的前一行或后一行的任意单元格中单击，定位插入点，执行“表”|“插入”|“行”命令，弹出“插入行”对话框，如图 6-13 所示。

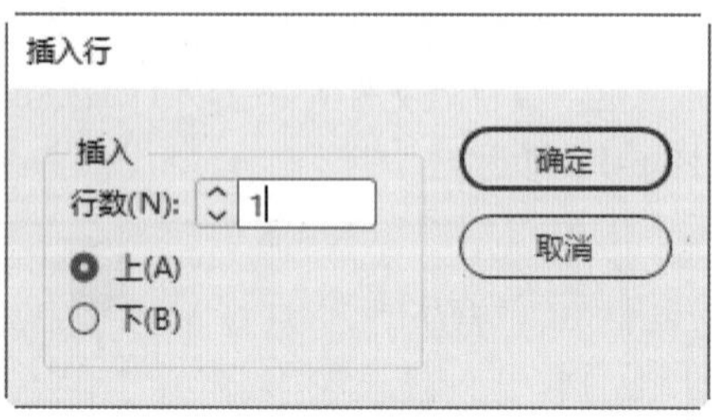

图 6-13

在设置好需要的行数以及要插入行的位置后，可以直接单击“确定”按钮完成操作，效果如图 6-14 和图 6-15 所示。

姓名	年龄	身高	体重	健康情况
Brian	29	188	80	良好
Justin	17	173	65	良好
Emm	28	186	70	良好
Ted	32	175	75	良好

图 6-14

姓名	年龄	身高	体重	健康情况
Brian	29	188	80	良好
Justin	17	173	65	良好
Emm	28	186	70	良好

图 6-15

2. 插入列

插入列与插入行的操作相似。选择文字工具，在要插入列的左一行或者右一行中的任意一行单击定位，执行“表”|“插入”|“列”命令，在弹出的“插入列”对话框中设置参数，单击“确定”按钮完成插入列的操作，如图 6-16 和图 6-17 所示。

图 6-16

姓名	年龄		身高	体重	健康情况
Brian	29		188	80	良好
Justin	17		173	65	良好
Emm	28		186	70	良好
Ted	32		175	75	良好

图 6-17

6.2.3 剪切、复制和粘贴表内容

在 InDesign 表格的制作过程中，需要复制及粘贴表格内容的操作比较常见，其操作方法也较简单。直接框选需要复制的内容，按 Ctrl+C 组合键进行复制，将光标定位在需要粘贴的位置后按 Ctrl+V 组合键进行粘贴即可。按 Ctrl+X 组合键进行剪切，使用同样的方法粘贴。

如图 6-18 和图 6-19 所示为剪切和粘贴“年龄”列的效果。

姓名		身高	体重	健康情况
Brian		188	80	良好
Justin		173	65	良好
Emm		186	70	良好
Ted		175	75	良好

图 6-18

姓名	年龄	身高	体重	健康情况
Brian	29	188	80	良好
Justin	17	173	65	良好
Emm	28	186	70	良好
Ted	32	175	75	良好

图 6-19

6.2.4 删除行、列或表

在 InDesign 表格的制作过程中，出现操作上的错误比较常见，此时便需要删除行、列或表。

使用文字工具在要删除行的任意单元格中单击，定位插入点，执行“表”|“删除”|“行”/“列”命令，即可删除行 / 列，如图 6-20 和图 6-21 所示。若要删除整个表，则执行“表”|“删除”|“表”命令即可。

ACAA课堂笔记

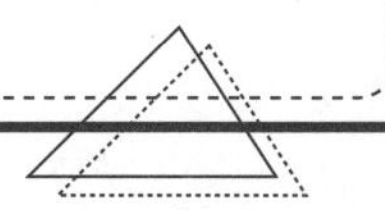

姓名	年龄	身高	体重	健康情况
Brian	29	188	80	良好
Justin	17	173	65	良好
Emm	28	186	70	良好
Ted	32	175	75	良好

图 6-20

姓名	年龄	身高	体重	健康情况
Brian	29	188	80	良好
Justin	17	173	65	良好
Emm	28	186	70	良好

图 6-21

6.3 调整表的格式

通过调整行和列的大小、合并和拆分单元格、表头和表尾的设置，使表格变得更加完善、专业。

6.3.1 调整行高 / 列宽

当表格中的行或列变得过大或者过小时，可通过以下方法进行调整。

1. 直接拖动调整

选择文字工具，将光标放置在要改变大小的行或列的边缘位置，可直接拖动进行调整。当光标变成↔状时，按住鼠标向左或向右拖动，可以增大或减小列宽；当光标变成↕状时，按住鼠标向上或向下拖动，可以增大或减小行高。

将光标放置在表格的右下角位置，当光标变为↘状时，可同时调整行高和列宽，如图 6-22 和图 6-23 所示。

姓名	年龄	身高	体重	健康情况
Brian	29	188	80	良好
Justin	17	173	65	良好
Emm	28	186	70	良好

图 6-22

姓名	年龄	身高	体重	健康情况
Brian	29	188	80	良好
Justin	17	173	65	良好
Emm	28	186	70	良好

图 6-23

知识点拨

在拖动鼠标的同时按住 Shift 键，则可以将表格等比例缩放。

ACAA课堂笔记

2．使用菜单命令精确调整

选择文字工具，在要调整的行或列的任意单元格中单击，定位光标位置。若改变多行，则可以选择要改变的多行，执行"表"|"单元格选项"|"行和列"命令，在弹出的"单元格选项"对话框中设置参数，单击"确定"按钮即可，如图 6-24 所示。

图 6-24

3．使用"表"面板精确调整

除了使用菜单命令精确调整行高或列宽以外，还可以使用"表"面板来精确调整行高或列宽。

选择文字工具，在要调整的行或列的任意单元格中单击，定位光标位置。如要改变多行，则可以选择要改变的多行，执行"窗口"|"文字和表"|"表"命令，或按 Shift+F9 组合键，打开"表"面板，如图 6-25 所示。

图 6-25

■ 实例：制作图文表格

下面将利用本小节所学的创建表格知识制作图文表格。

Step01 选择文字工具，拖动鼠标绘制文本框，执行"表"|"插入表"命令，弹出"创建表"对话框，如图 6-26 和图 6-27 所示。

Step02 使用文字工具，选中表格，执行"表"|"单元格选项"|"行和列"命令，在弹出的"单元格选项"对话框中设置参数，如图 6-28 所示。

创建表

表尺寸

正文行(B): 13

列(M): 4

表头行(H): 0

表尾行(F): 0

表样式(T): [基本表]

确定

取消

图 6-26

图 6-27

单元格选项

文本 图形 描边和填色 行和列 对角线

行高(H): 最少 15 毫米

最大值(X): 200 毫米

列宽(W): 35.438 毫米

保持选项

起始行(R): 任何位置

与下一行接排(K)

图 6-28

Step03 单击“确定”按钮，效果如图 6-29 所示。

Step04 选择文字工具输入文字，如图 6-30 所示。

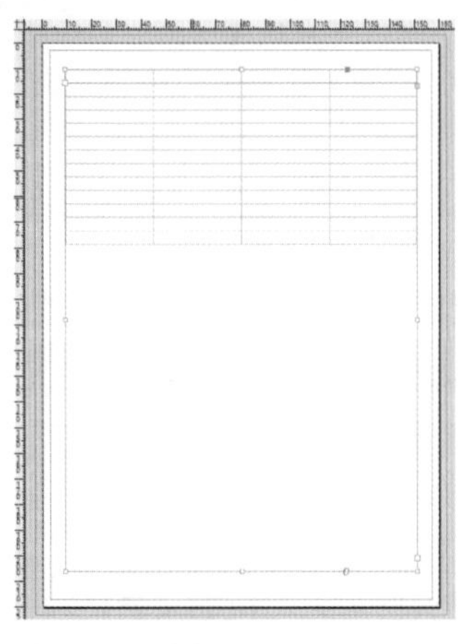

图 6-29

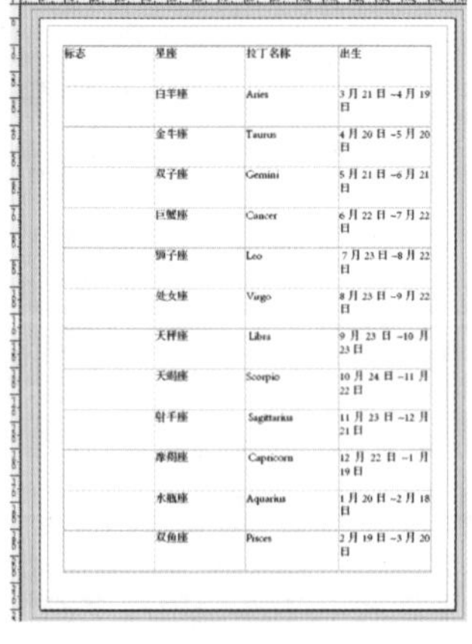

标志	星座	拉丁名称	出生
	白羊座	Aries	3 月 21 日 -4 月 19 日
	金牛座	Taurus	4 月 20 日 -5 月 20 日
	双子座	Gemini	5 月 21 日 -6 月 21 日
	巨蟹座	Cancer	6 月 22 日 -7 月 22 日
	狮子座	Leo	7 月 23 日 -8 月 22 日
	处女座	Virgo	8 月 23 日 -9 月 22 日
	天秤座	Libra	9 月 23 日 -10 月 23 日
	天蝎座	Scorpio	10 月 24 日 -11 月 22 日
	射手座	Sagittarius	11 月 23 日 -12 月 21 日
	摩羯座	Capricorn	12 月 22 日 -1 月 19 日
	水瓶座	Aquarius	1 月 20 日 -2 月 18 日
	双鱼座	Pisces	2 月 19 日 -3 月 20 日

图 6-30

Step05 选择文字工具，拖动鼠标调整表格宽度和高度，效果如图 6-31 所示。

ACAA课堂笔记

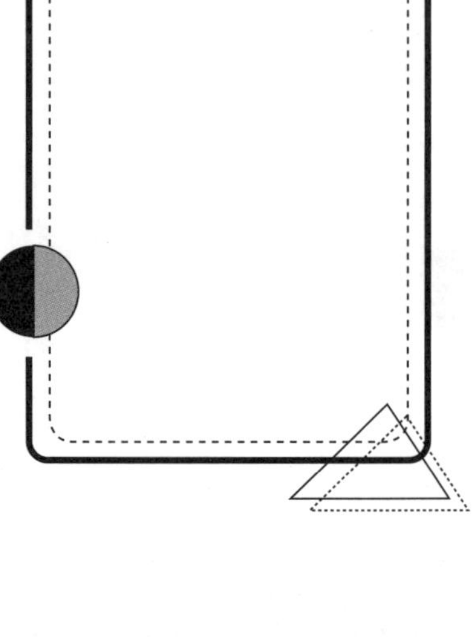

Step06 选择第 2~13 行，执行“表”|“单元格选项”|“行和列”命令，在弹出的“单元格选项”对话框中设置参数，如图 6-32 所示。

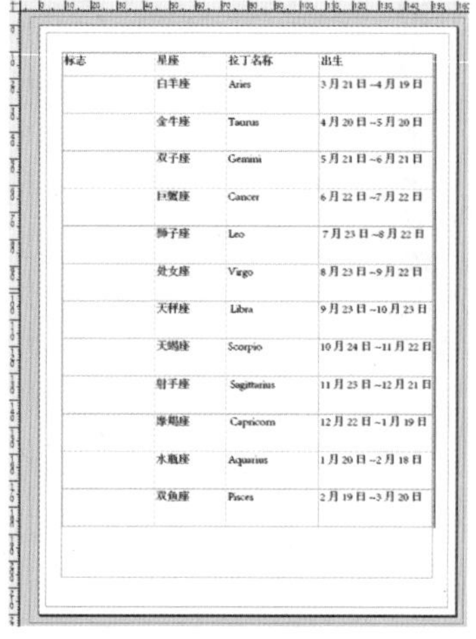

图 6-31

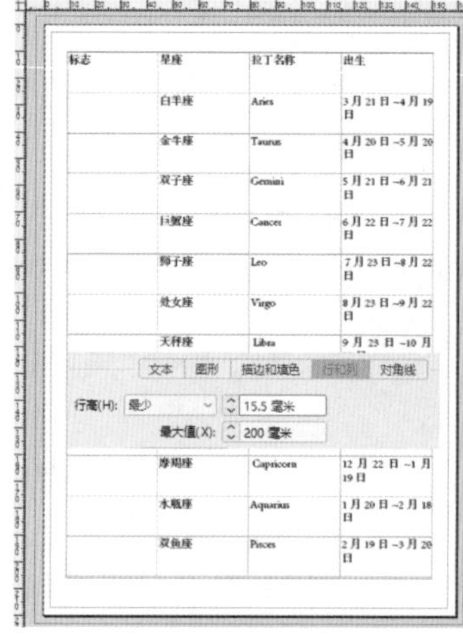

图 6-32

Step07 使用文字工具将插入点放置到目标单元格，执行“文件”|“置入”命令，置入相应的图像标志，如图 6-33 所示。

Step08 使用直接选择工具单击选择图像，按住 Shift+Alt 组合键调整图像大小，如图 6-34 所示。

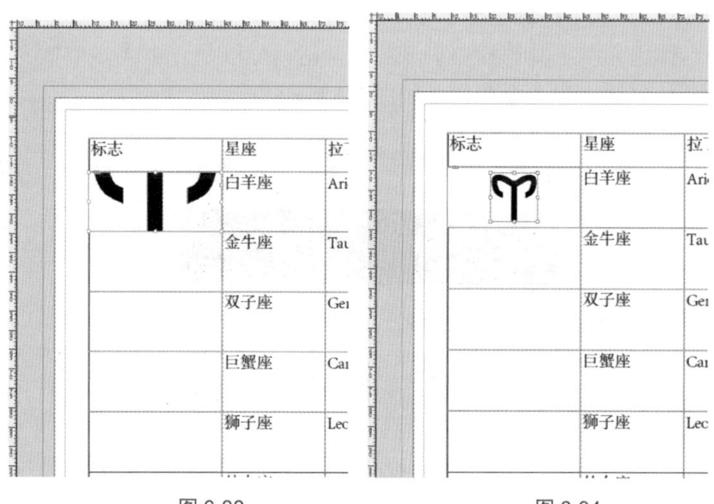

图 6-33　　图 6-34

Step09 使用同样的方法依次置入并调整图像，如图 6-35 所示。

Step10 使用文字工具选中全部文字，在“控制”面板中设置参数，如图 6-36 所示。

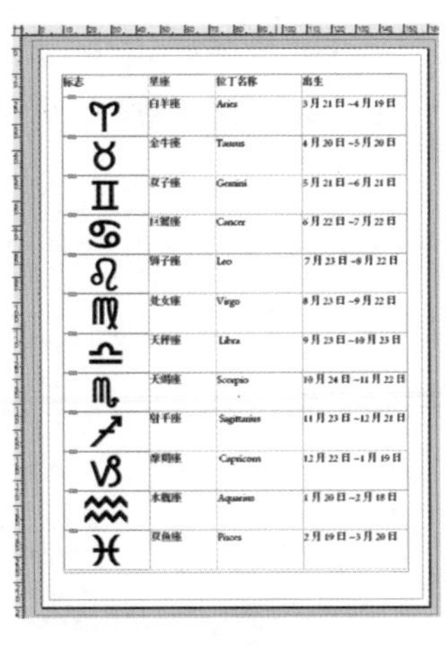

图 6-35

图 6-36

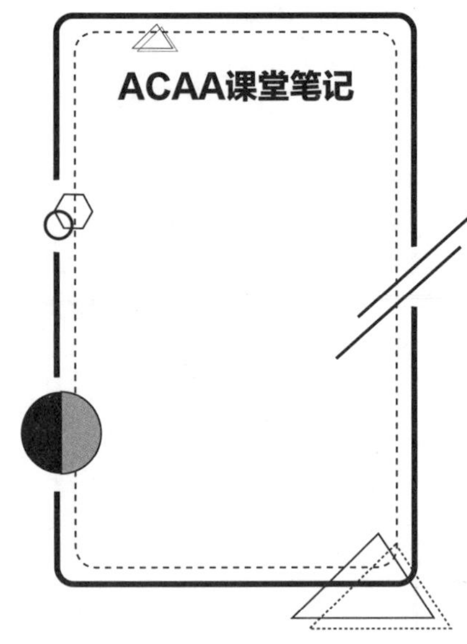

至此，完成图文表格的制作。

6.3.2 拆分和合并单元格

在表格制作过程中为了排版需要，可以将多个单元格合并成一个大的单元格，也可以将一个单元格拆分为多个小的单元格。

1. 拆分单元格

在 InDesign 中，可以将一个单元格拆分为多个单元格，即通过执行“水平拆分单元格”和“垂直拆分单元格”命令来实现。

（1）水平拆分单元格。

使用文字工具选择要拆分的单元格，可以是一个或多个单元格，如图 6-37 所示。执行“表”|“水平拆分单元格”命令即可，如图 6-38 所示。

姓名	年龄	身高	体重	健康情况
Brian	29	188	80	良好
Justin	17	173	65	良好
Emm	28	186	70	良好

图 6-37

姓名	年龄	身高	体重	健康情况
Brian	29	188	80	良好
Justin	17	173	65	良好
Emm	28	186	70	良好

图 6-38

（2）垂直拆分单元格。

使用文字工具选择要拆分的单元格，如图 6-39 所示。执行“表”|“垂直拆分单元格”命令即可，如图 6-40 所示。

2. 合并或取消合并单元格

使用文字工具选择要合并的多个单元格，如图 6-41 所示。执行“表”|“合并单元格”命令，或者在“控制”面板中单击“合并单元格”按钮，均可直接把选择的多个单元格合并成一个单元格，如图 6-42 所示。

姓名	年龄	身高	体重	健康情况
Brian	29	188	80	良好
Justin	17	173	65	良好
Emm	28	186	70	良好

图 6-39

姓名	年龄		身高	体重	健康情况
Brian	29		188	80	良好
Justin	17		173	65	良好
Emm	28		186	70	良好

图 6-40

姓名	年龄		身高	体重	健康情况
Brian	29		188	80	良好
Justin	17		173	65	良好
Emm	28		186	70	良好

图 6-41

姓名	年龄		身高	体重	健康情况
Brian	29		188	80	良好 良好 良好
Justin	17		173	65	
Emm	28		186	70	

图 6-42

6.3.3 设置表头和表尾

在表格制作过程中，可通过以下方法实现增加表格的表头、表尾操作。

选择文字工具，在要增加表头、表尾的表格中的任意单元格单击，定位光标位置。执行“表”|“表选项”|“表头和表尾”命令，在弹出的“表选项”对话框中设置表头行、表尾行的参数，单击“确定”按钮，即可添加表格的表头与表尾，如图 6-43 所示。

图 6-43

6.3.4 设置单元格内边距

制作表格时，表格内边距决定了表格是否具有舒适感。

使用文字工具选择表格中的所有单元格，执行“表”|“单元格选项”|“文本”命令，在弹出的“单元格选项”对话框中设置表单元格内边距，单击“确定”按钮，如图 6-44 所示。

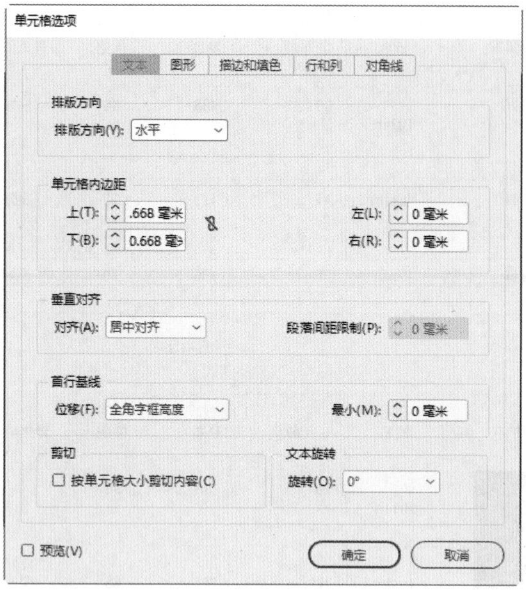

图 6-44

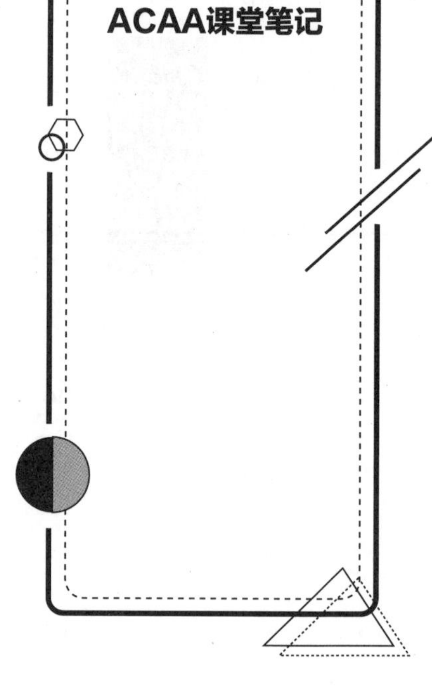

6.3.5 溢流单元格

当文本框架太小，表格中的单元格出现溢流时，框架出口处变为红色加号⊞，表示该框架中有更多要置入的单元格，此时单击框架出口，如图 6-45 所示。出现载入单元格图标时，单击页面载入溢出的行，如图 6-46 所示。

姓名	年龄	身高	体重	健康情况
Brian	29	188	80	良好
Justin	17	173	65	良好

图 6-45

姓名	年龄	身高	体重	健康情况
Brian	29	188	80	良好
Justin	17	173	65	良好
Emm	28	186	70	良好

图 6-46

6.3.6 设置表格效果

为了使表格更加美观，用户可对表格的边框、颜色进行设置。选择文字工具，将光标放在单元格中，执行“表”|“表选项”|“表设置”命令，弹出“表选项”对话框，在该对话框中可以设置边框粗细、选择边框类型，如图 6-47 所示。

ACAA课堂笔记

图 6-47

该对话框中主要选项的功能介绍如下。

◎ 表尺寸：在该选项组中可以设置表格中的正文行数、列数、表头行数和表尾行数。

◎ 表外框：在该选项组中可以设置表外框参数。

- 粗细：为表或单元格边框指定线条的粗细度。
- 类型：用于指定线条样式，如“粗 - 细”。
- 颜色：用于指定表或单元格边框的颜色。列表框中的选项是“色板”面板中提供的选项。
- 色调：用于指定要应用于描边或填色的指定颜色的油墨百分比。
- 间隙颜色：将颜色应用于虚线、点或线条之间的区域。若“类型”设置为“实线”，则此选项不可用。
- 间隙色调：将色调应用于虚线、点或线条之间的区域。若“类型”设置为“实线”，则此选项不可用。
- 叠印：若选中该复选框，将导致“颜色”下拉列表框中所指定的油墨应用于所有底色之上，而不是挖空这些底色。

◎ 表间距：表前距与表后距是指表格的前面和表格的后面离文字或其他周围对象的距离。

◎ 表格线绘制顺序：可以从下列选项中选择绘制顺序。“最佳连接”：若选择该选项，则在不同颜色的描边交叉点处行线将显示在上面；“行线在上”：若选择该选项，行线会显示在上面；“列线在上”：若选择该选项，列线会显示在上面；“InDesign 2.0 兼容性”：若选择该选项，行线会显示在上面。

切换到“行线”选项卡，设置“交替模式”为“自定行”，设置“前”“粗细”“类型”以及“颜色”等参数，如图 6-48 所示。

切换到“列线”选项卡，设置“交替模式”为“自定列”，设置“前”“粗细”“类型”以及“颜色”等参数，如图 6-49 所示。

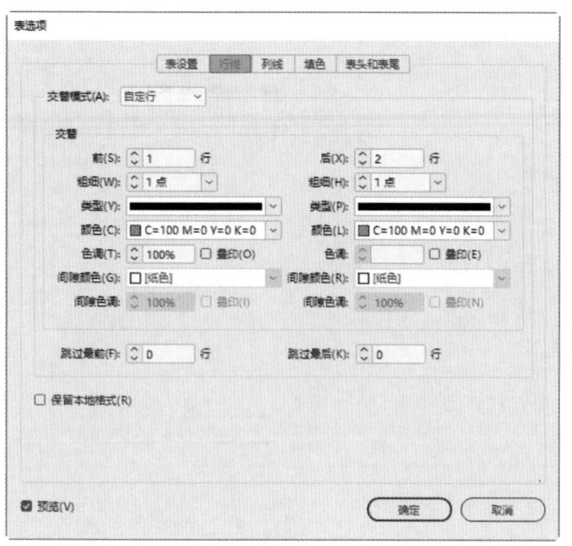

图 6-48

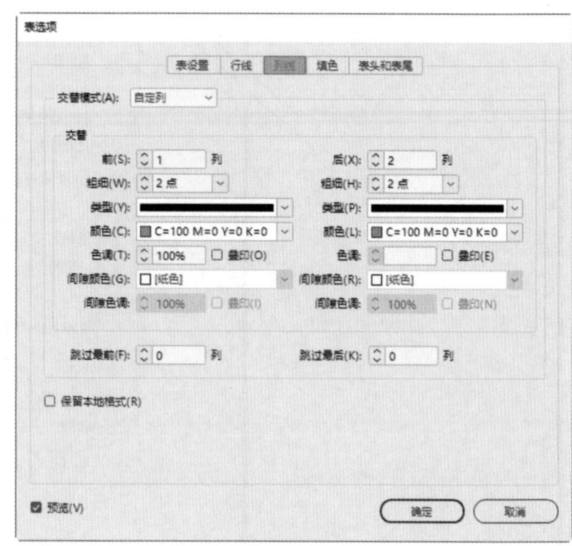

图 6-49

切换到“填色”选项卡，在“交替模式”下拉列表框中可以设置行和列的填色交替模式，设置“前”“后”“色调”以及“颜色”等参数，如图 6-50 所示。

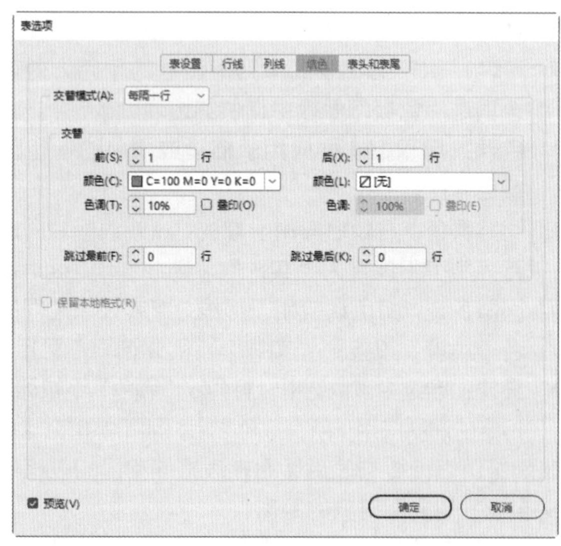

图 6-50

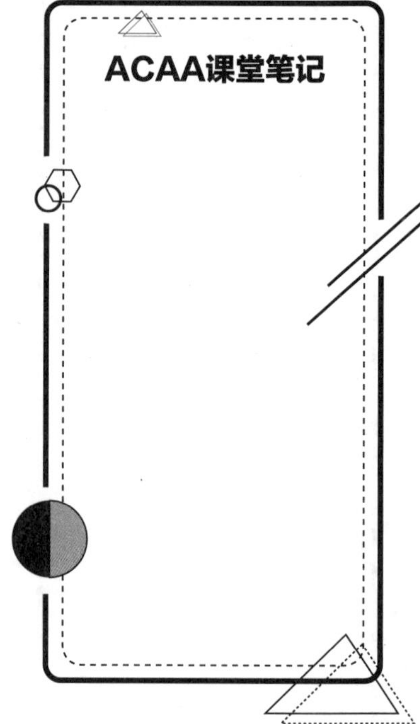

知识点拨

执行“表”|“单元格选项”|“描边和填色”命令，在打开的“单元格选项”对话框中，也可以设置单元格描边、单元格填色的参数，如图 6-51 所示。

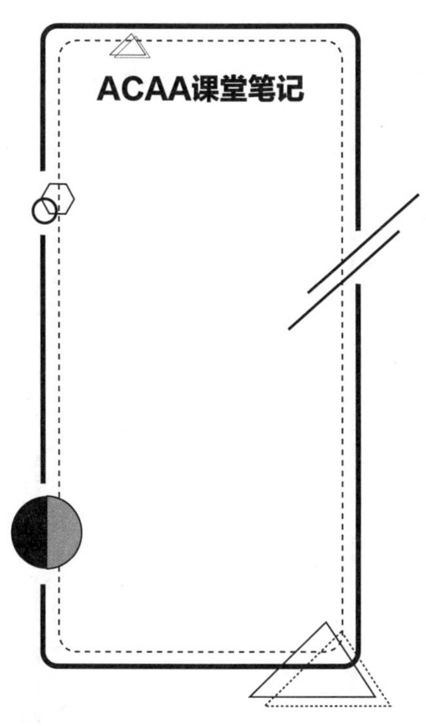

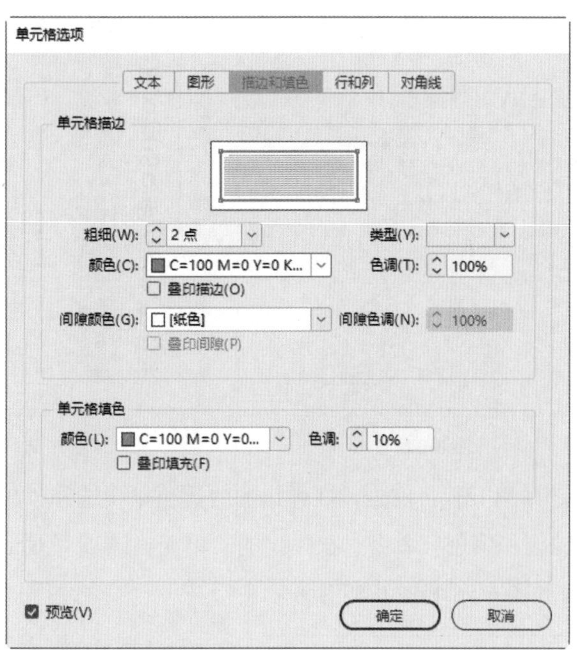

图 6-51

实例：设置图文表格样式

下面将利用所学表选项的知识设置图文表格样式。

Step01 打开“图文表格 .indd”文件，如图 6-52 所示。

Step02 使用文字工具选中表格，右击，在弹出的快捷菜单中选择“表选项”|“表设置”命令，在弹出的“表选项”对话框中设置参数，如图 6-53 所示。

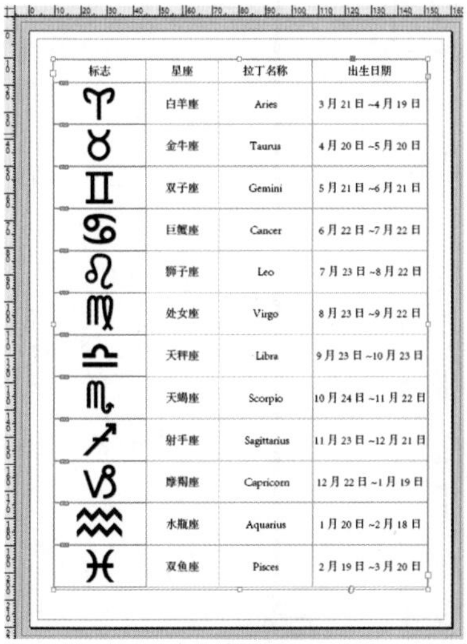

标志	星座	拉丁名称	出生日期
♈	白羊座	Aries	3月21日~4月19日
♉	金牛座	Taurus	4月20日~5月20日
♊	双子座	Gemini	5月21日~6月21日
♋	巨蟹座	Cancer	6月22日~7月22日
♌	狮子座	Leo	7月23日~8月22日
♍	处女座	Virgo	8月23日~9月22日
♎	天秤座	Libra	9月23日~10月23日
♏	天蝎座	Scorpio	10月24日~11月22日
♐	射手座	Sagittarius	11月23日~12月21日
♑	摩羯座	Capricorn	12月22日~1月19日
♒	水瓶座	Aquarius	1月20日~2月18日
♓	双鱼座	Pisces	2月19日~3月20日

图 6-52

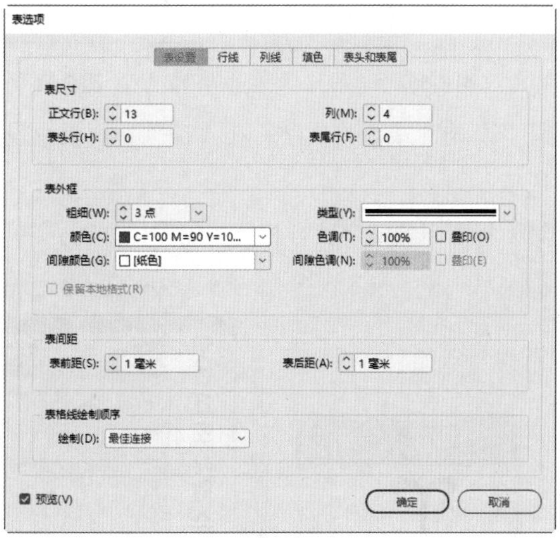

图 6-53

Step03 切换到“填色”选项卡并设置参数，如图 6-54 所示。

Step04 单击“确定”按钮，效果如图 6-55 所示。

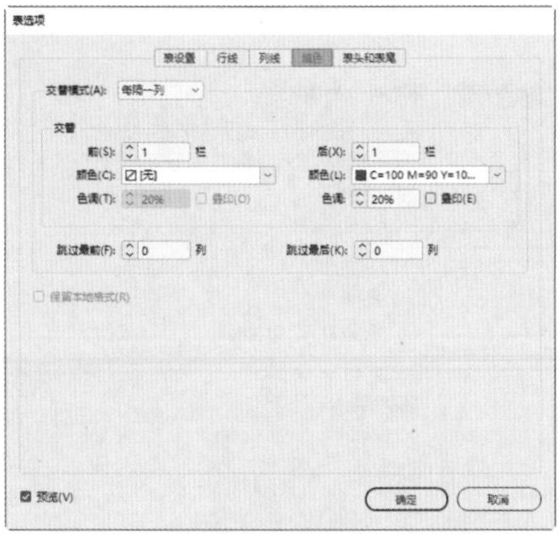

图 6-54　　图 6-55

Step05 选中第一行，右击，在弹出的快捷菜单中选择“单元格选项”|“描边和填色”命令，在弹出的“单元格选项”对话框中设置参数，如图 6-56 和图 6-57 所示。

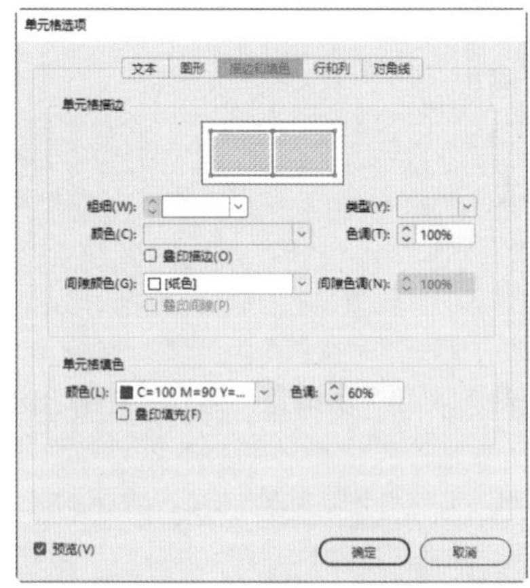

图 6-56

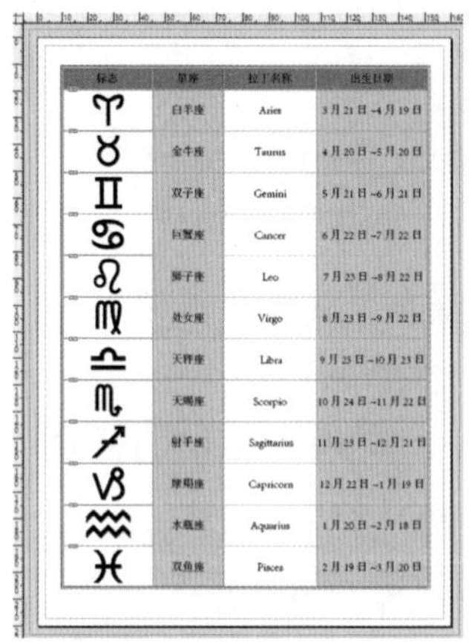

图 6-57

Step06 选中“标志”单元格文字，在“控制”面板中设置参数，如图 6-58 所示。

Step07 对第一行剩下的文字执行相同的操作，如图 6-59 所示。

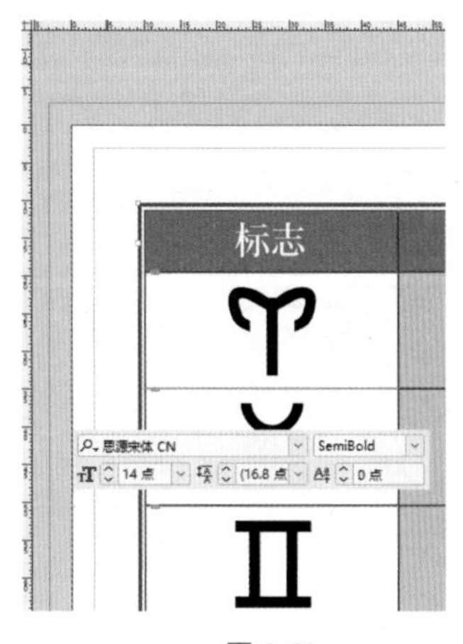

图 6-58

图 6-59

Step08 框选剩下的文字，在“控制”面板中设置参数，如图 6-60 所示。

Step09 在工具箱中单击“格式针对文本”按钮，在“控制”面板中更改文字颜色，如图 6-61 所示。

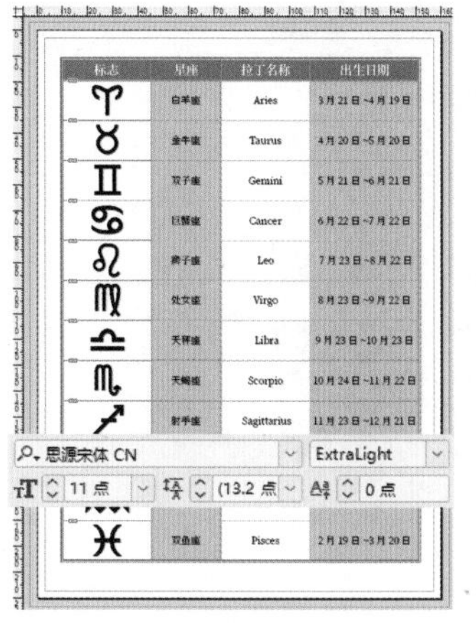

图 6-60

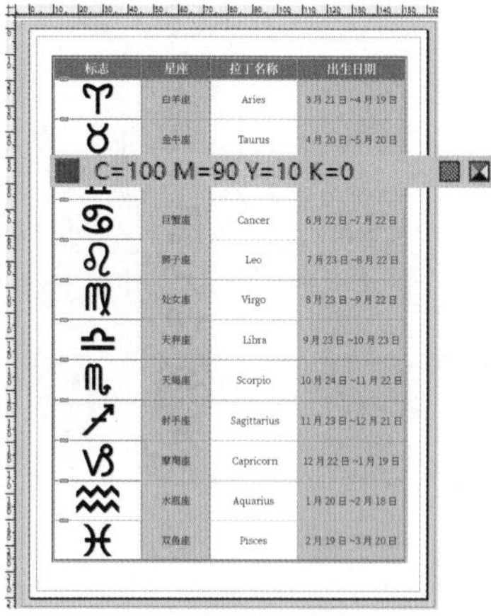

图 6-61

Step10 框选表格，右击，在弹出的快捷菜单中选择“表选项”|“交替行线”命令，在弹出的“表选项”对话框中设置参数，如图 6-62 所示。

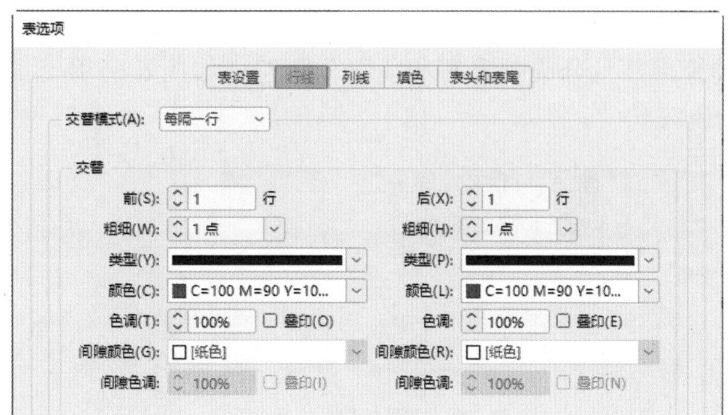

图 6-62

Step11 切换到“列线”选项卡并设置参数，如图 6-63 所示。

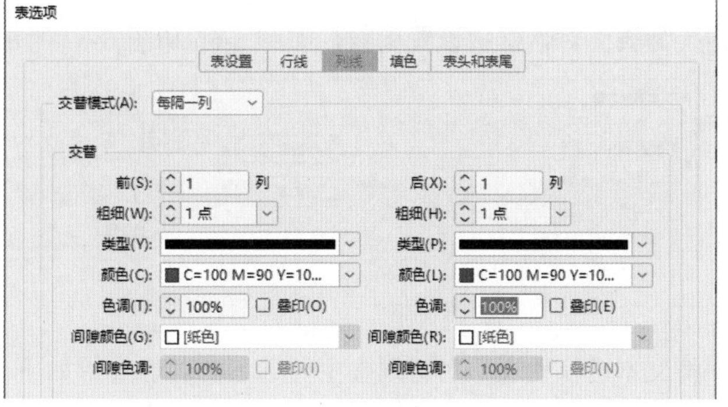

图 6-63

Step12 单击“确定”按钮，最终效果如图 6-64 所示。

标志	星座	拉丁名称	出生日期
♈	白羊座	Aries	3 月 21 日 ~4 月 19 日
♉	金牛座	Taurus	4 月 20 日 ~5 月 20 日
♊	双子座	Gemini	5 月 21 日 ~6 月 21 日
♋	巨蟹座	Cancer	6 月 22 日 ~7 月 22 日
♌	狮子座	Leo	7 月 23 日 ~8 月 22 日
♍	处女座	Virgo	8 月 23 日 ~9 月 22 日
♎	天秤座	Libra	9 月 23 日 ~10 月 23 日
♏	天蝎座	Scorpio	10 月 24 日 ~11 月 22 日
♐	射手座	Sagittarius	11 月 23 日 ~12 月 21 日
♑	摩羯座	Capricorn	12 月 22 日 ~1 月 19 日
♒	水瓶座	Aquarius	1 月 20 日 ~2 月 18 日
♓	双鱼座	Pisces	2 月 19 日 ~3 月 20 日

图 6-64

至此，完成图文表格样式的设置。

表格与文本的转换

在 InDesign 中可以轻松地将文本和表格进行转换。在将文本转换为表格时，需要使用指定的分隔符，如按 Tab 键、逗号键、句号键等，并且分成制表符和段落分隔符。如图 6-65 所示为输入时使用制表符“，”。

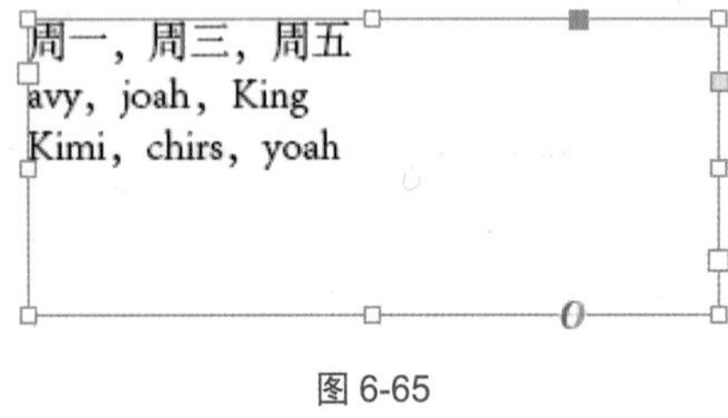

图 6-65

1. 将文本转换为表

使用文字工具选中要转换为表格的文本，执行“表”|“将文本转换为表”命令，在弹出的“将文本转换为表”对话框中设置参数，如图 6-66 和图 6-67 所示。

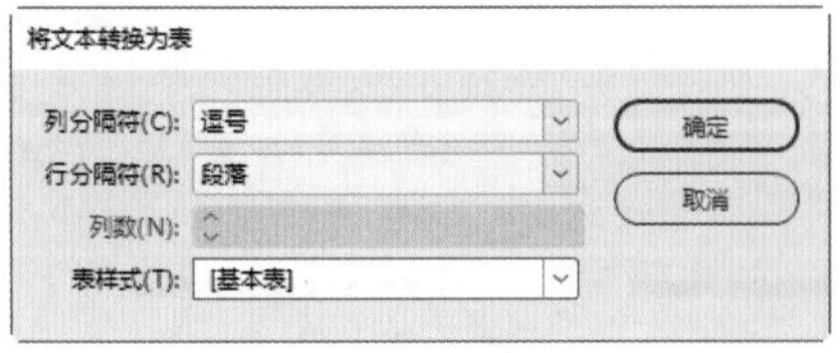

图 6-66

周一	周三	周五
avy	joah	King
Kimi	chirs	yoah

图 6-67

“将文本转换为表”对话框中主要选项的功能介绍如下。

ACAA课堂笔记

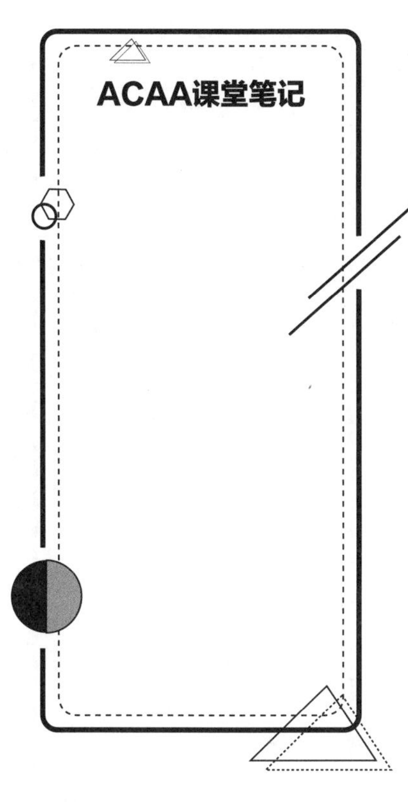

◎ 列分隔符 / 行分隔符：对于列分隔符和行分隔符，指定新行和新列应开始的位置。在“列分隔符”和“行分隔符”下拉列表框中选择“制表符”“逗号”或“段落”选项，或者输入字符（如分号）。

◎ 列数：如果为列和行指定了相同的分隔符，需要指定出要让表包括的列数。

◎ 表样式：设置一种表样式以及设置表的格式。

2. 将表转换为文本

使用文字工具选中要转换为文本的表，执行“表”|“将表转换为文本”命令，在弹出的“将表转换为文本”对话框中设置参数，如图 6-68 所示。

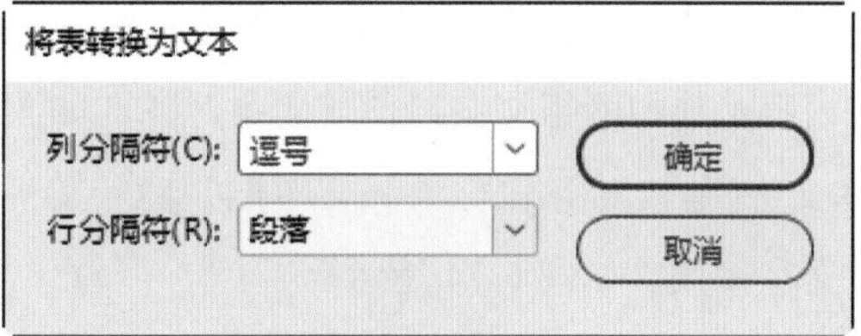

图 6-68

6.5 课堂实战　产品保修卡的设计

下面将详细讲解制作产品保修卡的操作过程。

1. 制作产品保修卡正面

Step01 执行“文件”|“新建”命令，在弹出的“新建文档”对话框中设置参数，如图 6-69 所示。

Step02 单击“边距和分栏”按钮，在弹出的“新建边距和分栏”对话框中设置参数，如图 6-70 所示。

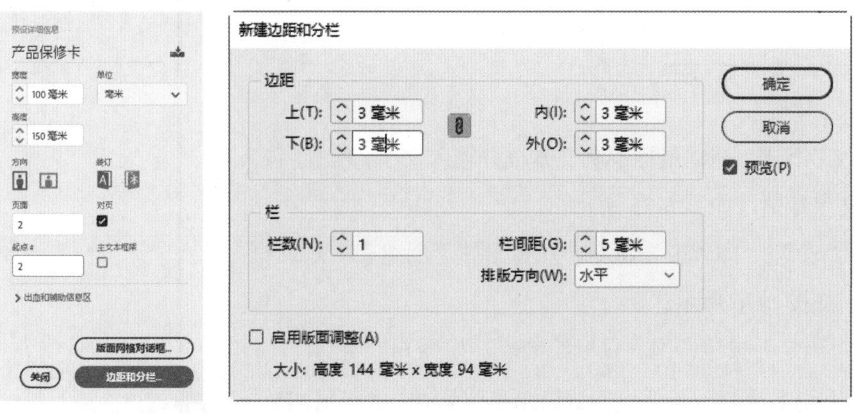

图 6-69　　图 6-70

Step03 选择文字工具，拖动鼠标绘制文本框并输入文字，执行“窗口”|“文字和表”|“字符”命令，在弹出的“字符”面板中设置参数，如图 6-71 和图 6-72 所示。

图 6-71　　图 6-72

Step04 按住 Shift+Alt 组合键水平移动复制该文本框，选择文字工具更改文字内容，选中两组文字，使其居中对齐，如图 6-73 所示。

Step05 选择文字工具，拖动鼠标绘制文本框并输入文字，在“字符”面板中设置文字参数，如图 6-74 所示。

图 6-73　　图 6-74

Step06 选择文字工具，拖动鼠标绘制文本框并输入文字，在“字符”面板中设置文字参数，如图 6-75 所示。

Step07 执行“表”|“插入表”命令，在弹出的“创建表”对话框中设置参数，如图 6-76 所示。

Step08 单击“确定”按钮，拖动鼠标绘制表，如图 6-77 所示。

Step09 选中单元格，右击，在弹出的快捷菜单中选择“合并单元格”命令，效果如图 6-78 所示。

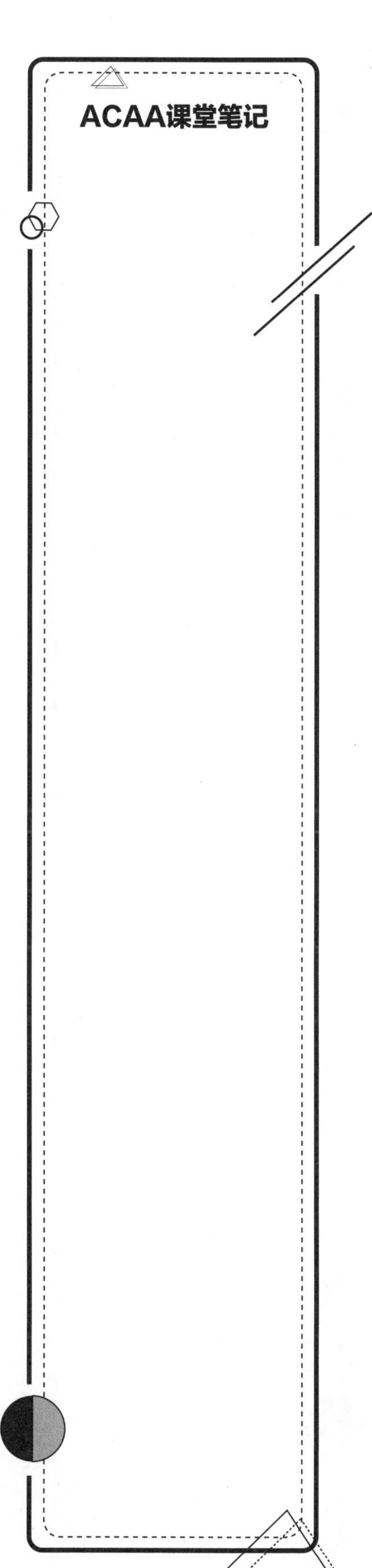

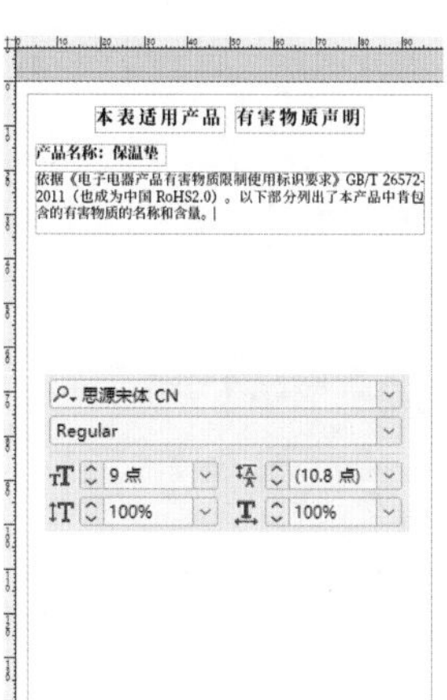

图 6-75

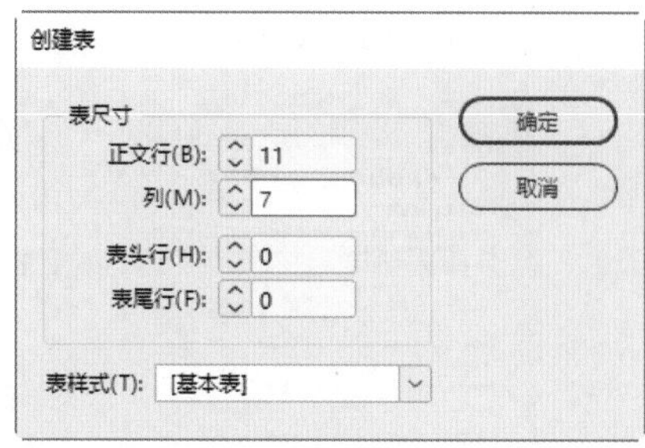

图 6-76

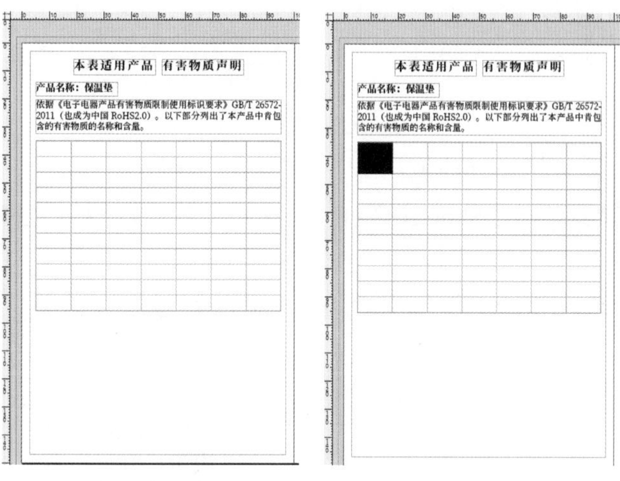

图 6-77　　图 6-78

Step10 选中第一行剩下的单元格，右击，在弹出的快捷菜单中选择“合并单元格”命令，效果如图 6-79 所示。

Step11 选择文字工具，拖动鼠标绘制文本框并输入文字，在“字符”面板中设置文字参数，如图 6-80 所示。

图 6-79

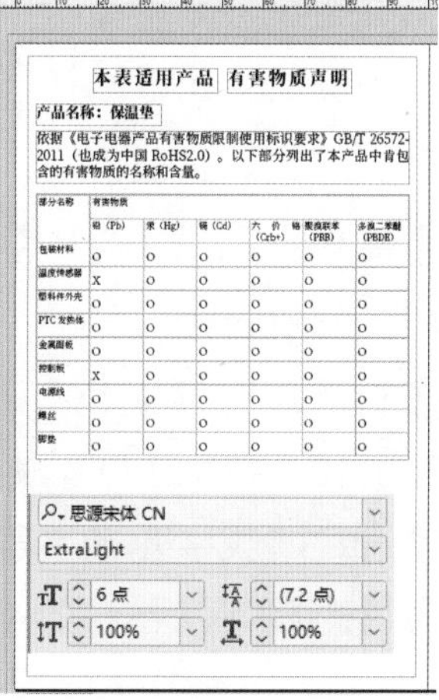

图 6-80

Step12 选中表格中全部文字，在“控制”面板中单击“居中对齐”按钮 、，效果如图 6-81 所示。

Step13 按住 Shift+Alt 组合键垂直移动复制文本框，选择文字工具更改文字内容，如图 6-82 所示。

图 6-81

图 6-82

Step14 继续按住 Shift+Alt 组合键垂直移动复制文本框，选择文字工具更改文字内容，如图 6-83 所示。

Step15 选择文字工具，拖动鼠标绘制文本框并输入文字，在“控制”面板中设置文字参数，如图 6-84 所示。

图 6-83

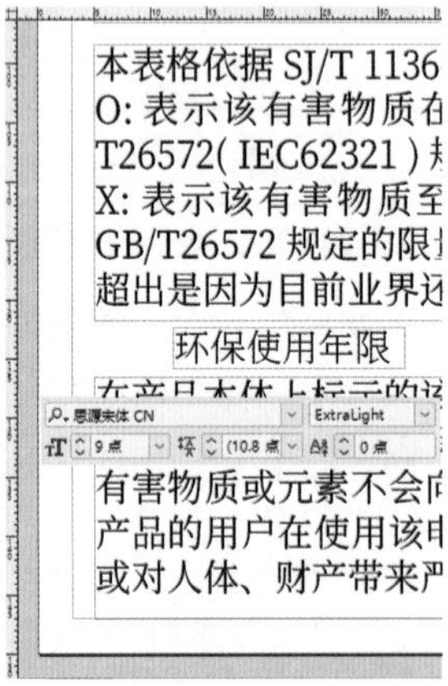

图 6-84

Step16 选择椭圆工具，按住 Shift 键绘制正圆，填充灰色，描边为无，如图 6-85 所示。

Step17 选择文字工具，拖动鼠标绘制文本框并输入文字，设置字体颜色为白色，字号为 7 点，使其和椭圆居中对齐，如图 6-86 所示。

Step18 选中 3 个文字组，将字号调整为小 1 号（8 点），如图 6-87 所示。

Step19 调整文本框大小和文字组之间的距离，效果如图 6-88 所示。

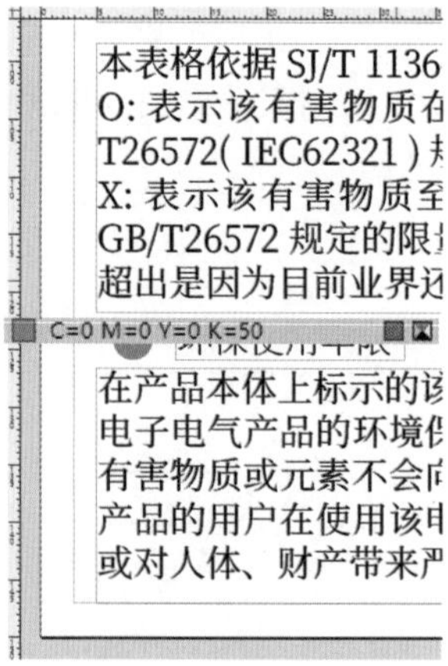

图 6-85 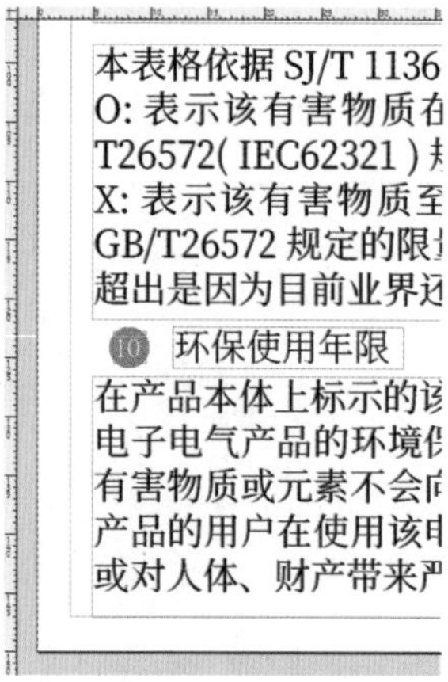　　　　图 6-86

图 6-87 　　　　图 6-88

2. 制作产品保修卡背面

Step01 选择文字工具，拖动鼠标绘制文本框并输入文字，在“字符”面板中设置文字参数，如图 6-89 和图 6-90 所示。

图 6-89

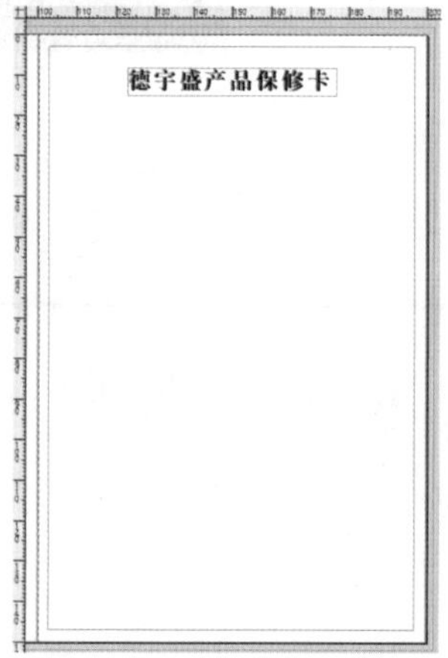

图 6-90

Step02 执行“表”|“插入表”命令，在弹出的“创建表”对话框中设置参数，如图 6-91 所示。

Step03 单击“确定”按钮，拖动鼠标绘制表，如图 6-92 所示。

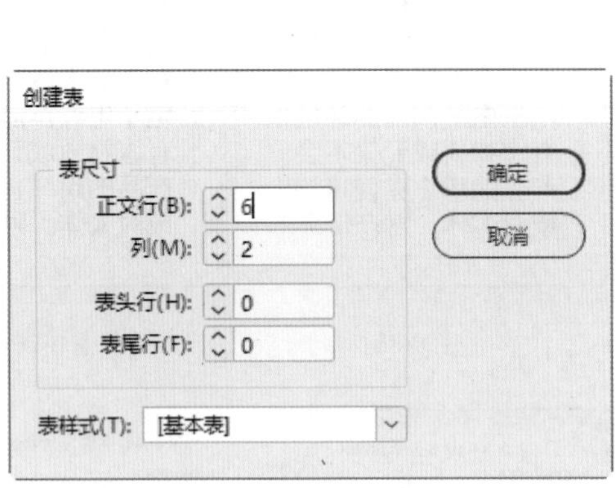

图 6-91

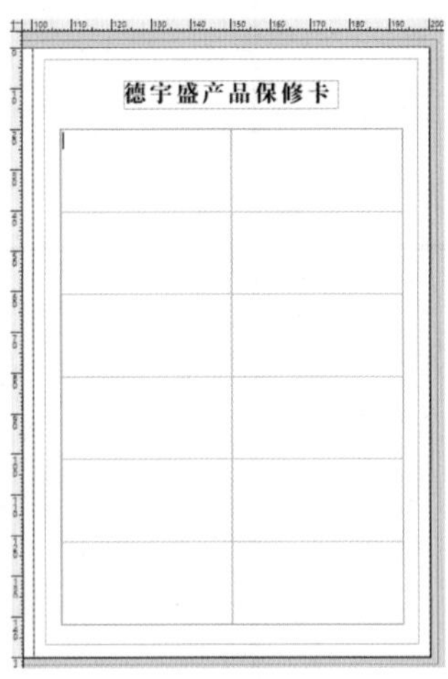

图 6-92

Step04 选中第 5 行单元格，右击，在弹出的快捷菜单中选择“合并单元格”命令，效果如图 6-93 所示。

Step05 右击，在弹出的快捷菜单中选择“单元格选项”|“行和列”命令，在弹出的“单元格选项”对话框中设置参数，如图 6-94 所示。

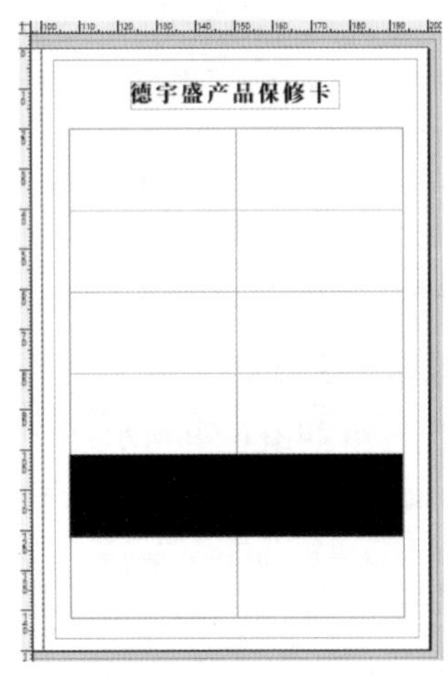

图 6-93

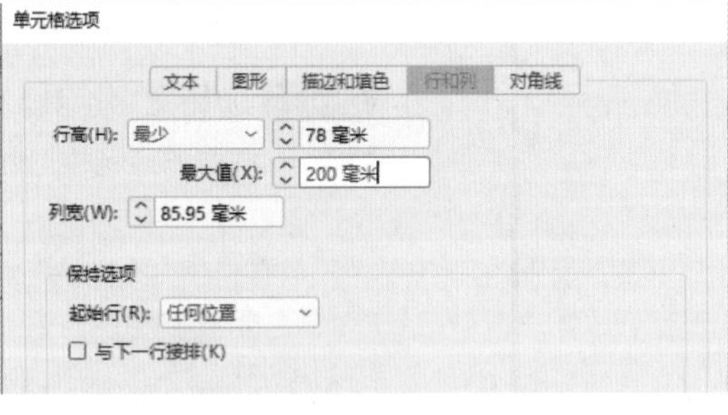

图 6-94

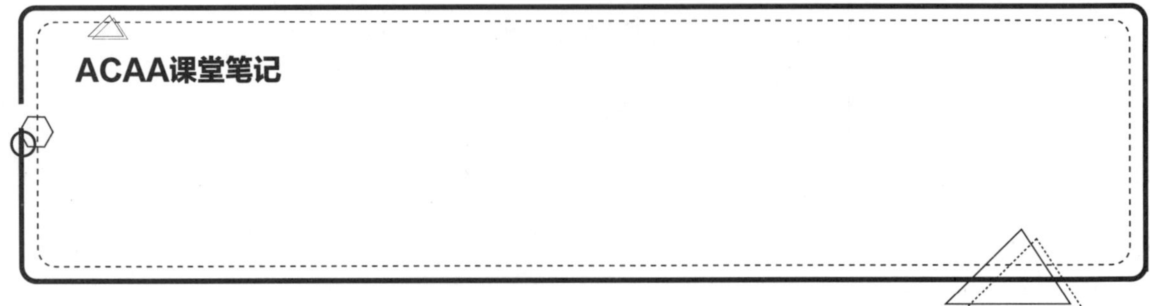

Step06 选中前 4 行单元格，右击，在弹出的快捷菜单中选择“单元格选项”|“行和列”命令，在弹出的“单元格选项”对话框中设置参数，如图 6-95 所示。效果如图 6-96 所示。

Step07 选择文字工具，拖动鼠标绘制文本框并输入文字，在“字符”面板中设置文字参数，在“控制”面板中单击“居中对齐”按钮、，如图 6-97 所示。

图 6-95

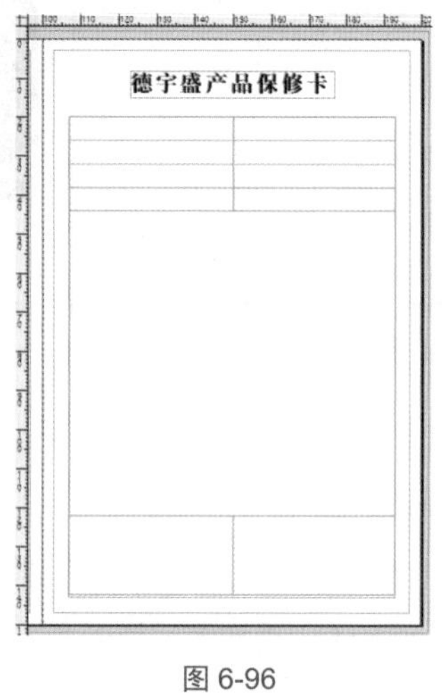

图 6-96

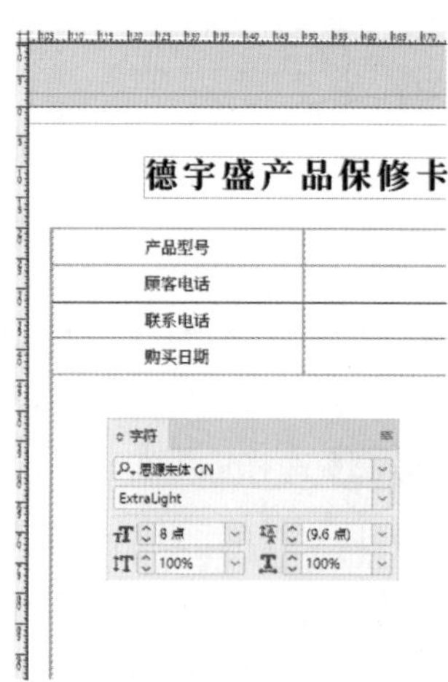

图 6-97

Step08 选择文字工具，拖动鼠标绘制文本框并输入文字，在“字符”面板中设置文字参数，如图 6-98 所示。

Step09 选择第 1 行文字，执行“窗口”|“样式”|“段落样式”命令，在弹出的“段落样式”面板中单击“菜单”按钮，在弹出的“段落样式选项”对话框中设置参数，如图 6-99 所示。

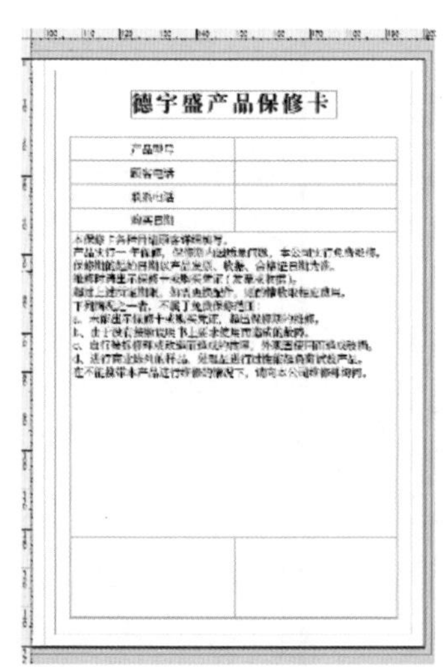

图 6-98

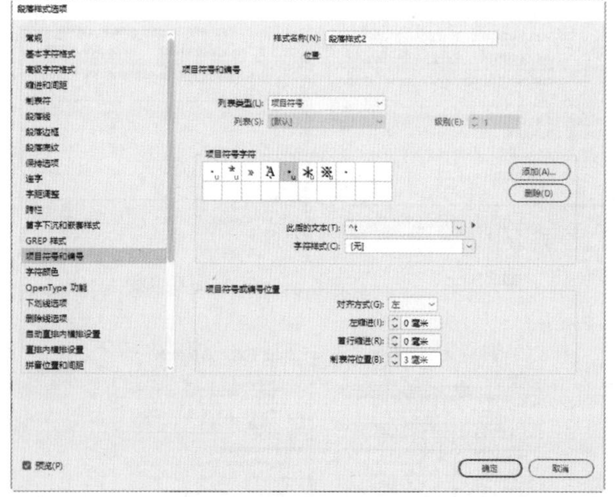

图 6-99

Step10 选中剩下的文字，单击“段落样式”面板中的“段落样式 2”，如图 6-100 所示。

Step11 选中全部文字，在“字符”面板中设置行距为 18 点，如图 6-101 所示。

Step12 按住 Ctrl+/ 组合键全选单元格，在“控制”面板中单击“居中对齐”按钮，如图 6-102 所示。

Step13 选中带字母的 4 行文字，在“控制”面板中设置左缩进为 4 毫米，如图 6-103 所示。

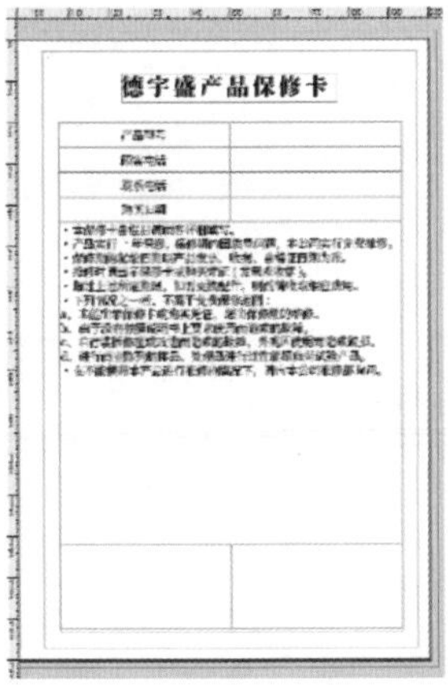

图 6-100 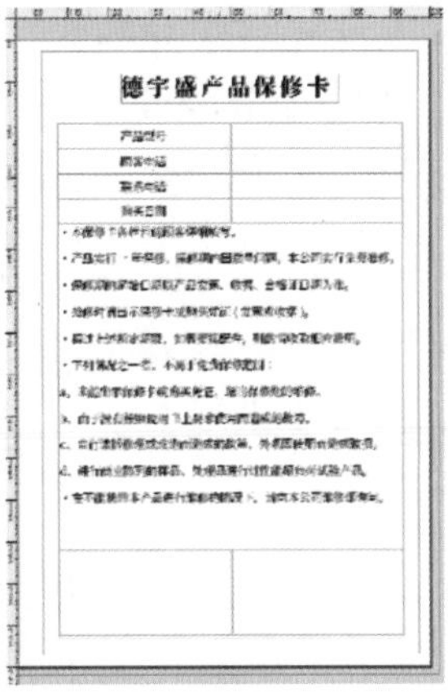　　图 6-101 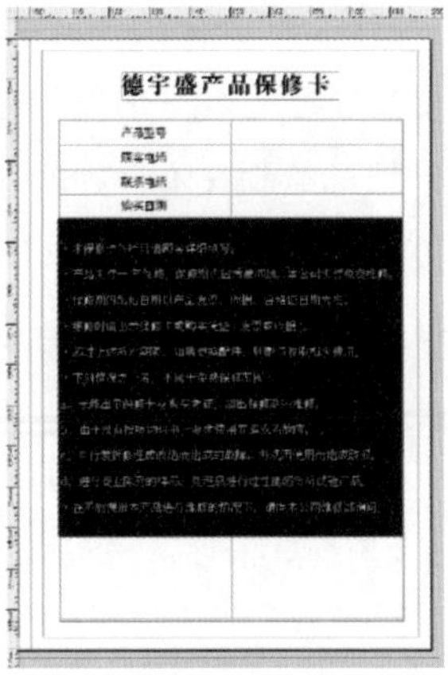　　图 6-102 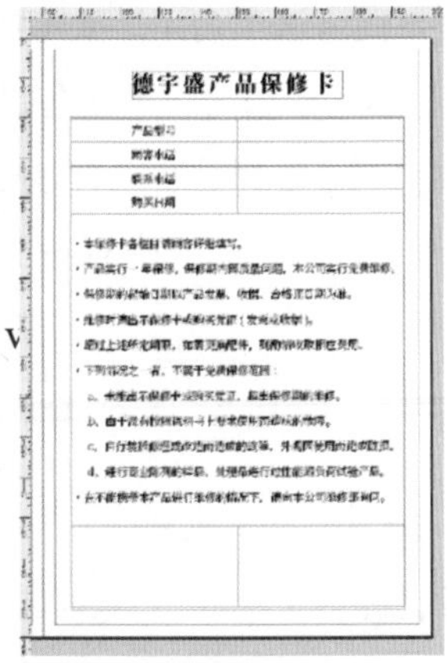　　图 6-103

Step14 选择直排文字工具，拖动鼠标绘制文本框并输入文字，移至最后一行单元格内，如图 6-104 所示。

Step15 按住 Shift+Alt 组合键水平移动文本框，选择直排文字工具更改文字并调整文本框大小，如图 6-105 所示。最终效果如图 6-106 所示。

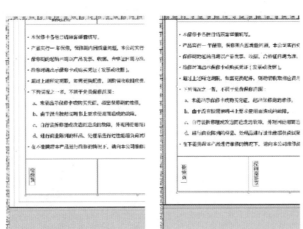

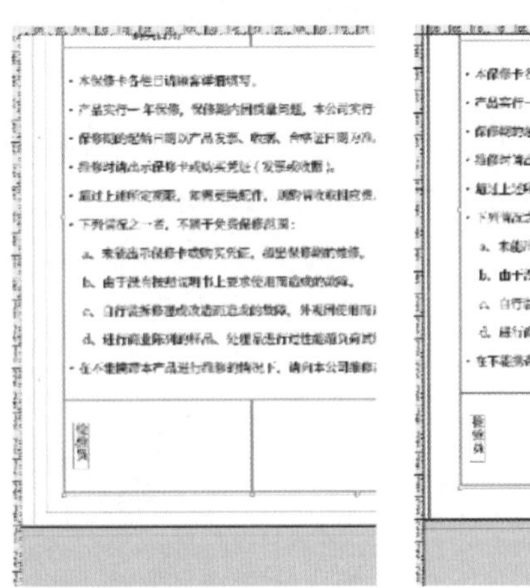

图 6-104 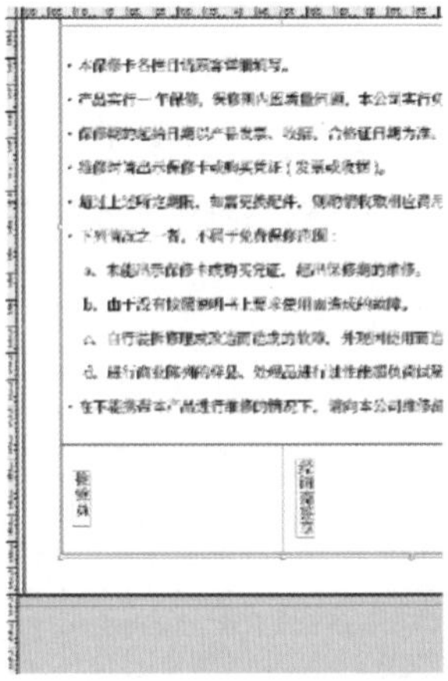　　图 6-105

图 6-106

至此，完成产品保修卡的制作。

6.6 课后作业

一、选择题

1. 下列说法不正确的是（　　）。
   A. InDesign 可以将图片置入表格中
   B. InDesign 可以将文本转换为表格
   C. InDesign 可以将表格转换为文本
   D. InDesign 不可以将表格进行隔行填充
2. 在创建表格前，应（　　）创建。
   A. 直接用表格工具
   B. 用文字工具创建文本框
   C. 用路径文字工具
   D. 用水平网格工具
3. 对于文本转换为表格描述正确的是（　　）。
   A. 文本不可以转换为表格
   B. 文本可以按 Tab 键为分隔符来转换为表格
   C. 文本可以按逗号为分隔符来转换为表格
   D. 文本可以按段落为分隔符来转换为表格
4. 对于在 InDesign 中生成表格，下列（　　）方法可行。
   A. 导入 Excel 表格的文件
   B. 导入 Word 表格的文件
   C. 导入文本后，由文本再转换为表格
   D. 只有 InDesign 中的文本才可以转换为表格，导入的文本无效

二、填空题

1. 表格是由很多个类似于文本框架的______组合而成的。
2. 在将文本转换为表格时，需要使用指定的______。
3. 当表格中的行或列，变得过大或者过小时，可通过______、______、______以及______进行调整。
4. 在将文本转换为表格时，需要使用指定的分隔符，如按______、______、______等，并且分成制表符和段落分隔符。

三、上机题

1. 制作产品说明书，如图 6-107 所示。

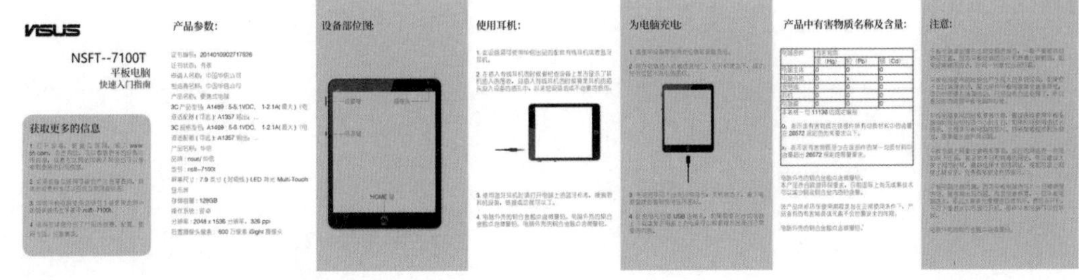

图 6-107

思路提示：

◎ 绘制 7 栏文档。

◎ 绘制大小相同的文本框并输入文字。

◎ 创建表格输入文字。

2. 制作个人简历，如图 6-108 所示。

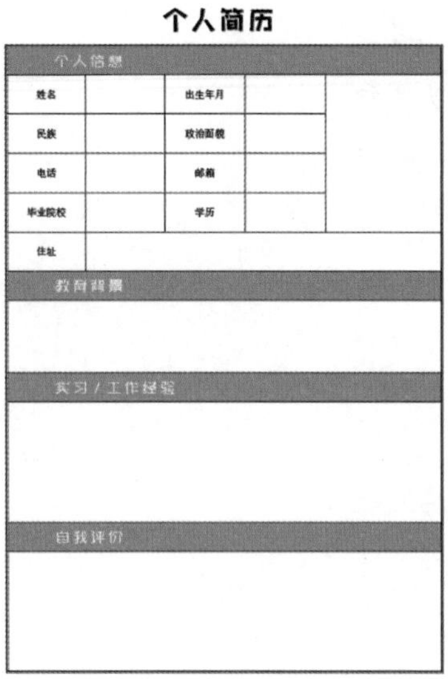

个人简历

个人信息				
姓名		出生年月		
民族		政治面貌		
电话		邮箱		
毕业院校		学历		
住址				
教育背景				
实习 / 工作经验				
自我评价				

图 6-108

思路提示：

◎ 拖动文本框输入文字。

◎ 执行“表”|“将文本转换为表”命令，设置参数。

◎ 设置表格样式。

第 7 章 样式与库的应用

内容导读

InDesign CC 提供了多种样式功能，其中包括字符样式、段落样式、对象样式等。当需要对多个字符应用相同的属性时，可以创建字符样式；当需要对段落应用相同的属性时，可以创建段落样式；当需要对多个对象应用相同的属性时，可以创建对象样式。本章将对样式和库的相关知识进行详细介绍。

学习目标

- 掌握字符样式的应用
- 掌握段落样式的应用
- 掌握对象样式的应用
- 掌握对象库的应用

7.1 字符样式

字符样式即指具有字符属性的样式。在编排文档时，可以将创建的字符样式应用到指定的文字上，这样文字将采用样式中的格式属性。

7.1.1 创建字符样式

执行“窗口”|“样式”|“字符样式”命令，弹出“字符样式”面板，如图 7-1 所示。单击面板右上角的“菜单”按钮，在弹出的下拉菜单中选择“新建字符样式”命令，弹出“新建字符样式”对话框，如图 7-2 所示。

图 7-1

图 7-2

“新建字符样式”对话框中主要选项的功能介绍如下。

◎ 样式名称：在文本框中输入样式名称。

◎ 基于：在其下拉列表框中选择当前样式所基于的样式。

◎ 快捷键：添加键盘快捷键，将光标定位在“快捷键”文本框中，打开 NumLock 键，按 Shift、Alt 和 Ctrl 键的任意组合键来定义样式快捷键。

◎ 将样式应用于选区：选中此复选框，将样式应用于选定的文本。

切换到“基本字符格式”选项界面，此时在右侧可以设置此样式中具有的基本字符格式，如图 7-3 所示。用同样的方法，还可以在此对话框中分别设置字符的其他属性，如高级字符格式、字符颜色、着重号设置、着重号颜色等，设置完成后单击“确定”按钮，在“字符样式”面板中可看到新建的字符样式，如图 7-4 所示。

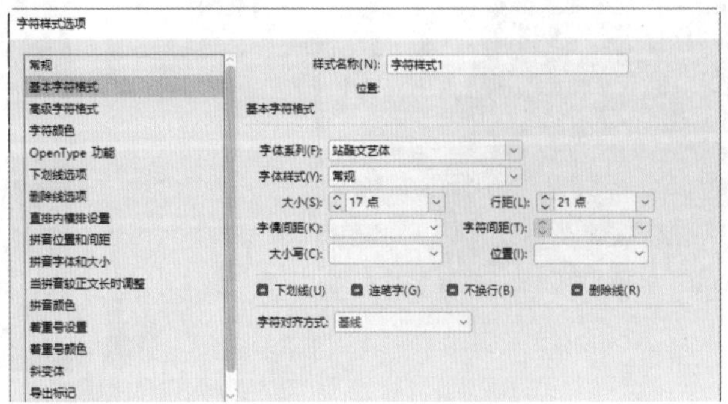

图 7-3

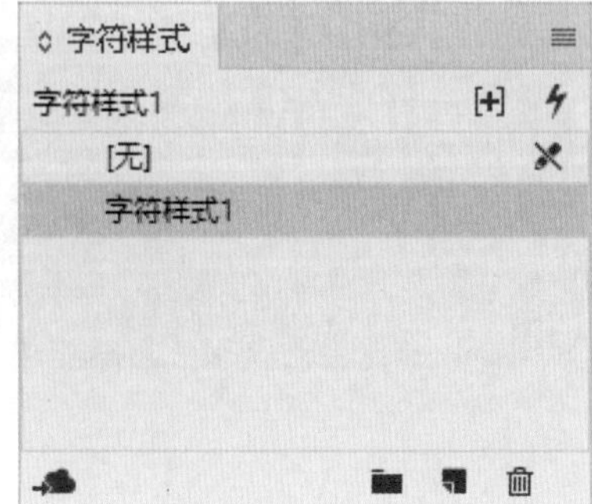

图 7-4

7.1.2 应用字符样式

选择需要应用样式的字符，在“字符样式”面板中单击新建的“字符样式 1”，如图 7-5 和图 7-6 所示。用同样的方法，可以为文档中其余字符快捷应用字符样式，而不用逐一设置字符样式。

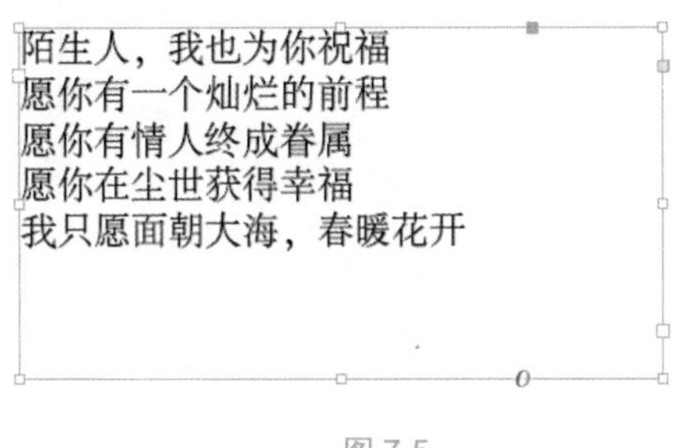

图 7-5

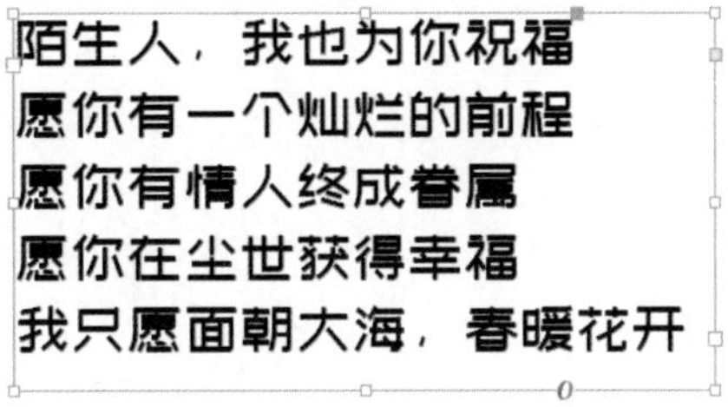

图 7-6

7.1.3 编辑字符样式

当需要更改样式中的某个属性时，在面板中双击该样式，或者单击面板右上角的“菜单”按钮，在弹出的下拉菜单中选择“样式选项”命令，在弹出的“新建字符样式”对话框中更改设置，如图 7-7 和图 7-8 所示为更改“字符颜色”参数。

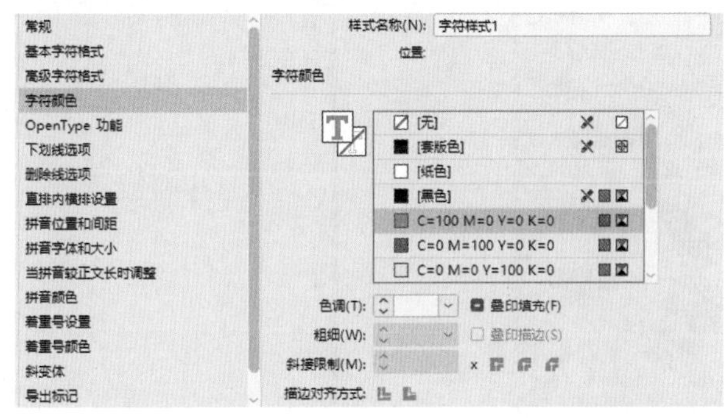

图 7-7

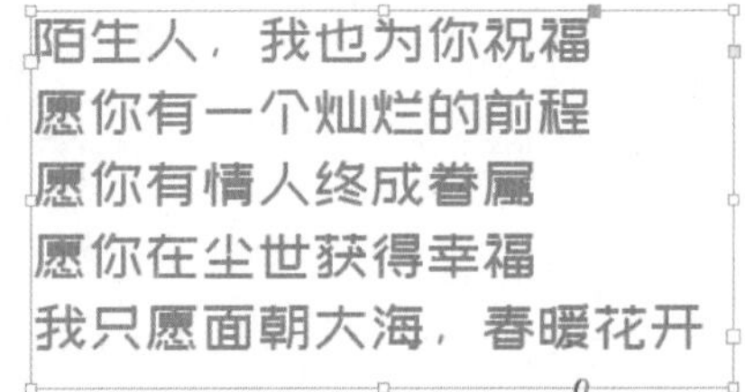

图 7-8

7.1.4 复制与删除字符样式

在“字符样式”面板中，单击面板右上角的“菜单”按钮，在弹出的下拉菜单中选择“直接复制样式”命令，在弹出的“直接复制字符样式”对话框中设置参数，单击“确定”按钮，或者选择样式向下拖至“创建新样式”按钮上，复制的样式为“字符样式 1 副本”，如图 7-9 和图 7-10 所示。

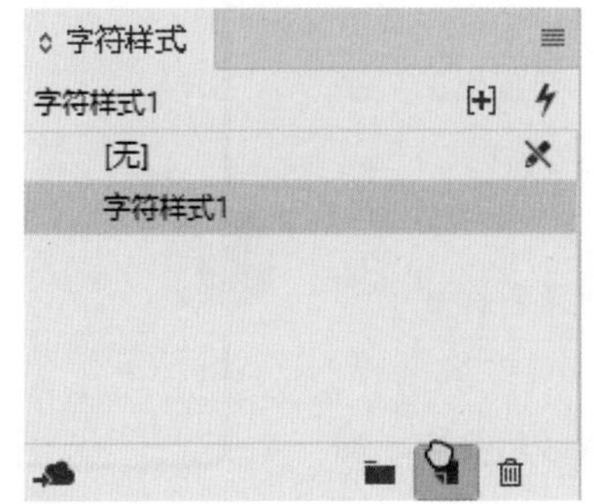

图 7-9

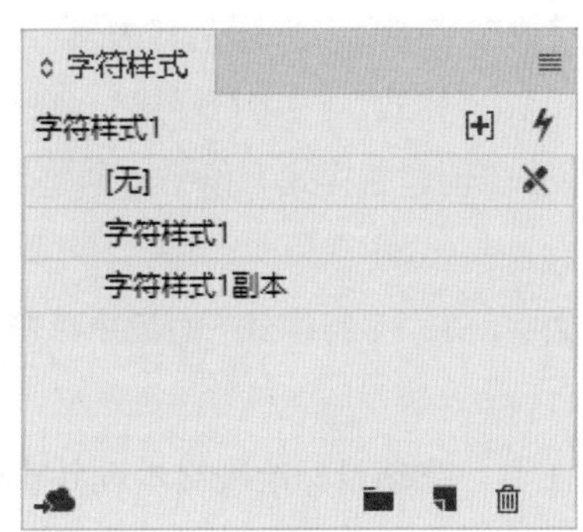

图 7-10

对于不用的字符样式，可选中样式后单击面板底部的“删除选定样式 / 组”按钮🗑进行删除，弹出“删除字符样式”对话框，在该对话框中可以选择替换的样式，如图 7-11 和图 7-12 所示。

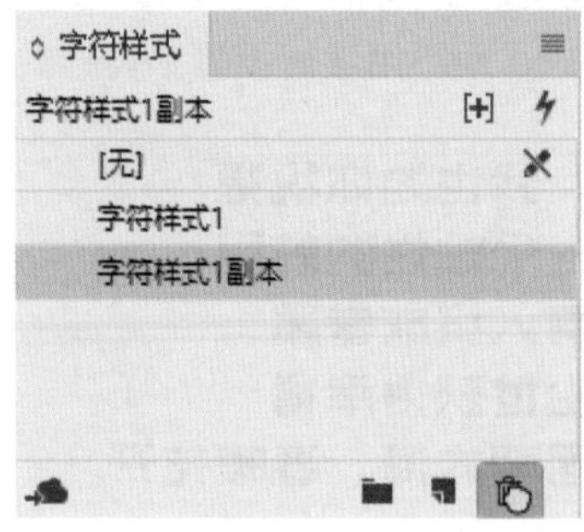

图 7-11

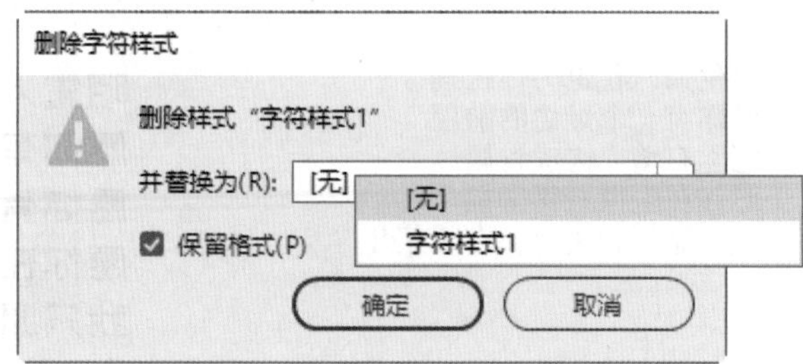

图 7-12

实例：制作文字海报

下面将利用所学字符样式的知识制作文字海报。

Step01 选择矩形工具绘制矩形并填充颜色，如图 7-13 所示。

Step02 选择矩形框架工具绘制框架并置入素材图像，如图 7-14 所示。

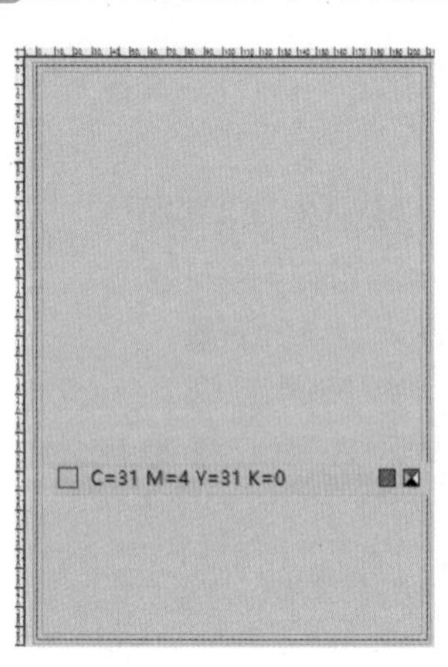

图 7-13

图 7-14

Step03 选择文字工具，拖动鼠标绘制文本框并输入文字，在“控制”面板中设置参数，如图 7-15 所示。

Step04 按住 Alt 键移动复制并更改文字，如图 7-16 所示。

Step05 选中文字更改文字颜色，如图 7-17 所示。

Step06 执行“窗口”|“样式”|“字符样式”命令，在弹出的“字符样式”面板中单击“创建新样式”按钮，创建“字符样式 1”，如图 7-18 所示。

Step07 框选其他文字，在“字符样式”面板中单击“字符样式 1”，如图 7-19 所示。

Step08 选择文字工具，拖动鼠标绘制文本框并输入 3 组文字，如图 7-20 所示。

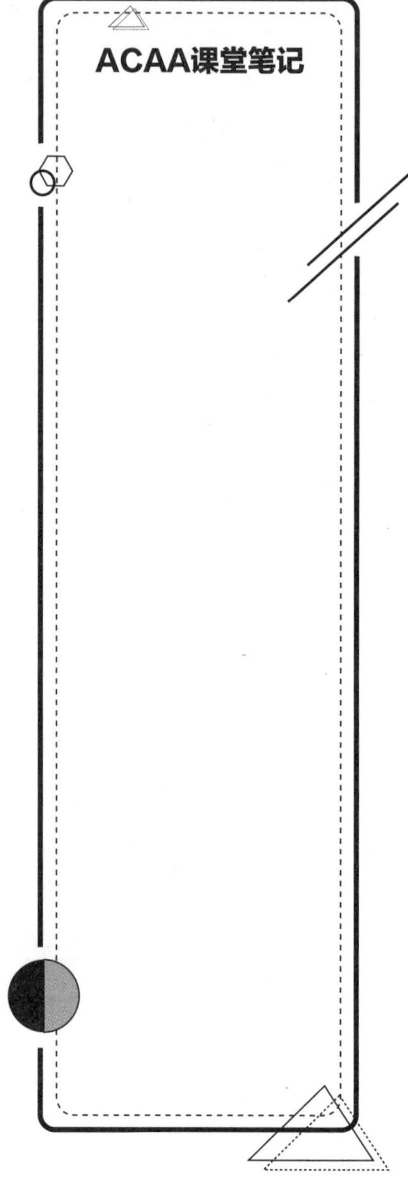

ACAA课堂笔记

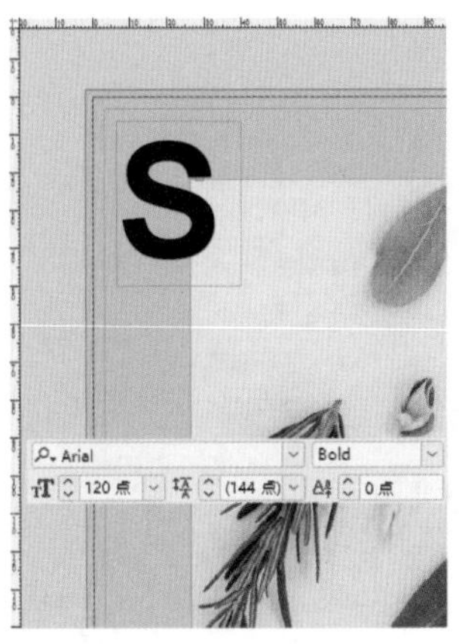

图 7-15

图 7-16

图 7-17

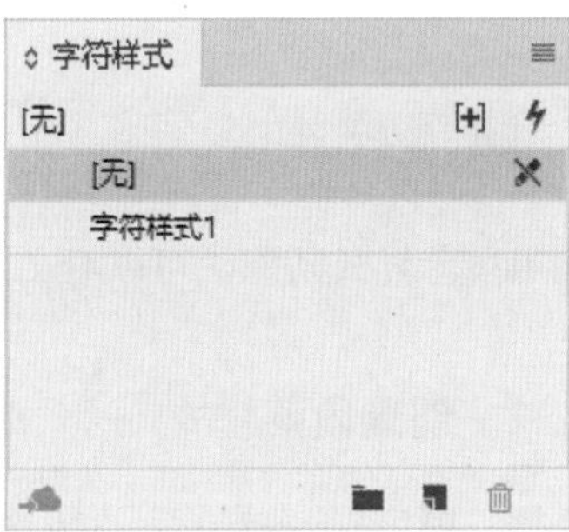

图 7-18

图 7-19

图 7-20

Step09 框选第一组文字，在“字符”面板中设置参数，如图 7-21 所示。

Step10 在“控制”面板中更改文字颜色，在“字符样式”面板中单击“创建新样式”按钮，创建“字符样式 2”。框选文本框并单击“字符样式 2”，如图 7-22 和图 7-23 所示。

图 7-21

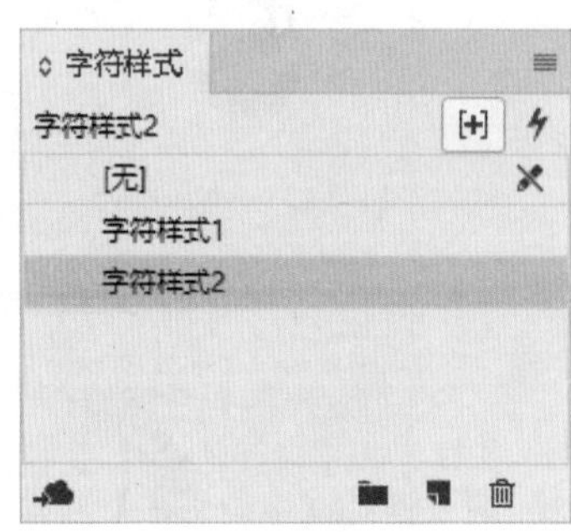

图 7-22

图 7-23

至此，完成文字海报的制作。

7.2 段落样式

利用段落样式功能，可以对文本及其格式进行全局性修改，从而增强整体设计的一致性。

7.2.1 创建段落样式

执行“窗口”|“样式”|“段落样式”命令，弹出“段落样式”面板，如图 7-24 所示。单击“段落样式”面板右上角的“菜单”按钮，在弹出的下拉菜单中选择“新建段落样式”命令，弹出“新建段落样式”对话框，如图 7-25 所示。

新建段落样式的操作方法与字符样式的新建方法相同，在“新建段落样式”对话框中设置参数，单击“确定”按钮即可。

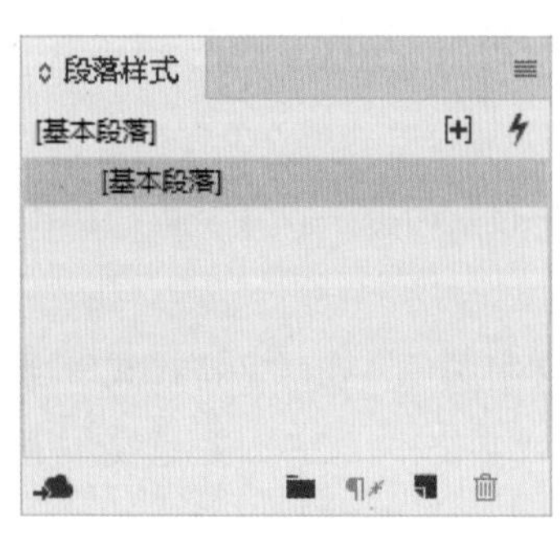

图 7-24

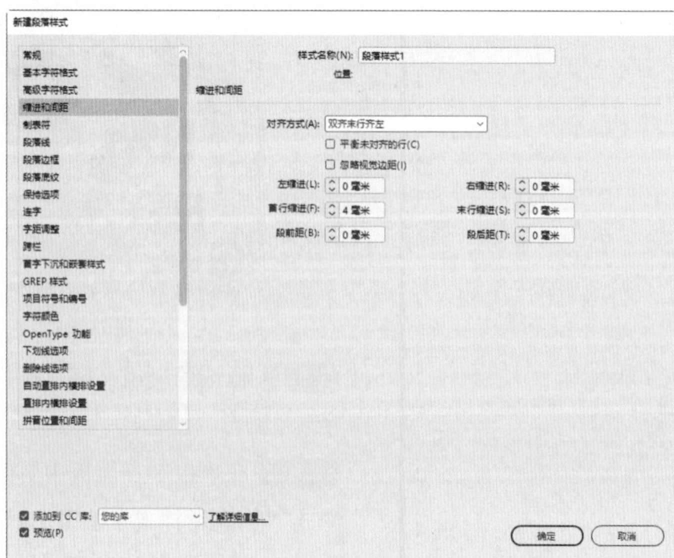

图 7-25

7.2.2　应用段落样式

选择需要应用样式的段落，在“段落样式”面板中单击新建的样式“段落样式 1”，如图 7-26 和图 7-27 所示。用同样的方法，可以为文档中其余段落快捷应用段落样式，而不用逐一设置段落样式。

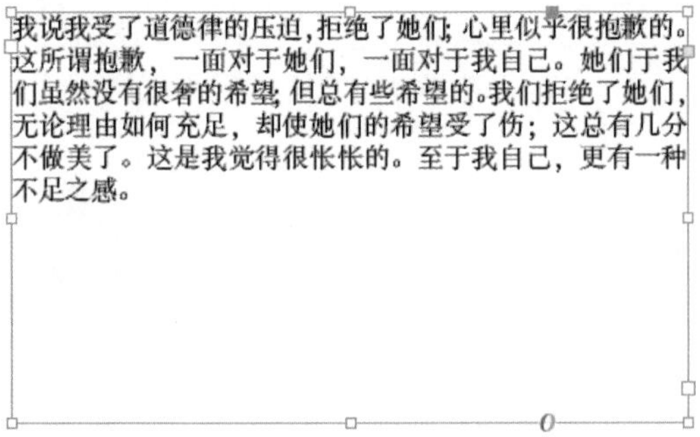

我说我受了道德律的压迫，拒绝了她们；心里似乎很抱歉的。这所谓抱歉，一面对于她们，一面对于我自己。她们于我们虽然没有很奢的希望；但总有些希望的。我们拒绝了她们，无论理由如何充足，却使她们的希望受了伤；这总有几分不做美了。这是我觉得很怅怅的。至于我自己，更有一种不足之感。

图 7-26

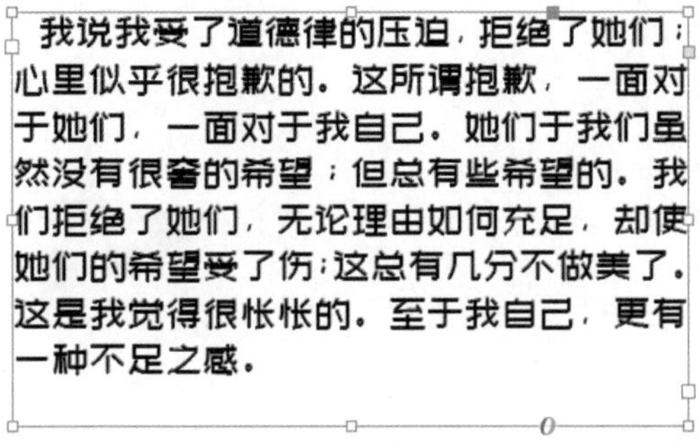

我说我受了道德律的压迫，拒绝了她们；心里似乎很抱歉的。这所谓抱歉，一面对于她们，一面对于我自己。她们于我们虽然没有很奢的希望；但总有些希望的。我们拒绝了她们，无论理由如何充足，却使她们的希望受了伤；这总有几分不做美了。这是我觉得很怅怅的。至于我自己，更有一种不足之感。

图 7-27

7.2.3　编辑段落样式

编辑段落样式和编辑字符样式的方法类似，在“段落样式”面板中双击需要更改的段落样式，或右击要更改的段落样式，在弹出的快捷菜单中选择“编辑‘段落样式 1’”命令，即可在弹出的“新建段落样式”对话框中重新编辑。如图 7-28 和图 7-29 所示为更改“段落底纹”参数及其效果图。

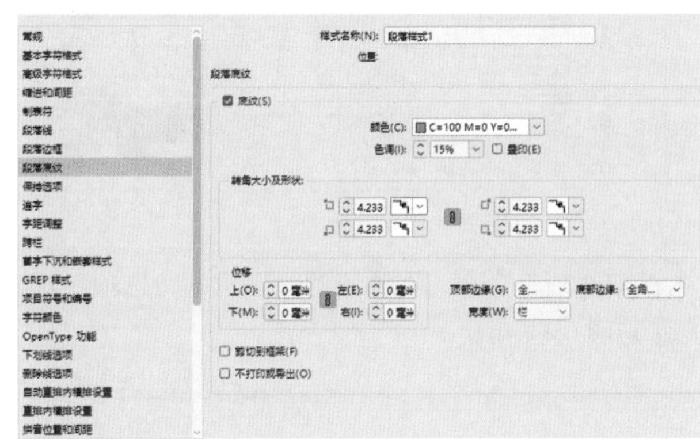

图 7-28

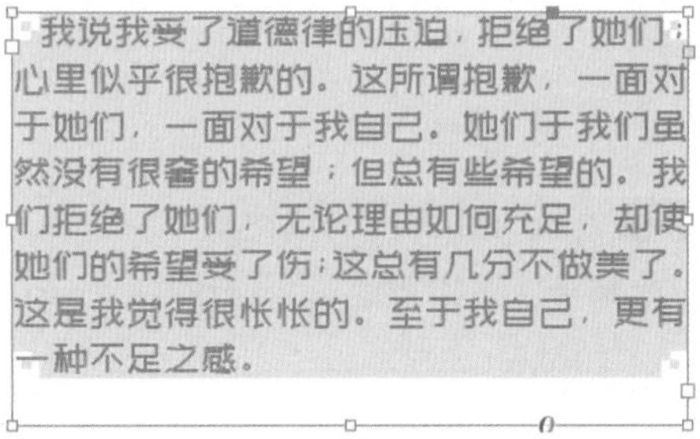

我说我受了道德律的压迫，拒绝了她们；心里似乎很抱歉的。这所谓抱歉，一面对于她们，一面对于我自己。她们于我们虽然没有很奢的希望；但总有些希望的。我们拒绝了她们，无论理由如何充足，却使她们的希望受了伤；这总有几分不做美了。这是我觉得很怅怅的。至于我自己，更有一种不足之感。

图 7-29

知识点拨

使用样式来格式化数百篇文本后才发现并不喜欢该样式的文本，想重新设置只需修改样式就行。

实例：字符与段落样式在排版中的应用

下面将利用所学字符与段落样式知识在排版中进行应用。

Step01 选择矩形框架工具绘制框架并置入素材图像，如图 7-30 所示。

Step02 选择文字工具，拖动鼠标绘制文本框并输入文字，在“控制”面板中设置参数，如图 7-31 所示。

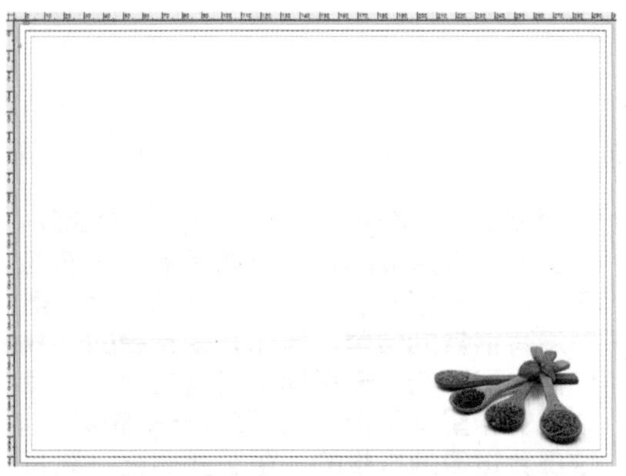

图 7-30

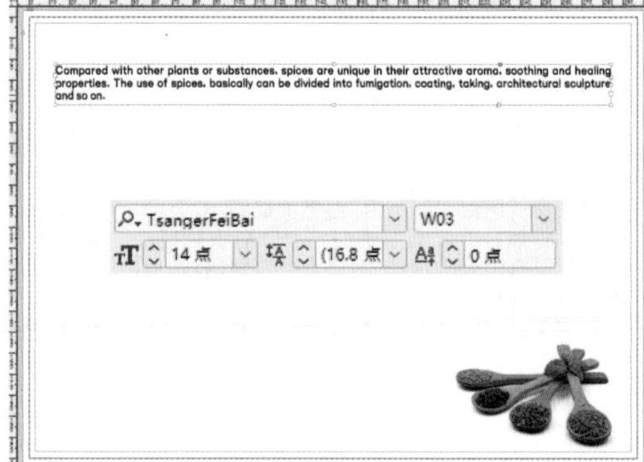

图 7-31

Step03 选择文字工具，拖动鼠标绘制文本框并输入文字，在“控制”面板中设置参数，如图 7-32 所示。

Step04 选择文字工具，拖动鼠标绘制文本框并输入文字，如图 7-33 所示。

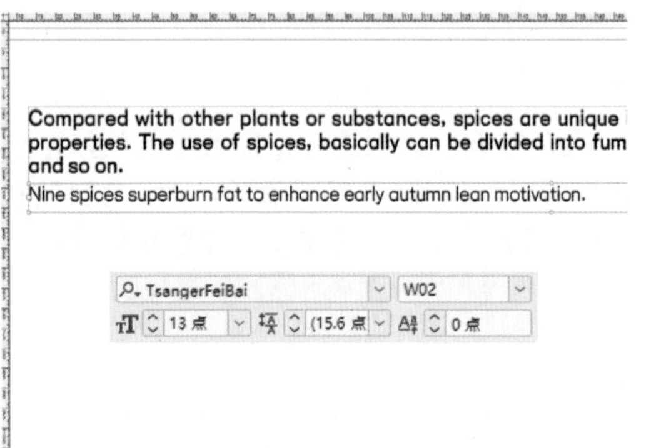

图 7-32

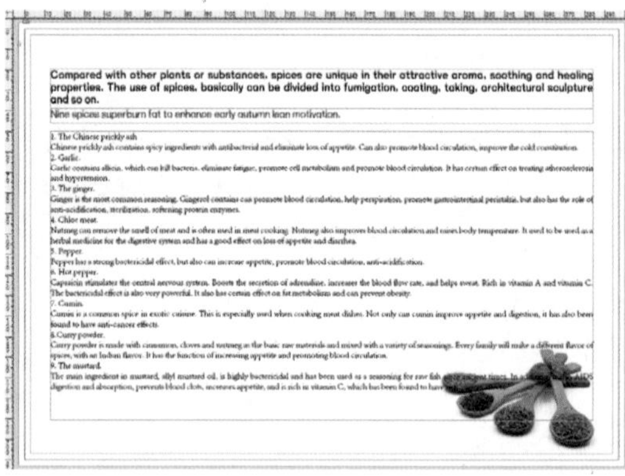

图 7-33

Step05 右击，在弹出的快捷菜单中选择“文本框架选项”命令，在弹出的“文本框架选项”对话框中设置参数，单击“确定”按钮即可，如图 7-34 和图 7-35 所示。

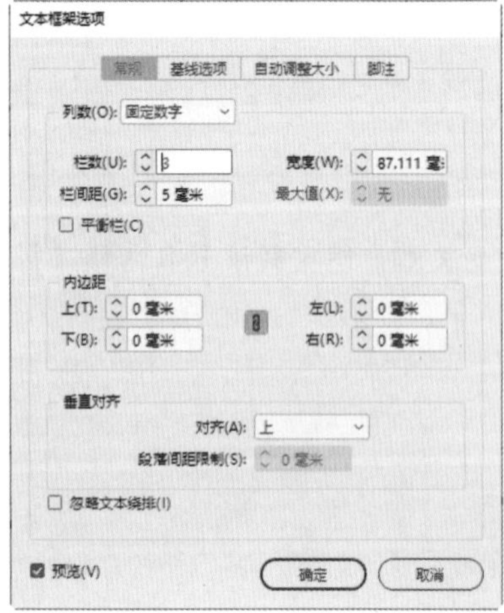

图 7-34

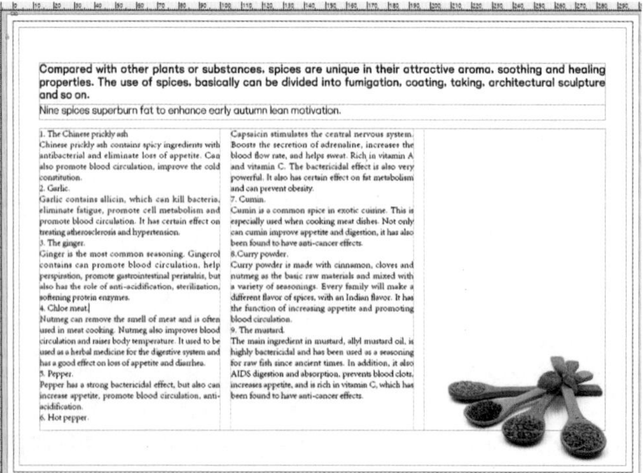

图 7-35

Step06 选择文本框中的小标题，在“字符”面板中设置参数，如图 7-36 所示。

Step07 更改文字颜色，如图 7-37 所示。

图 7-36

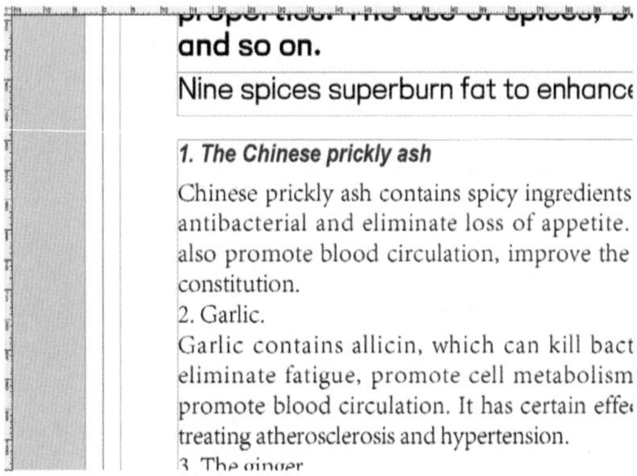

and so on.
Nine spices superburn fat to enhanc
1. The Chinese prickly ash
Chinese prickly ash contains spicy ingredients
antibacterial and eliminate loss of appetite.
also promote blood circulation, improve the
constitution.
2. Garlic.
Garlic contains allicin, which can kill bact
eliminate fatigue, promote cell metabolism
promote blood circulation. It has certain effe
treating atherosclerosis and hypertension.

图 7-37

Step08 选择文字，在“字符样式”面板中单击“创建新样式”按钮，双击重命名为“标题”，如图 7-38 所示。

Step09 分别选中小标题，单击“字符样式”面板中的“标题”样式，效果如图 7-39 所示。

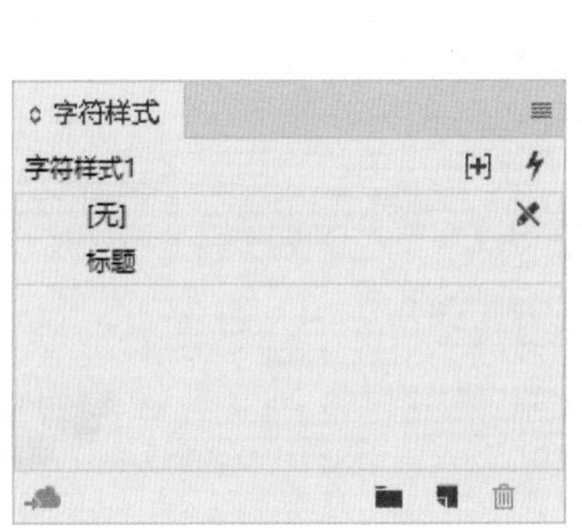

图 7-38

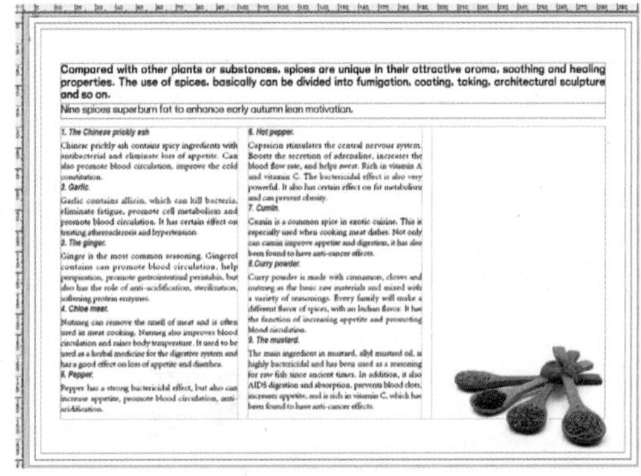

图 7-39

Step10 将光标插入点放置到每段最后，按 Enter 键调整距离，如图 7-40 所示。

Step11 选择第一段文字，在“字符”面板中设置参数，如图 7-41 所示。

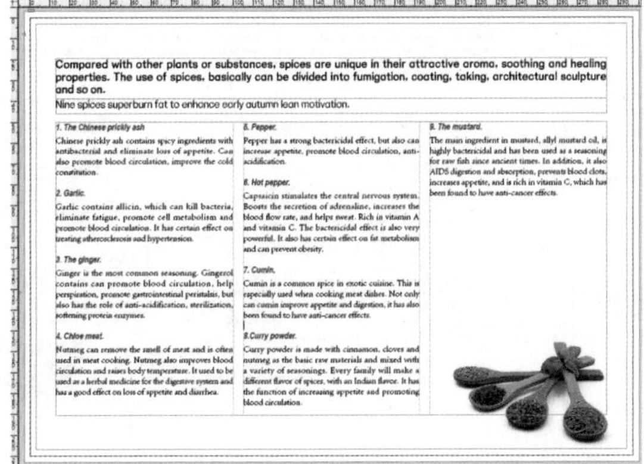

图 7-40

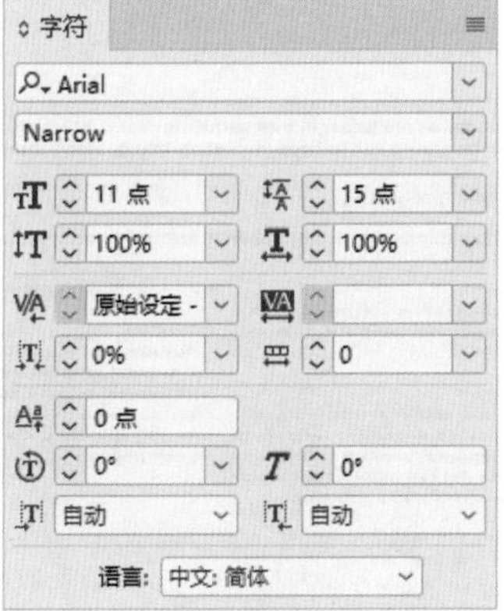

图 7-41

Step12 在“控制”面板中设置参数，如图 7-42 所示。

Step13 选择文字，在“段落样式”面板中单击“创建新样式”按钮，双击重命名为“正文”，如图 7-43 所示。

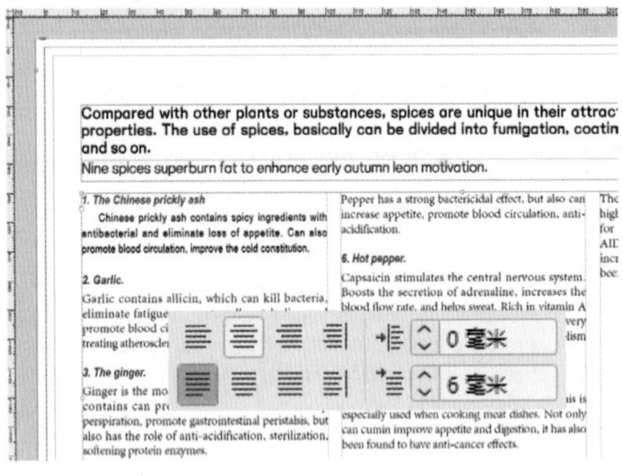

图 7-42

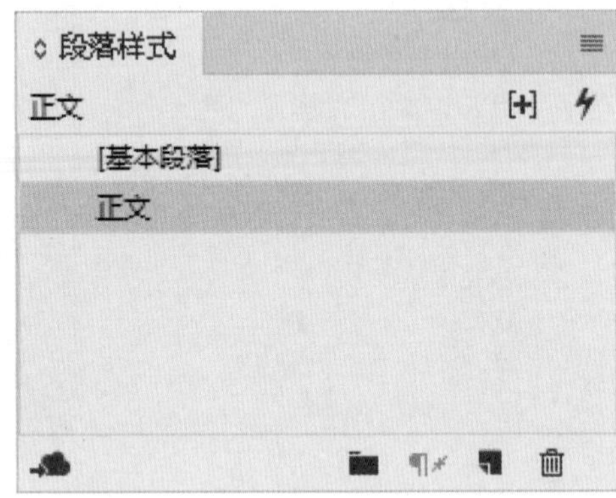

图 7-43

Step14 分别选中标题后的正文，单击“段落样式”面板中的“正文”样式，如图 7-44 所示。

Step15 调整框架大小与位置，如图 7-45 所示。

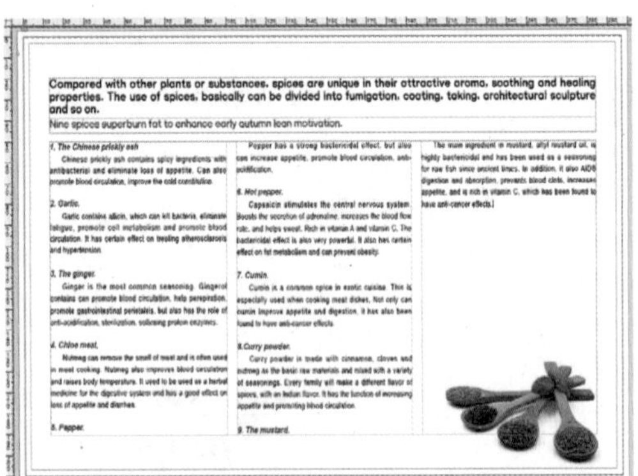

图 7-44

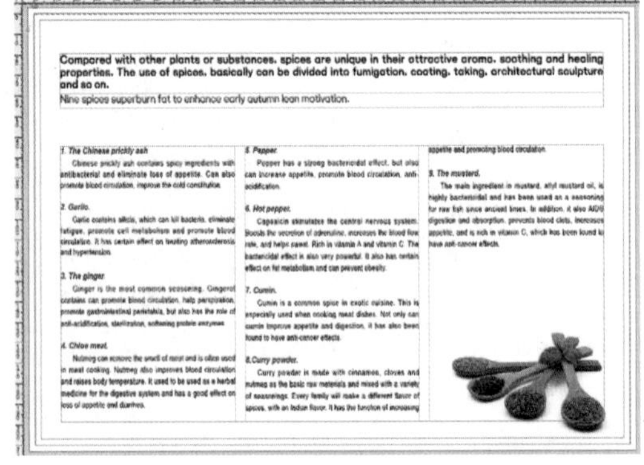

图 7-45

Step16 选择直线工具，按住 Shift 键绘制直线，在“控制”面板中设置参数，如图 7-46 所示。最终效果如图 7-47 所示。

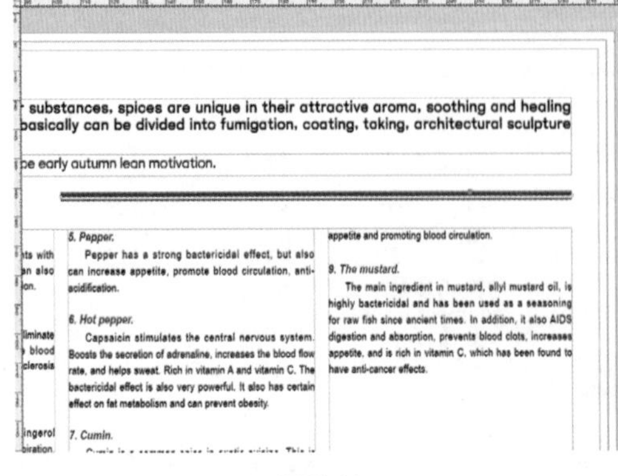

图 7-46

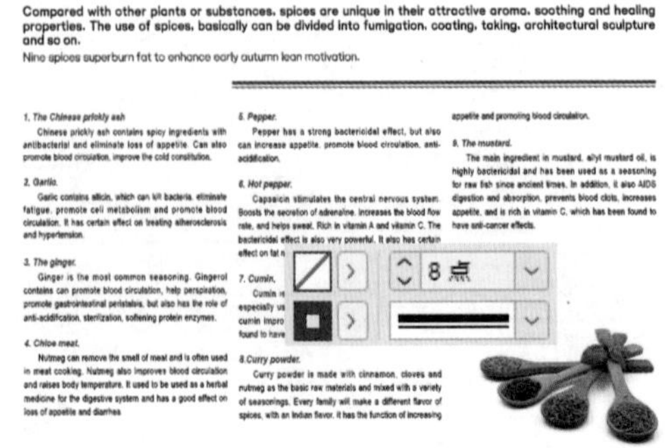

图 7-47

至此，完成字符与段落样式在排版中的应用。

7.3 表样式

利用表样式能够快速地调整表的视觉属性，如表边框、表前间距和表后间距、行描边和列描边以及交替填色模式。

ACAA课堂笔记

7.3.1 创建表样式

执行“窗口”|“样式”|“表样式”命令，弹出“表样式”面板，单击面板上的“菜单”按钮☰，在弹出的下拉菜单中选择“新建表样式”命令，弹出“新建表样式”对话框，切换到“表设置”选项界面，在“表外框”选项组中可以设置文本框中表外框的相关参数，如图7-48所示。

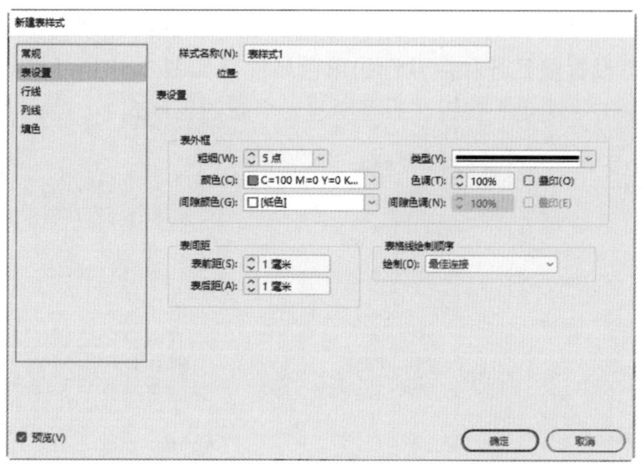

图 7-48

在“新建表样式”对话框中选择“行线”选项，在右侧的“交替模式”下拉列表框中可选择行线的交替模式；在“交替”选项组中可设置行线的粗细、类型、颜色、色调等，如图7-49所示。

图 7-49

在“新建表样式”对话框中选择“列线”选项，在右侧的“交替模式”下拉列表框中可选择列线的交替模式；在“交替”选项组中可设置“前1列”和“后1列”的属性，如图7-50所示。

常规
表设置
行线
列线
填色
样式名称(N): 表样式1
位置:
列线
交替模式(A): 每隔一列
交替
前(S): 1 列
后(X): 1 列
粗细(W): 1 点
粗细(H): 1 点
类型(Y):
类型(P):
颜色(C): C=100 M=0 Y=0...
颜色(L): C=100 M=0 Y=0...
色调(T): 100% 叠印(O)
色调: 100% 叠印(E)
间隙颜色(G): [纸色]
间隙颜色(R): [纸色]
间隙色调: 100% 叠印(I)
间隙色调: 100% 叠印(N)
跳过最前(F): 0 列
跳过最后(K): 0 列

图 7-50

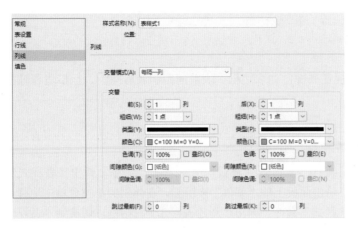

在“新建表样式”对话框中选择“填色”选项，在右侧的“交替模式”下拉列表框中可选择行线的交替模式；在“交替”选项组中可设置前几行和后几行的填色属性，如图 7-51 所示。设置完成后单击“确定”按钮，即可创建一个新的表样式。

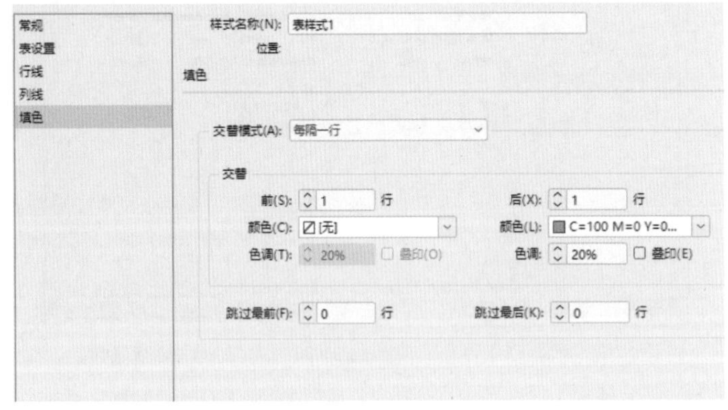

图 7-51

7.3.2 应用表样式

选择需要应用样式的段落，在“表样式”面板中单击新建的“表样式 1”（7.3.1 所生成表样式），应用效果如图 7-52 和图 7-53 所示。

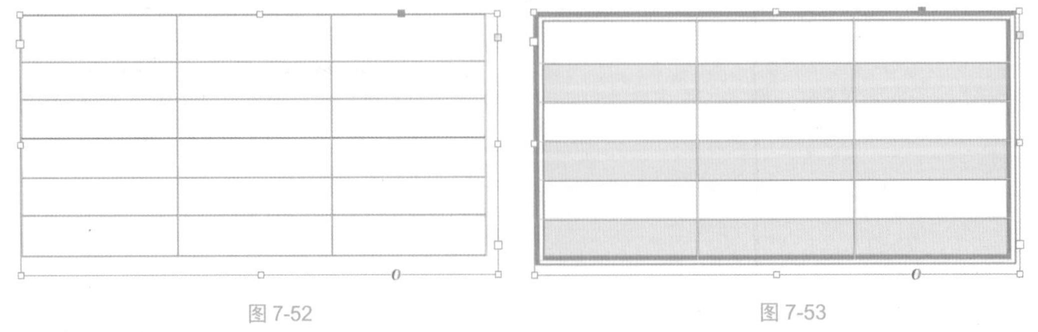

图 7-52　　图 7-53

7.3.3 编辑表样式

双击“表样式”面板中要编辑的样式或在要编辑的样式上右击，在弹出的快捷菜单中选择“编辑‘表样式 1’”命令，即可在弹出的“新建表样式”对话框中重新编辑。如图 7-54 和图 7-55 所示为更改“表设置”参数及其效果图。

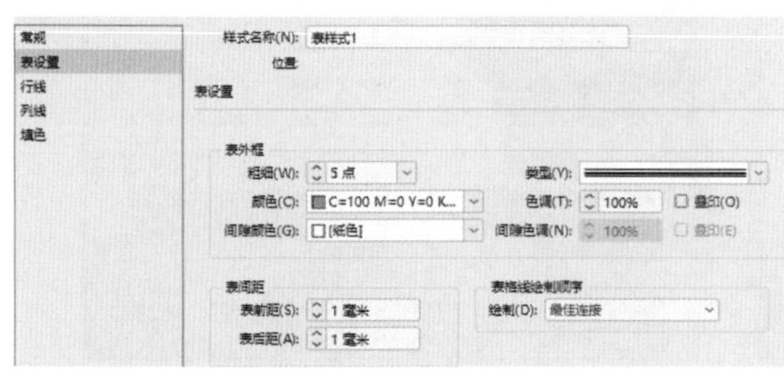

图 7-54

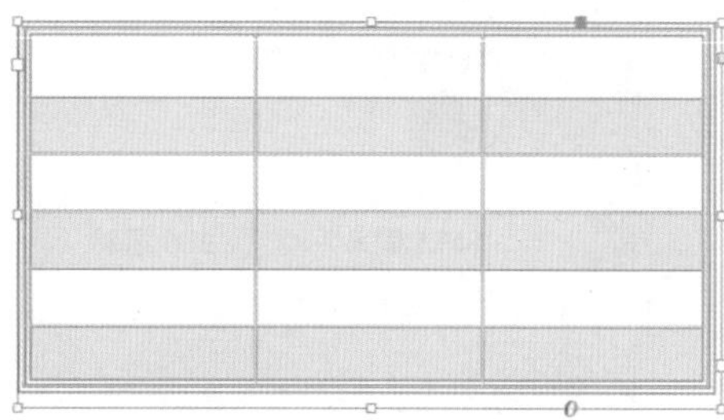

图 7-55

实例：利用表样式制作表格

下面将利用所学表选项的知识设置图文表格样式。

Step01 选择矩形框架工具绘制框架并置入素材图像，如图 7-56 所示。

Step02 在“控制”面板中设置不透明度为 50%，如图 7-57 所示。

图 7-56

图 7-57

Step03 选择文字工具，拖动鼠标绘制文本框并输入文字，如图 7-58 所示。

Step04 执行“表”|“将文本转换为表”命令，在弹出的“将文本转换为表”对话框中设置参数，如图 7-59 所示。

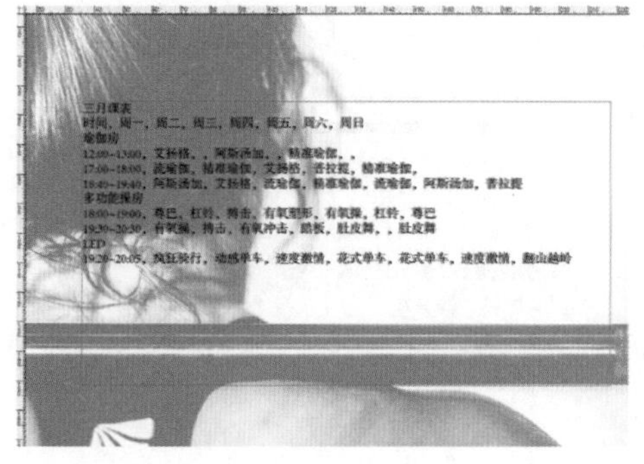

图 7-58

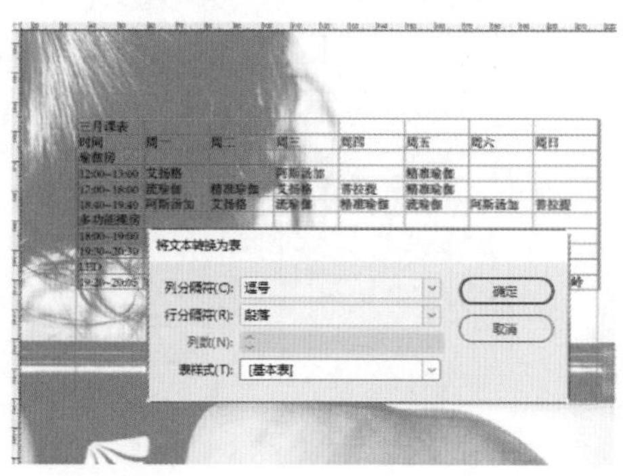

图 7-59

Step05 调整文本框大小，如图 7-60 所示。

Step06 选择文字工具将其放至表格右下角，当光标变为↘形状时进行拖动，如图 7-61 所示。

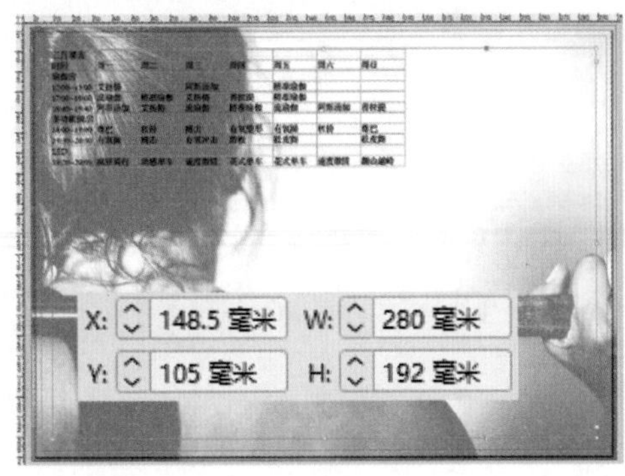

图 7-60

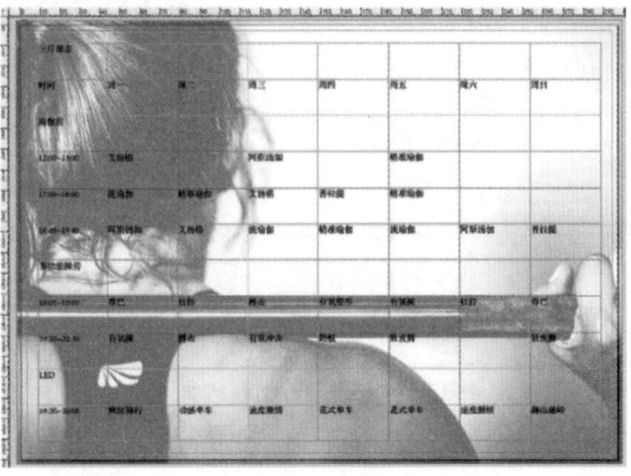

图 7-61

Step07 分别选择第 1 行、第 3 行、第 7 行、第 10 行，右击，在弹出的快捷菜单中选择“合并单元格”命令，如图 7-62 所示。

Step08 使用文字工具选中表格内容，在“控制”面板中设置参数，如图 7-63 所示。

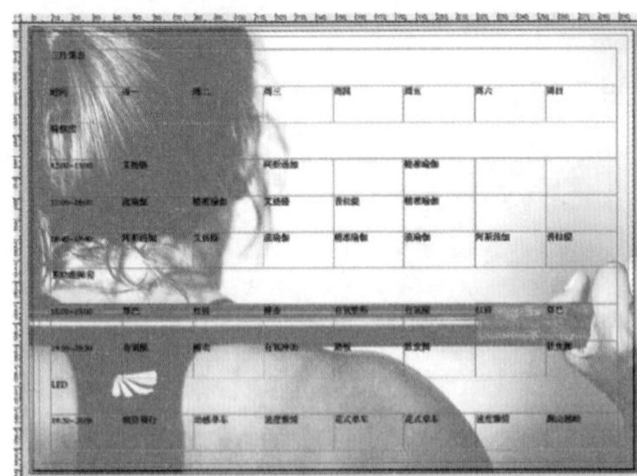

图 7-62

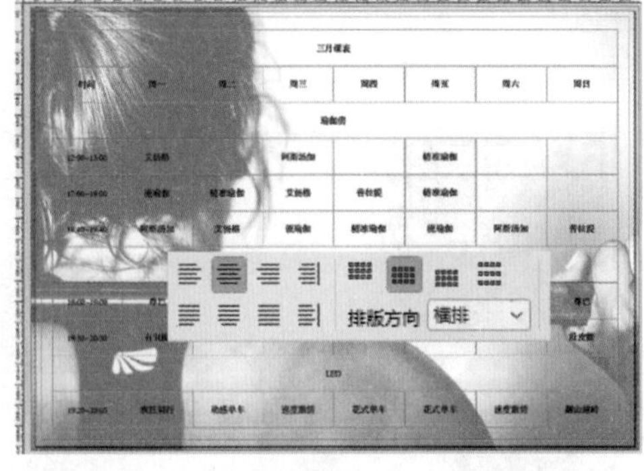

图 7-63

Step09 执行“窗口”|“样式”|“表样式”命令，弹出“表样式”面板，单击面板上的“菜单”按钮☰，在弹出的下拉菜单中选择“新建表样式”命令，在弹出的“新建表样式”对话框中设置参数，如图 7-64 所示。

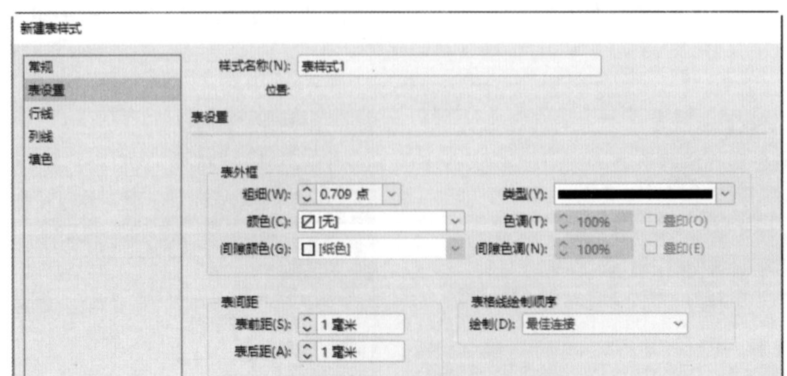

图 7-64

ACAA课堂笔记

Step10 在“新建表样式”对话框中选择“行线”选项，设置相关参数，如图 7-65 所示。

图 7-65

Step11 在“新建表样式”对话框中选择“列线”选项，设置相关参数，如图 7-66 所示。

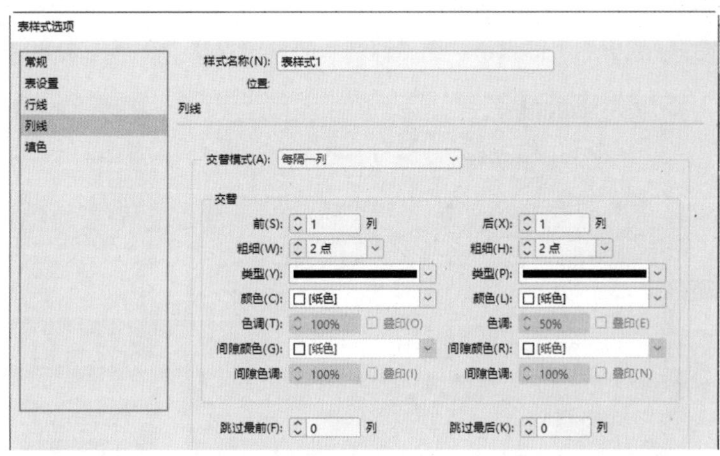

图 7-66

Step12 在“新建表样式”对话框中选择“填色”选项，设置相关参数，如图 7-67 所示。

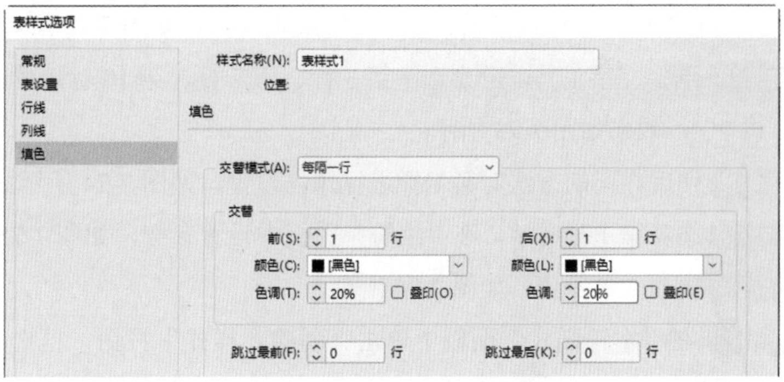

图 7-67

Step13 设置完成后单击“确定”按钮生成“表样式 1”，在“表样式”面板中单击该样式，效果如图 7-68 所示。

Step14 选中第 2 行，在“控制”面板中设置“行高”为 12 毫米，如图 7-69 所示。

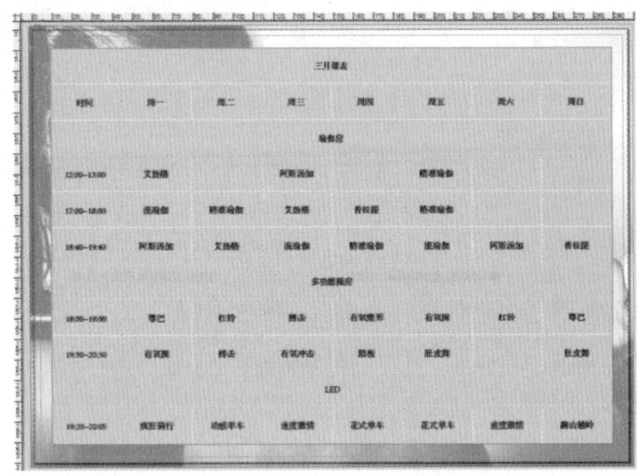

图 7-68

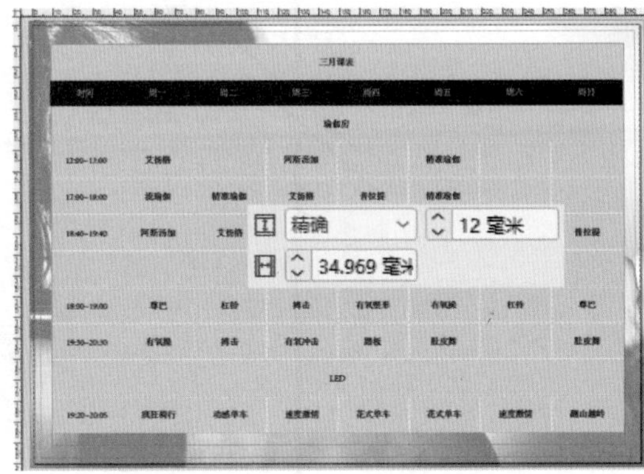

图 7-69

Step15 选择文字工具，分别按 Ctrl+/ 组合键选中第 3 行、第 7 行、第 10 行，在“控制”面板中设置“行高”为 14 毫米，如图 7-70 所示。

Step16 选中剩下的表格，在“控制”面板中设置“行高”为 20 毫米，如图 7-71 所示。

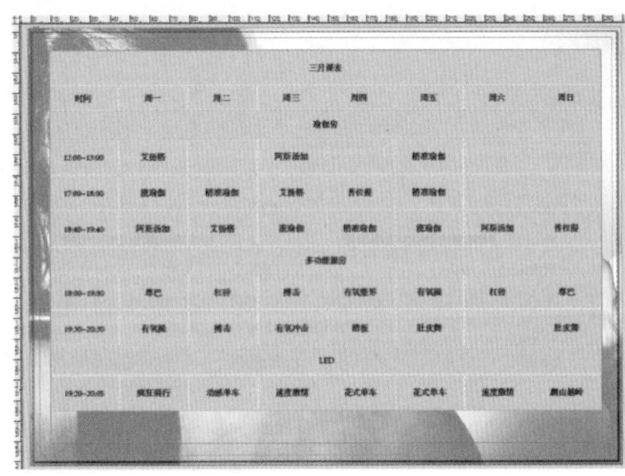

图 7-70

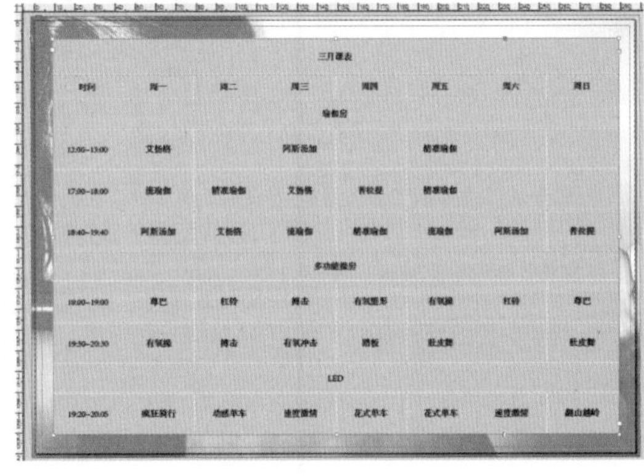

图 7-71

Step17 选择文字工具，按 Ctrl+/ 组合键选中第 3 行，执行“窗口”|“样式”|“单元格样式”命令，弹出“单元格样式”面板，单击面板上的“菜单”按钮，在弹出的下拉菜单中选择“新建单元格样式”命令，在弹出的“单元格样式选项”对话框中设置参数，如图 7-72 所示。

Step18 选择文字工具，分别选中第 3 行、第 7 行、第 10 行，单击“单元格样式”面板中的“单元格样式 1”，效果如图 7-73 所示。

Step19 使用相同的方法对第 1 行进行颜色设置，如图 7-74 所示。

Step20 选择第 1 行文字，在“字符”面板中设置参数，如图 7-75 所示。

Step21 更改文字颜色，如图 7-76 所示。

Step22 在“字符样式”面板中单击“创建新样式”按钮，框选第 3 行文字，右击“字符样式 1”，在弹出的快捷菜单中选择“直接复制样式”命令，在弹出的“直接复制字符样式”对话框中更改参数，如图 7-77 所示。

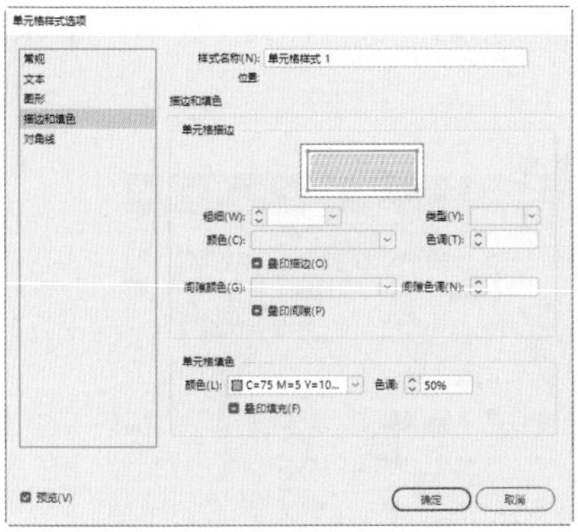

图 7-72

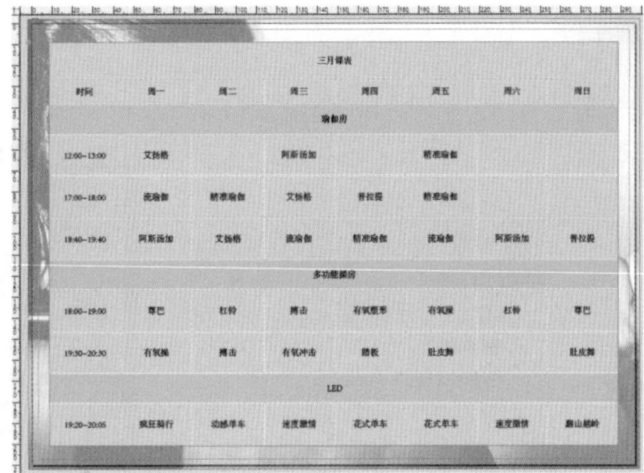

图 7-73

图 7-74

图 7-75

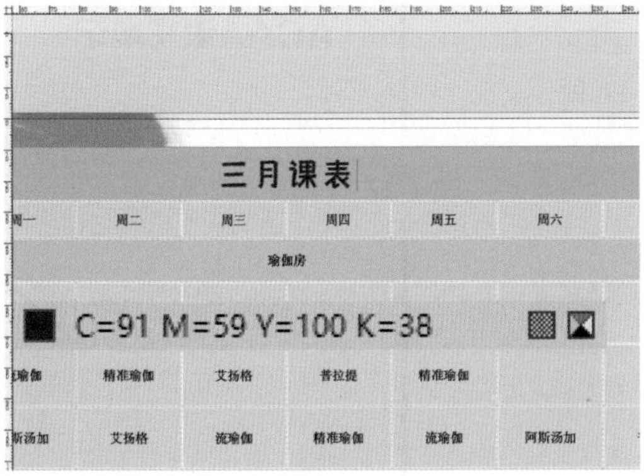

图 7-76

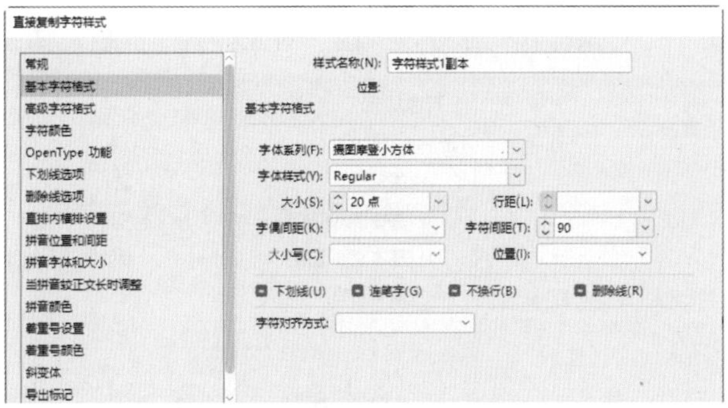

图 7-77

ACAA课堂笔记

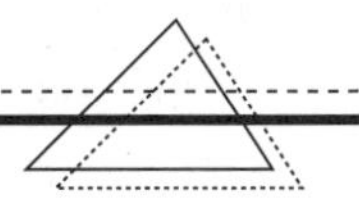

Step23 分别选中第 7 行、第 10 行，单击“字符样式”面板中的“字符样式 1 副本”，如图 7-78 和图 7-79 所示。

图 7-78

图 7-79

至此，完成表格的制作。

7.4 对象样式

使用对象样式功能，能够将格式应用于图形、文本和框架。不仅可以为文档中的图形与框架添加投影、内阴影等效果，还可以为对象、描边、填色和文本分别设置不同的效果。

7.4.1 创建对象样式

使用“对象样式”面板可创建、命名和应用对象样式。对于每个新文档，该面板最初将列出一组默认的对象样式。执行“窗口”|“样式”|“对象样式”命令，弹出“对象样式”面板，如图 7-80 所示。

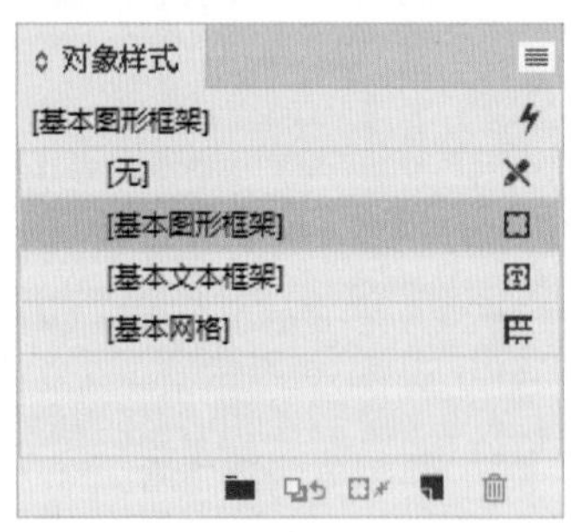

图 7-80

该面板中主要选项的功能介绍如下。

◎ 基本图形框架：标记图形框架的默认样式。

◎ 基本文本框架：标记文本框架的默认样式。

◎ 基本网格：标记框架网格的默认样式。

单击“对象样式”面板右上角的“菜单”按钮，在弹出的下拉菜单中选择“新建对象样式”命令，弹出“新建对象样式”对话框，如图 7-81 所示。

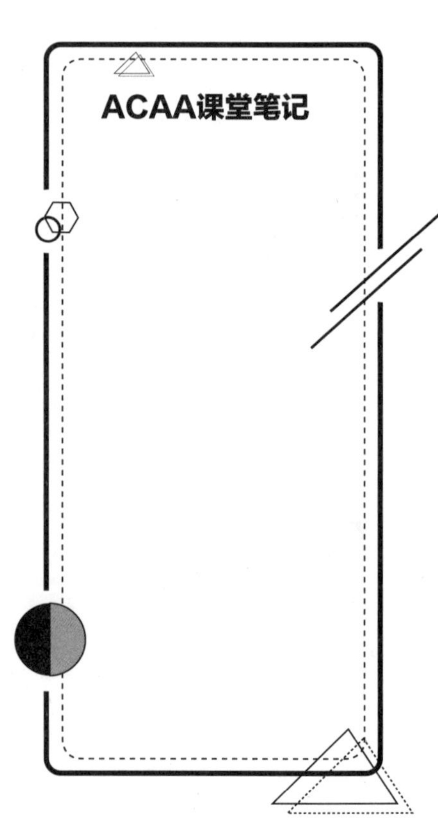

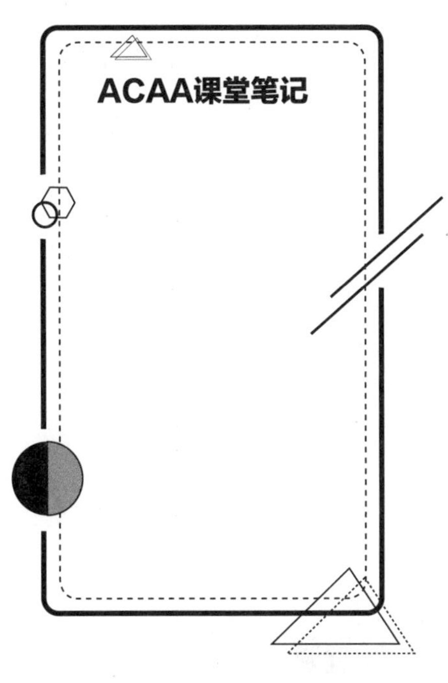

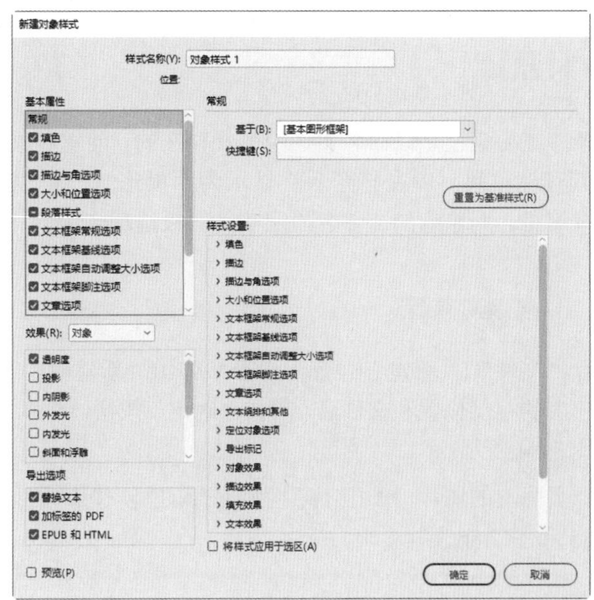

图 7-81

该对话框中各选项的功能介绍如下。

◎ “基本属性”选项组：选择包含要定义的选项的任何附加类别，并根据需要设置选项。选中每个类别左侧的复选框，以指示在样式中是包括还是忽略此类别。使用“文章选项”类别可指定网格对象样式的排版方向、框架类型以及命名网格。命名网格存储可以应用于任何框架网格的框架网格设置。

◎ “效果”选项组：在下拉列表框中选择“对象”“描边”“填色”或“文本”选项。选择效果种类并指定其设置。可以为每个类别指定不同效果。指示要在样式中打开、关闭或忽略哪些效果类别。

◎ “导出选项”选项组：选择一个选项并为该选项指定导出参数。可以定义置入图像和图形的替换文本。对于已标记的 PDF，可以应用标记和实际文本设置。对于 HTML 和 EPUB 版面，可以为每个对象指定不同的转换设置，这样它们在不同的屏幕大小和像素密度下都能很好地呈现。

7.4.2 应用对象样式

如果将对象样式应用于一组对象，则该对象样式将应用于对象组中的每个对象。为一组对象应用对象样式时，应将这些对象嵌套在一个框架内。选择对象、框架或组，在“对象样式”面板中单击“新建基本图形框架”按钮，其前后应用效果如图 7-82 和图 7-83 所示。

图 7-82

图 7-83

7.5 对象库

图 7-84

对象库在磁盘上是以命名文件的形式存在的。创建对象库时，可指定其存储位置。库在打开后将显示为面板形式，可以与任何其他面板编组，对象库的文件名显示在其面板选项卡中。

7.5.1 创建对象库

执行“文件”|“新建”|“库”命令，弹出“新建库”对话框，设置新建库的存储位置和文件名，单击“确定”按钮，新建的“库”面板如图 7-84 所示。

选择页面上的图片，单击“库”面板底部的“新建库项目”按钮，将选择的图像添加到“库”面板中，如图 7-85 和图 7-86 所示。

图 7-85

图 7-86

7.5.2 应用对象库

若要将存储在对象库中的对象置入到文档中，可以在“库”面板中单击“菜单”按钮☰，在弹出的下拉菜单中选择“置入项目”命令，也可以直接将库项目拖动到文档页面中，如图 7-87 和图 7-88 所示。

图 7-87

图 7-88

7.5.3 管理库中的对象

"库"面板中已经存在的对象，可以对其进行显示、修改、删除等操作。

1. 显示或修改"库项目信息"

在"库"面板中双击图像，在弹出的"项目信息"对话框中可以更改项目信息，如图 7-89 和图 7-90 所示。

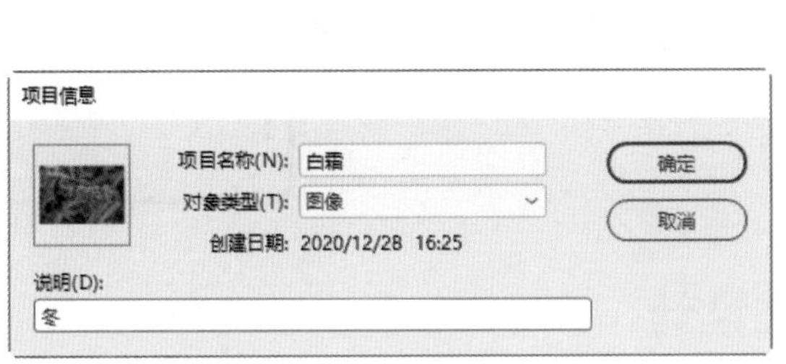

图 7-89

图 7-90

ACAA课堂笔记

2. 显示库子集

若"库"面板中含有大量对象时，可以使用"显示子集"选项来快速查找指定对象，单击面板底部的"显示库子集"按钮，或单击面板中的"菜单"按钮，在弹出的下拉菜单中选择"显示子集"命令，弹出"显示子集"对话框，如图 7-91 所示。

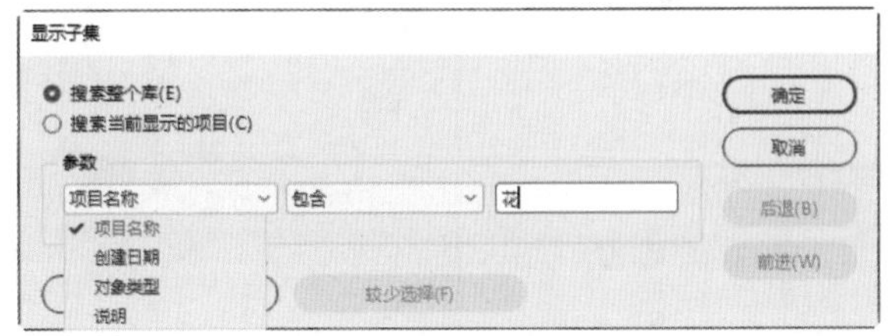

图 7-91

查找到指定对象时，系统会自动隐藏其他对象，如图 7-92 所示。若要再次显示所有对象，只需单击面板中的"菜单"按钮，在弹出的下拉菜单中选择"显示全部"命令即可，如图 7-93 所示。

图 7-92

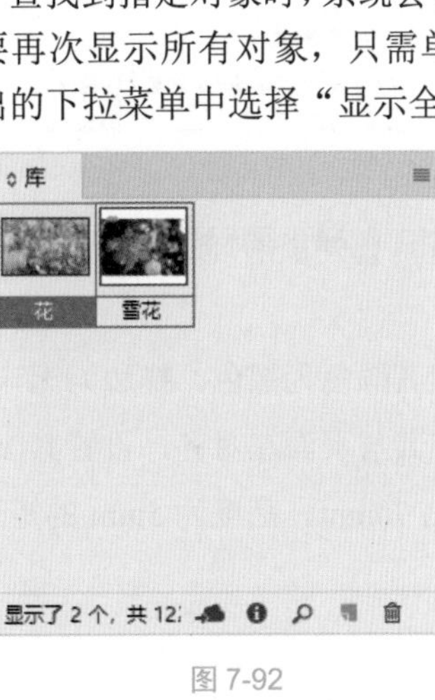

图 7-93

第7章 样式与库的应用

3. 删除库项目

选择要删除的库项目，单击面板底部的“删除库项目”按钮，在弹出的提示对话框中单击“是”按钮即可删除库项目，如图 7-94 所示。

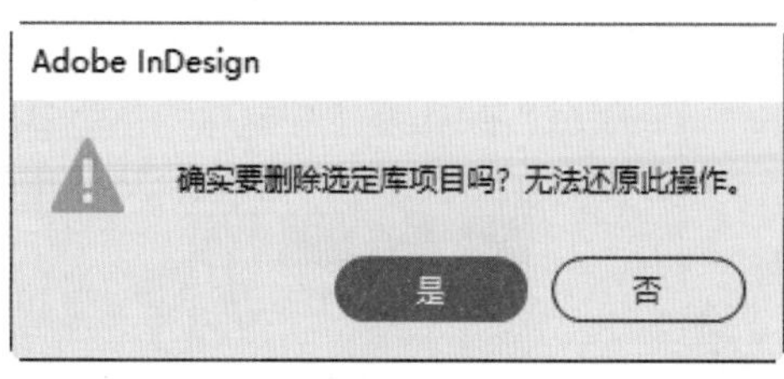

图 7-94

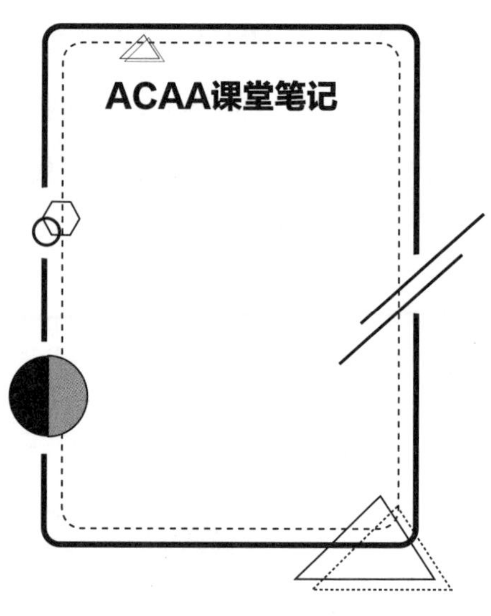

7.6 课堂实战　图书内页版式设计

通过所学知识将文本与图片结合在一起，完成排版。下面将对图书内页版式制作进行详细讲解。

1. 绘制背景部分

Step01 执行“文件”|“新建”命令，在弹出的“新建文档”对话框中设置参数，如图 7-95 所示。

Step02 单击“边距和分栏”按钮，在弹出的“新建边距和分栏”对话框中设置参数，如图 7-96 所示。

图 7-95

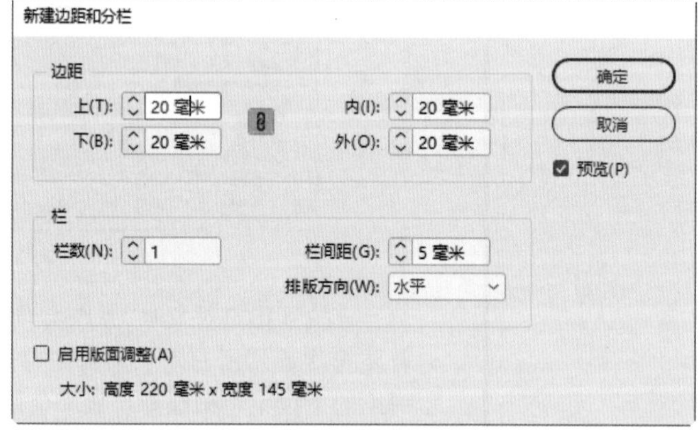

图 7-96

Step03 选择矩形工具，在页面上单击，在弹出的“矩形”对话框中设置参数，单击“确定”按钮，如图 7-97 所示。

Step04 选中矩形，在工具箱中设置其颜色为黑色，描边为无，如图 7-98 所示。

Step05 将其移动至页面左上角，使其与页面左对齐，设置其 Y 值为 8.5mm，如图 7-99 所示。

Step06 选择矩形工具，绘制宽度为 70mm、高度为 5mm 的矩形，选择吸管工具吸取黑色矩形颜色，如图 7-100 所示。

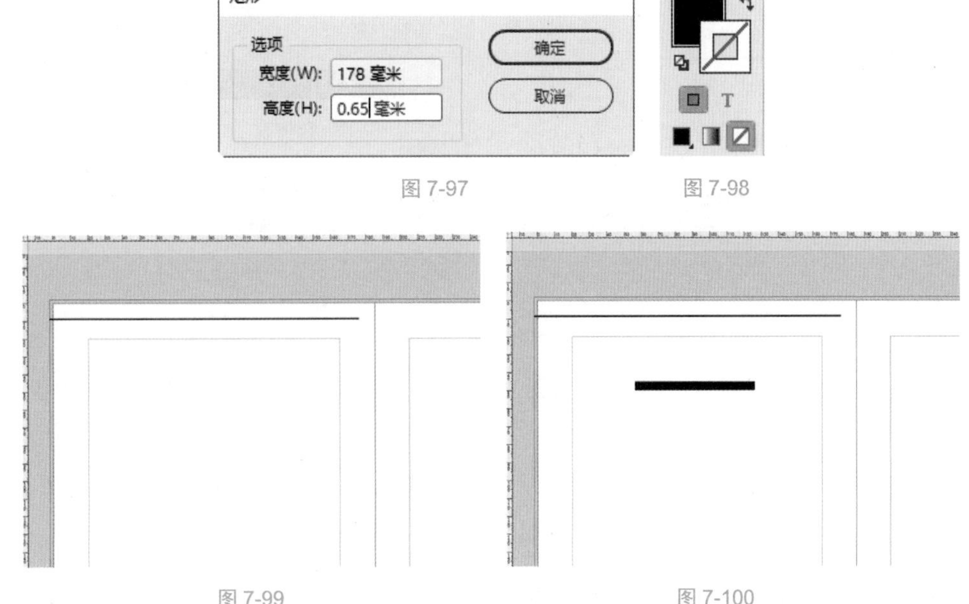

图 7-97　　图 7-98

图 7-99　　图 7-100

Step07 框选两个矩形后单击上面偏长的矩形，在“控制”面板中单击“左对齐”按钮和“底对齐”按钮，如图 7-101 所示。

Step08 选择上方的小矩形，在“控制”面板中调整其透明度为 80%，如图 7-102 所示。

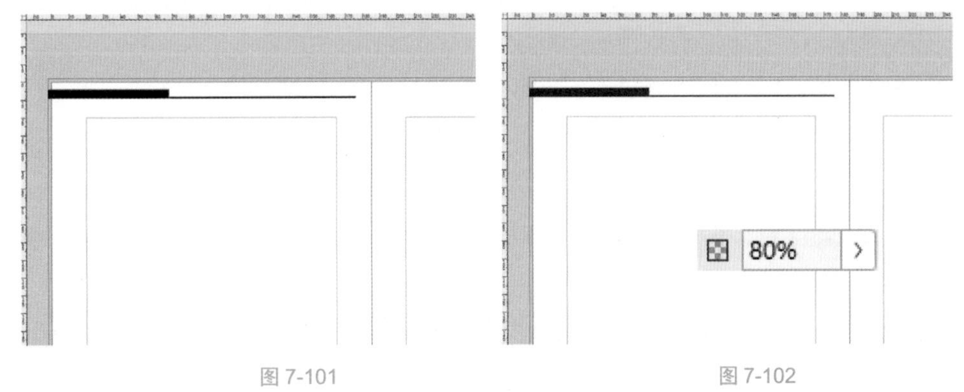

图 7-101　　图 7-102

Step09 使用矩形工具，绘制矩形，设置其填充色为黑色，调整其位置，设置其透明度为48%，如图 7-103 所示。

Step10 使用矩形工具，绘制矩形，设置其填充色为黑色，调整其位置，设置其透明度为58%，如图 7-104 所示。

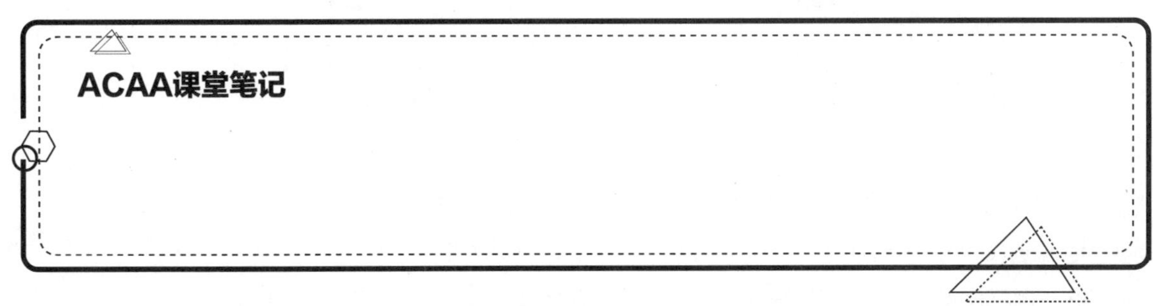

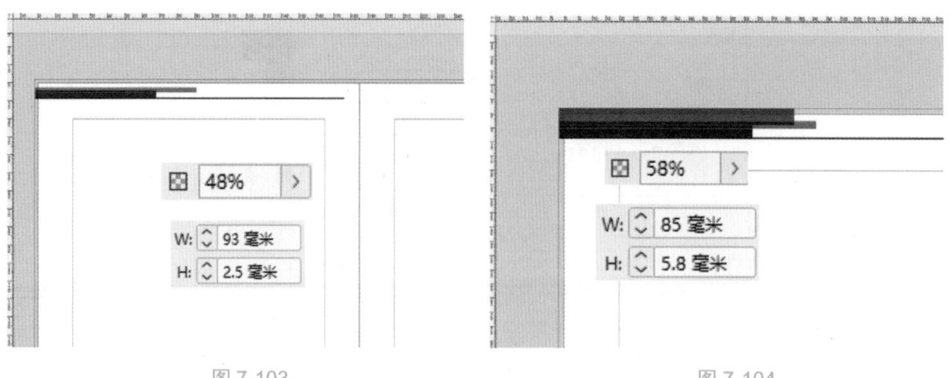

图 7-103　　图 7-104

Step11 框选 4 个矩形，按 Ctrl+G 组合键创建编组，按住 Alt 键向右水平复制移动。在“控制”面板中单击“水平翻转”按钮，如图 7-105 所示。

Step12 使用矩形工具绘制矩形，设置其填充色为黑色，描边为无，按住 Alt 键复制，并更改填充色为无，设置描边为 1 点，调整宽度和上面矩形等宽，如图 7-106 所示。

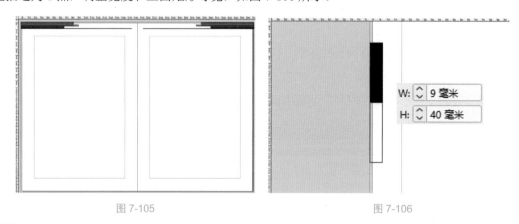

图 7-105　　图 7-106

Step13 选择直排文字工具，拖动鼠标绘制文本框，输入文本内容为“钢琴世界——第一章”，设置其字体颜色为白色，如图 7-107 所示。

Step14 选择文本框，执行“对象”|“框架类型”|“框架网格”命令，效果如图 7-108 所示。

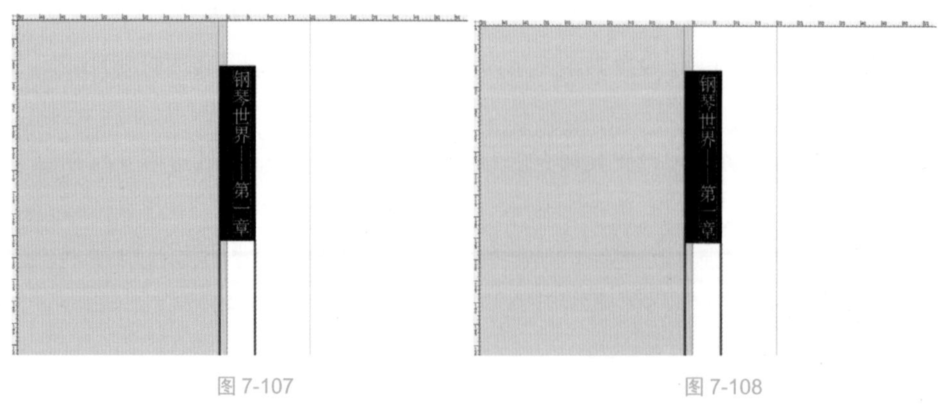

图 7-107　　图 7-108

Step15 按住 Alt 键复制文字，并更改文字、颜色，调整矩形方框的宽度，如图 7-109 所示。

Step16 框选文字和矩形，按住 Alt 键向右水平复制移动。选中矩形，在“控制”面板中单击“水平翻转”按钮，调整位置。框选文字和矩形，按 Ctrl+G 组合键将其编组，如图 7-110 所示。

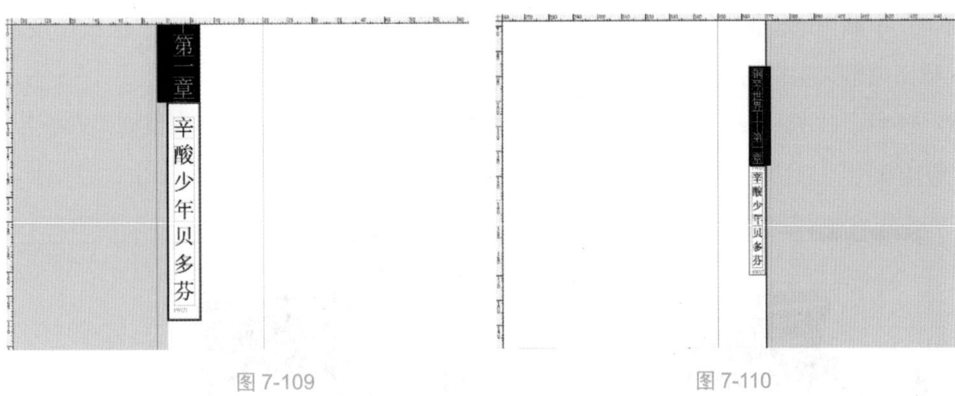

图 7-109　　图 7-110

Step17 使用矩形工具绘制矩形，填充黑色，设置描边为无，使其居中对齐。选择文字工具，拖动鼠标绘制文本框并输入文字，如图 7-111 所示。

Step18 框选文字和矩形，按 Ctrl+G 组合键将其编组，按住 Alt 键向右水平复制移动， 使用选择工具选中文字并修改，如图 7-112 所示。

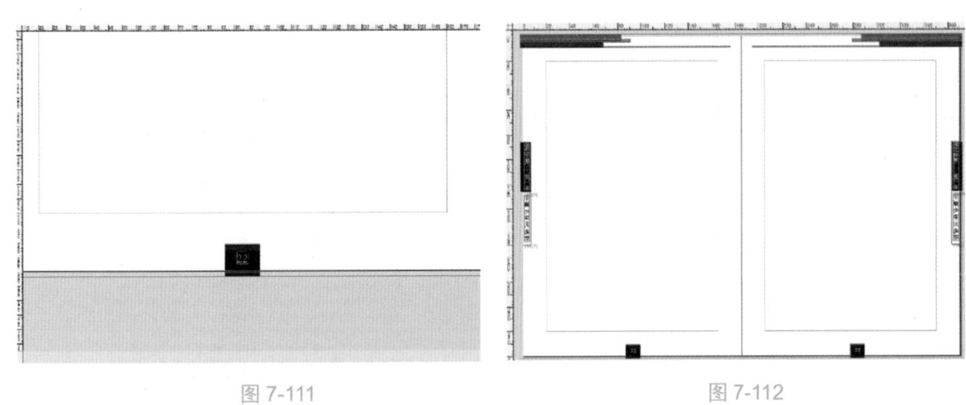

图 7-111　　图 7-112

2. 绘制内容部分

Step01 选择矩形框架工具绘制框架，执行“文件”|“置入”命令，置入素材图片“钢琴 .jpg”并调整其大小，如图 7-113 所示。

Step02 选择文字工具，绘制文本框，输入文本内容分别为“辛酸”“少年”“贝多芬”，如图 7-114 所示。

图 7-113　　图 7-114

Step03 单击“辛酸”文本框架，按 Ctrl+A 组合键，全选框内文字，在弹出的“控制”面板中设置其字体、字号，并适当调整文本框架高度，如图 7-115 所示。

Step04 对“少年”“贝多芬”设置同样的字体，字号分别为 30 点和 36 点，调整框架大小与位置，如图 7-116 所示。

图 7-115

图 7-116

Step05 选择矩形框架工具绘制框架，执行“文件”|“置入”命令，置入素材文件“贝多芬内容 .txt”如图 7-117 所示。

Step06 单击⊞溢流文本，拖动串接文本框架，如图 7-118 所示。

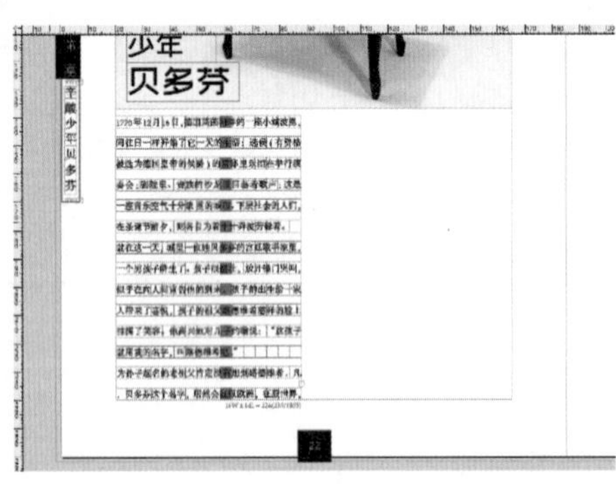

图 7-117

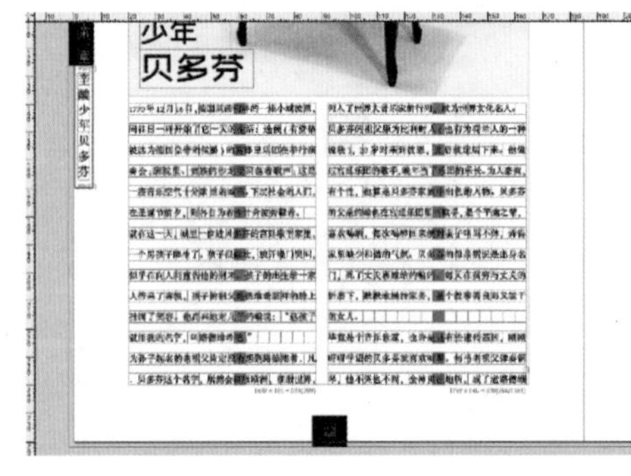

图 7-118

Step07 再次使用同样的方法，将溢出的文字按顺序从左至右载入“页面 2”，如图 7-119 所示。

Step08 选择矩形框架工具绘制框架，执行“文件”|“置入”命令，置入素材图片“贝多芬 .jpg”并调整其大小，如图 7-120 所示。

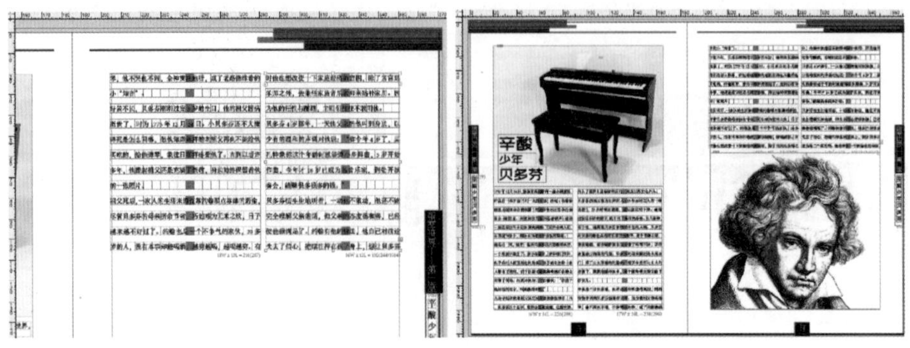

图 7-119　　图 7-120

Step09 选择文字工具，将其插入点放置在文本框任意位置，按 Ctrl+A 组合键全选，如图 7-121 所示。

Step10 在“控制”面板中将字号调整为 9 点，单击“段”按钮，设置“首行缩进”为 9 毫米，如图 7-122 所示。最终效果如图 7-123 所示。

图 7-121

图 7-122

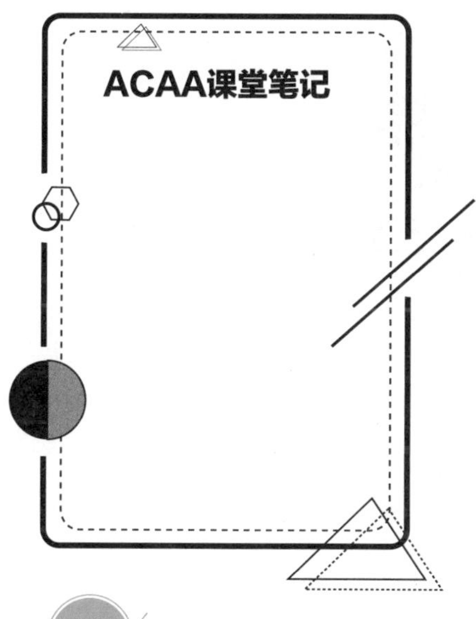

图 7-123

至此，完成图书内页的制作。

7.7 课后作业

一、选择题

1. InDesign 默认的基本对象样式有（　　）。
   A. 基本图形框架样式
   B. 基本文本框架样式
   C. 基本表格样式
   D. 基本网格样式
2. 关于样式，下列说法不正确的是（　　）。
   A. 字符样式是指具有字符属性的样式
   B. 段落样式能够将样式应用于文本以及对格式进行全局性修改
   C. 表样式可以对置入表格中的图像进行设置
   D. 对象样式能够将格式应用于图形、文本和框架

3. 关于对象库，说法正确的是（　　）。

A. 创建对象库时，不可以指定其存储位置

B. 库在打开后将显示为面板形式，都是独立存在的，不可以与任何其他面板编组

C. 库中已经存在的对象，不可以对其进行显示、修改、删除的操作

D. 在库中查找到指定对象时，系统会自动隐藏其他对象

二、填空题

1. InDesign 提供了多种可用的样式功能，其中包括______、______、______以及对象样式等。
2. 对象样式能够将格式应用于______、______和______。
3. 当需要更改样式中的某个属性时，双击______，在弹出的对话框中可以更改设置。
4. 若“库”面板中含有大量对象时，可以使用______选项来快速查找指定对象。

三、上机题

1. 使用对象样式制作立体卡片效果，如图 7-124 所示。

图 7-124

思路提示：

◎ 绘制框架置入图像并调整大小。

◎ 在“对象样式”面板中设置参数。

2. 制作彩色书籍内页，如图 7-125 所示。

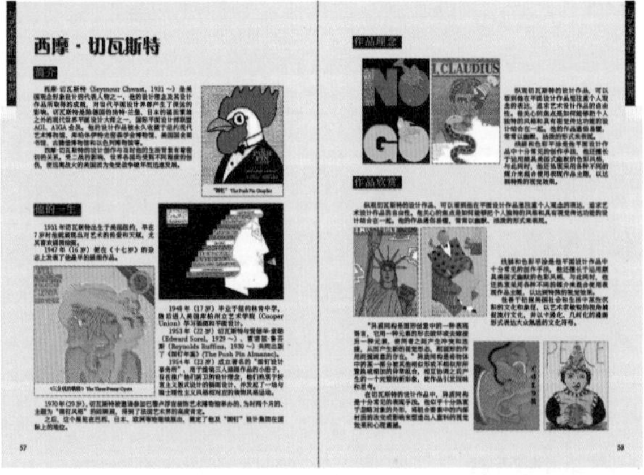
西摩·切瓦斯特

简介

他的一生

作品理念

作品欣赏

图 7-125

思路提示：

◎ 绘制框架置入图像并调整大小。

◎ 输入文字。

第8章 文档版面的管理

内容导读

InDesign 版面管理是排版工作中最基本的技能，单独的文档排版并没有对于版面管理的要求。但是如果编辑多文档画册或书籍的时候，版面管理工作则显得非常重要。InDesign 提供的版面管理功能，可以方便地为用户提供多文档或书籍的整体规划与统一整合，进而提高工作效率。

Adobe InDesign CC

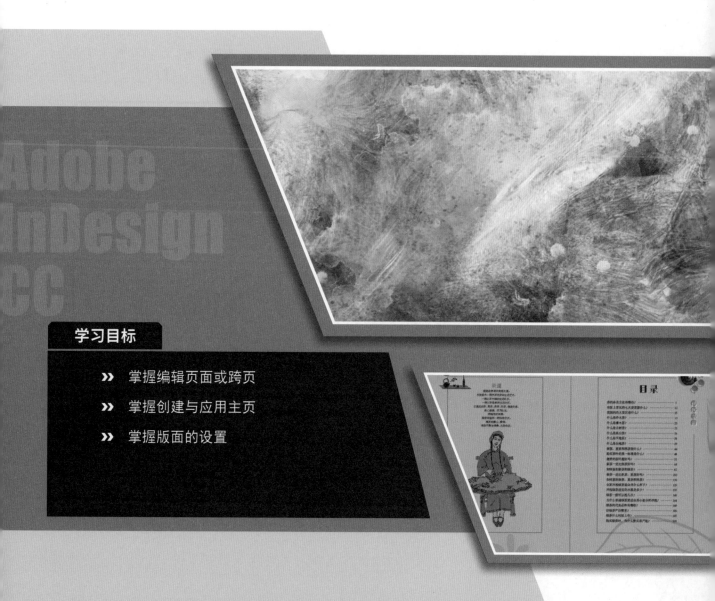

学习目标

- 掌握编辑页面或跨页
- 掌握创建与应用主页
- 掌握版面的设置

8.1 页面和跨页

在 InDesign 中，页面是指单独的页面，是文档的基本组成部分，跨页是一组可同时显示的页面，例如在打开书籍或杂志时可以同时看到的两个页面。可以使用“页面”面板、页面导航栏或页面操作命令对页面进行操作，其中“页面”面板是页面的重要操作方式。

8.1.1 认识“页面”面板

执行“窗口”|“页面”命令，弹出“页面”面板，如图 8-1 所示。该面板中主要选项的功能介绍如下。

- ◎ 编辑页面大小：单击该按钮，可以对页面大小进行相应的编辑。
- ◎ 新建页面：单击该按钮，新建一个页面。
- ◎ 删除选中页面：选中要删除的页面，单击该按钮即可将其删除。

图 8-1

8.1.2 更改页面显示

“页面”面板中提供了关于页面、跨页和主页的相关信息。默认情况下，只显示每个页面内容的缩览图。单击“菜单”按钮，在弹出的下拉菜单中选择“面板选项”命令，打开“面板选项”对话框，如图 8-2 所示。

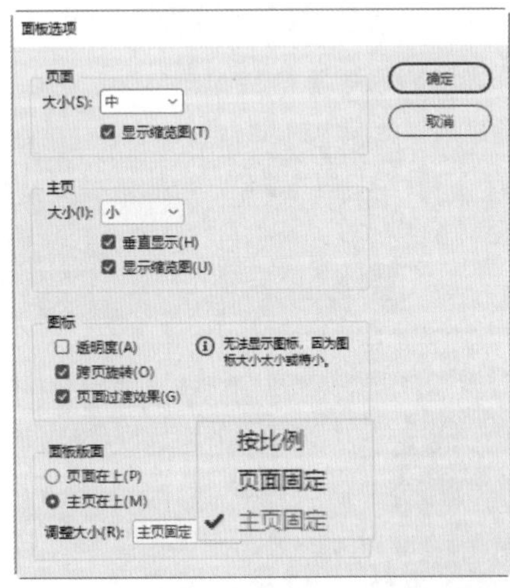
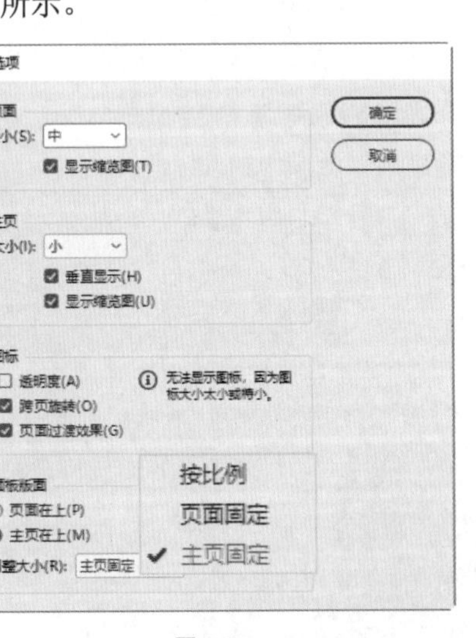
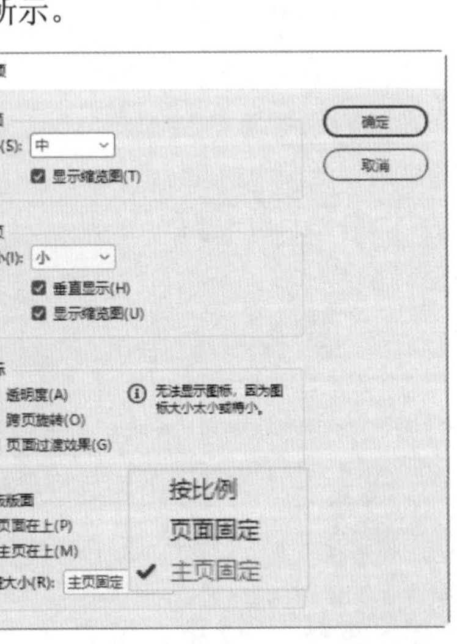

图 8-2

ACAA课堂笔记

该对话框中主要选项的功能介绍如下。

- ◎ 大小：在该下拉列表框中可以为页面和主页选择一种图标大小。
- ◎ 显示缩览图：选中该复选框，可显示每一页面或主页的内容缩览图。
- ◎ 垂直显示：选中该复选框，可在一个垂直列中显示跨页；取消选中此复选框可以使跨页并排显示。

◎ 图标：在此选项组中可以对“透明度”“跨页旋转”与“页面过渡效果”进行设置。

◎ 面板版面：设置面板版面的显示方式。可以选中“页面在上”或“主页在上”单选按钮。

◎ 调整大小：在该下拉列表中可以选择“按比例”“页面固定”或“主页固定”选项。选择“按比例”选项，要同时调整面板的“页面”和“主页”部分的大小；选择“页面固定”选项，保持“页面”部分的大小不变而只调整“主页”部分的大小；选择“主页固定”选项，保持“主页”部分的大小不变而只调整“页面”部分的大小。

8.1.3 选择、定位页面或跨页

编辑页面或跨页在版面管理中是最基本也是最重要的一部分。选择、定位页面或跨页可以方便地对页面或跨页进行操作，还可以对页面或跨页中的对象进行编辑操作。

◎ 若要选择页面，则可在“页面”面板中按住 Ctrl 键单击某一页面。

◎ 若要选择跨页，则可在“页面”面板中按住 Shift 键单击某页面。

◎ 若要定位页面所在视图，则可在“页面”面板中双击某一页面。

◎ 若要定位跨页所在视图，则可在“页面”面板中双击跨页下的页码。

8.1.4 创建多个页面

若要在某一页面或跨页之后添加页面，可单击“页面”面板底部的“新建页面”按钮。

若要添加页面并制定文档主页，可以在面板中单击“菜单”按钮，在弹出的下拉菜单中选择“插入页面”命令，弹出“插入页面”对话框，如图 8-3 和图 8-4 所示。

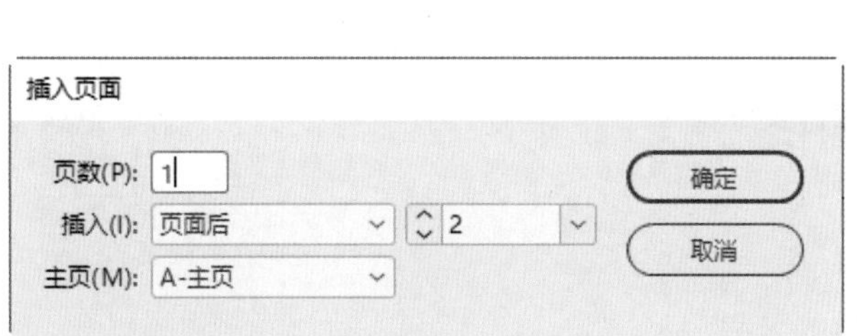

图 8-3

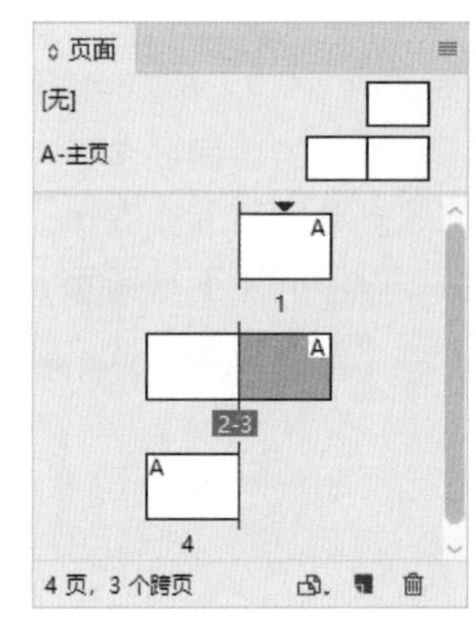

图 8-4

8.1.5 移动页面或跨页

将选中的页面或跨页图标拖到所需位置。在拖动时，竖条将指示释放该图标时页面显示的位置。若黑色的矩形或竖条接触到跨页，页面将扩展该跨页，否则文档页面将重新分布，如图 8-5 和图 8-6 所示。

ACAA课堂笔记

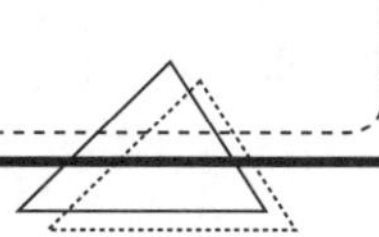

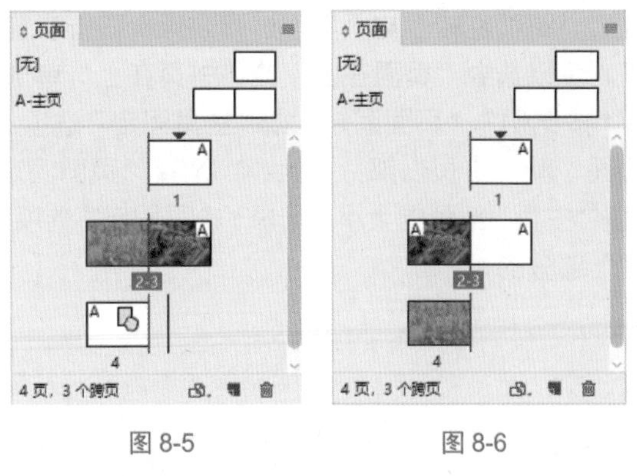

图 8-5　　　　图 8-6

8.1.6　复制页面或跨页

要复制页面或跨页，可以执行下列操作之一。

◎ 选择要复制的页面或跨页，将其拖动到“新建页面”按钮上，新建页面或跨页将显示在文档的末尾。

◎ 选择要复制的页面或跨页，单击“页面”面板右上方的“菜单”按钮，在弹出的下拉菜单中选择“复制页面”或“直接复制跨页”命令，新建页面或跨页将显示在文档的末尾。

◎ 按住 Alt 键不放，并将页面图标或跨页下的页面范围号码拖动到新位置。

8.1.7　删除页面或跨页

删除页面或跨页有以下 3 种方法：

◎ 选择要删除的页面或跨页，单击“删除选定页面”按钮。

◎ 选择要删除的页面或跨页，将其拖曳到“删除选定页面”按钮上。

◎ 选择要删除的页面或跨页，单击“页面”面板右上方的“菜单”按钮，在弹出的下拉菜单中选择“删除页面”或“删除跨页”命令。

8.2 主页

使用主页可以作为文档背景，并将相同内容快速地应用到更多页面中。主页中的文本或图形对象，例如，页码、标题、页脚等将显示在应用该主页的所有页面上。对主页进行的更改将自动应用到关联的页面。主页还可以包含空的文本框架或图形框架，以作为页面上的占位符。

8.2.1　创建主页

新建文档时，在“页面”面板的上方将出现两个默认主页，一个是名为“无”的空白主页，应用此主页的工作页面将不含有任何主页元素；另一个是名为“A- 主页”的主页，该主页可以根据需要对其做更改，其页面上的内容将自动出现在各个工作页面上。

单击“页面”面板右上方的“菜单”按钮，在弹出的下拉菜单中选择“新建主页”命令，弹出“新建主页”对话框，如图 8-7 所示。

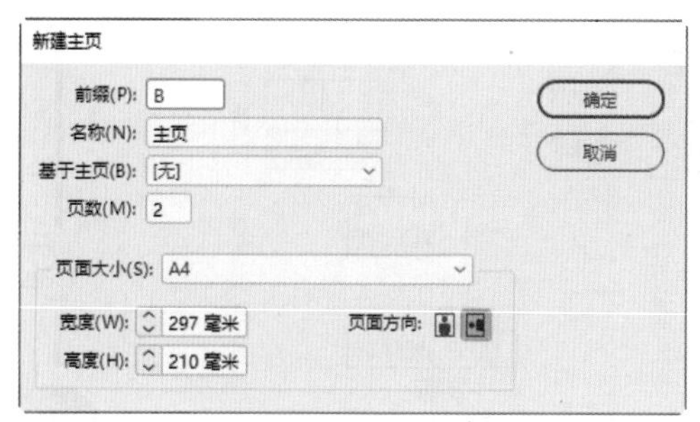

图 8-7

该对话框中主要选项的功能介绍如下。

◎ 前缀：设置一个前缀以标识“页面”面板中各个页面所应用的主页。最多可以输入 4 个字符。

◎ 名称：设置主页跨页的名称。

◎ 基于主页：在其下拉列表框中，选择一个要以其作为此主页跨页基础的现有主页跨页，或选择“[无]”选项。

◎ 页数：设置作为主页跨页中要包含的页数（最多为 10 页）。

思路点拨

基于主页的页面图标将标有基础主页的前缀，基础主页的任何内容发生变化都将直接影响所有基于该主页所创建的主页。

8.2.2 编辑主页

在“页面”面板中，双击要编辑的主页图标，主页跨页将显示在文档编辑窗口中，可以对主页进行更改，如创建或编辑主页元素（如文字、图形、图像、参考线等），还可以更改主页的名称、前缀，将主页基于另一个主页或更改主页跨页中的页数等。

1. 将主页应用于文档页面或跨页

将主页应用于页面，只需将“页面”面板中主页的图标拖动到页面图标上，当黑色矩形框围绕所需页面时释放鼠标，如图 8-8 和图 8-9 所示。

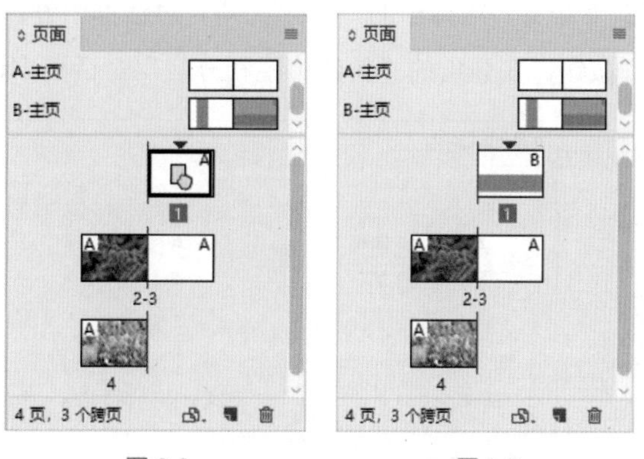

图 8-8　　图 8-9

将主页应用于跨页，只需将“页面”面板中主页的图标拖动到跨页的角点上，当黑色矩形框围绕所需跨页中所有页面时释放鼠标，如图 8-10 和图 8-11 所示。

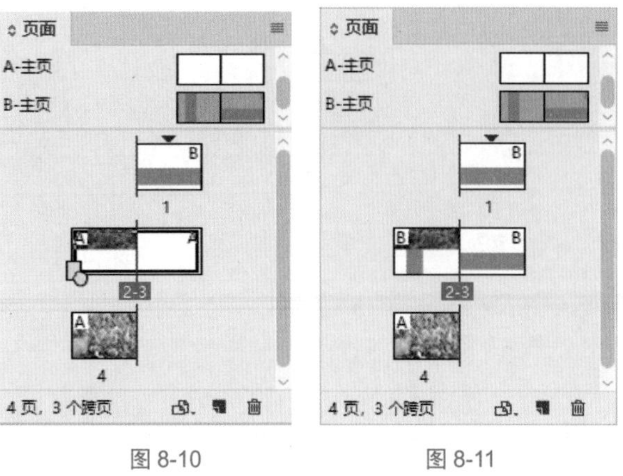

图 8-10　　　　图 8-11

ACAA课堂笔记

2. 将主页应用于多个页面

选择要应用的新主页的页面，按住 Alt 键并单击指定主页，或单击“菜单”按钮，如图 8-12 和图 8-13 所示。

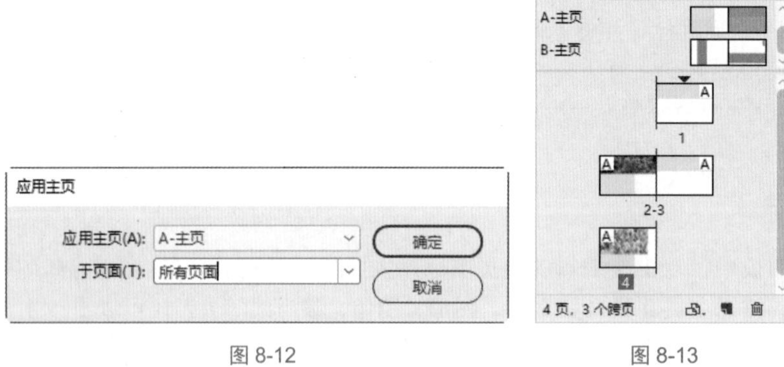

图 8-12　　　　图 8-13

■ 实例：创建多页画册

我们将利用本小节所学页面与主页的知识创建多页画册。

Step01 执行“文件”|“新建”命令，在弹出的“新建文档”对话框中设置参数，如图 8-14 所示。

Step02 单击“边距和分栏”按钮，在弹出的“新建边距和分栏”对话框中设置参数，如图 8-15 所示。

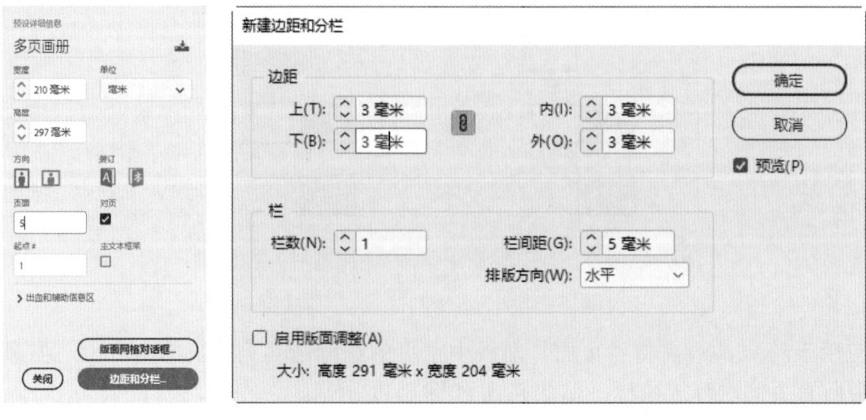

图 8-14　　　　图 8-15

Step03 新建多页文档，效果如图 8-16 所示。

Step04 执行“窗口”|“页面”命令，在弹出的“页面”面板中双击“A- 主页”，如图 8-17 所示。

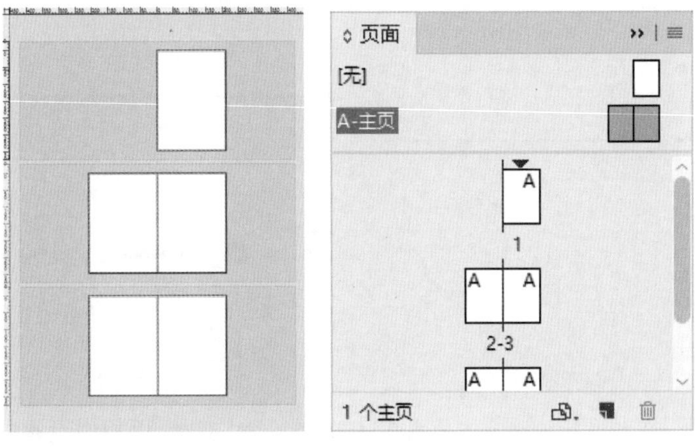

图 8-16　　图 8-17

Step05 此时进入主页可编辑状态，如图 8-18 所示。

Step06 选择矩形工具绘制矩形并填充 50% 的黑色，如图 8-19 所示。

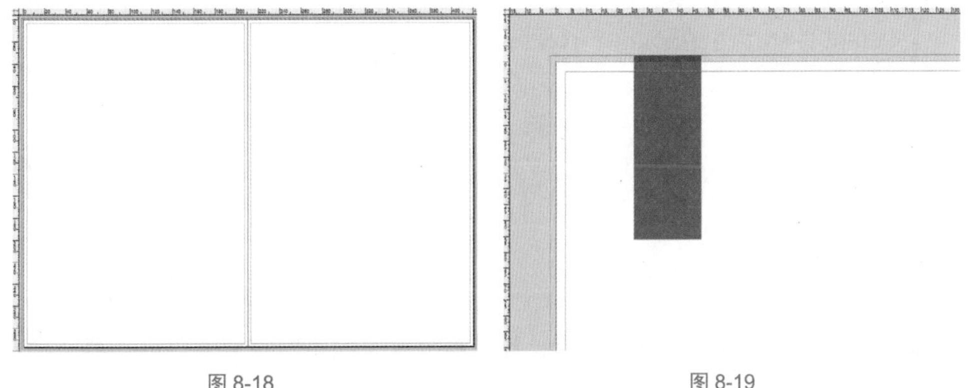

图 8-18　　图 8-19

Step07 选择直线工具，按住 Shift 键绘制直线，在“控制”面板中设置参数，如图 8-20 所示。

Step08 按住 Shift+Alt 组合键垂直移动复制直线并更改参数，如图 8-21 所示。

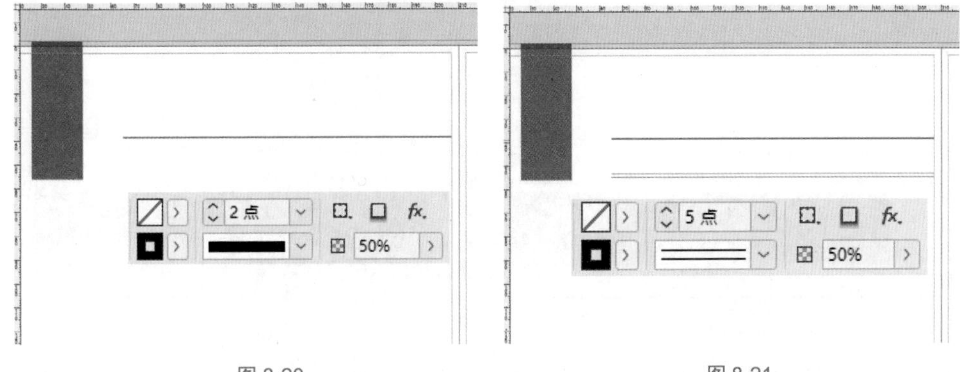

图 8-20　　图 8-21

Step09 单击选择矩形，按住 Shift 键加选双直线，释放 Shift 键单击矩形，在“控制”面板中单击“底

对齐”按钮，效果如图 8-22 所示。

Step10 选择钢笔工具，按住 Shift 键绘制路径，在“控制”面板中设置参数，如图 8-23 所示。

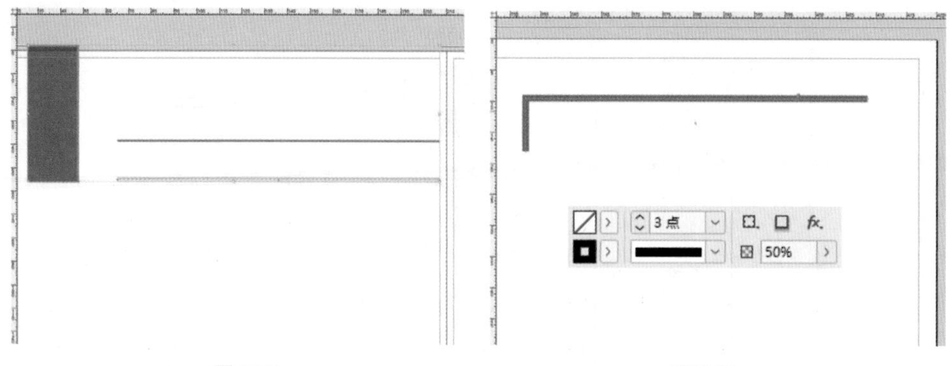

图 8-22　　　　图 8-23

Step11 选择文字工具，拖动鼠标绘制文本框并输入文字，在“控制”面板中设置参数，如图 8-24 所示。

Step12 选择直线工具，按住 Shift 键绘制直线，在“控制”面板中设置参数，效果如图 8-25 所示。

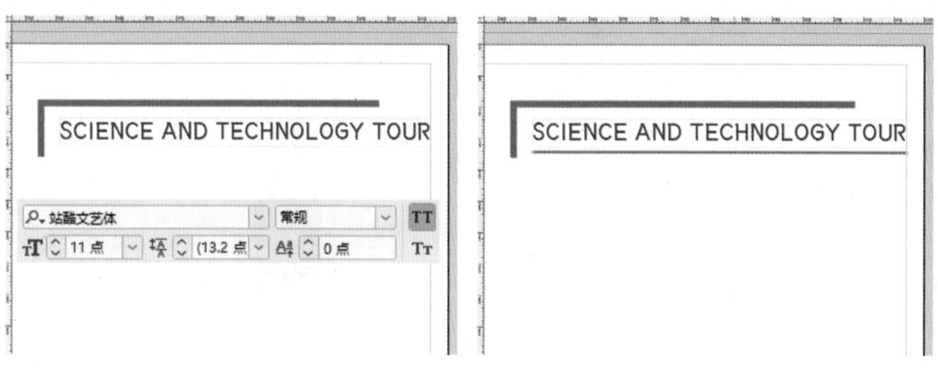

图 8-24　　　　图 8-25

Step13 选择矩形工具绘制跨页矩形，选择吸管工具吸取左上角的矩形颜色进行填充，如图 8-26 所示。

Step14 在“页面”面板中双击第 1 页退出主页编辑状态，如图 8-27 所示。

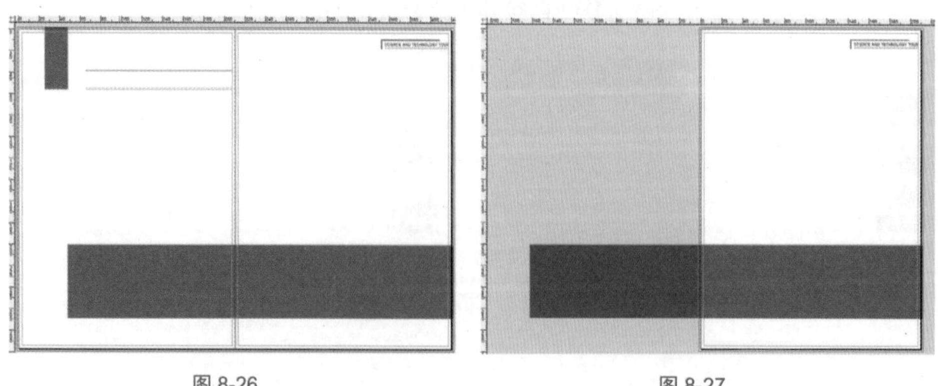

图 8-26　　　　图 8-27

Step15 在“页面”面板中拖动“[无]”至第 1 页，如图 8-28 和图 8-29 所示。

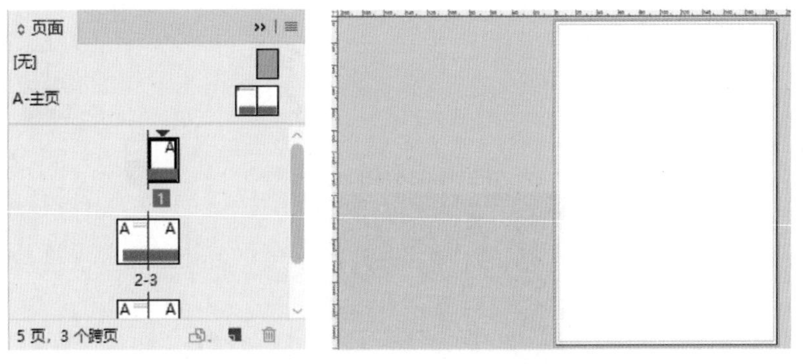

图 8-28　　　　图 8-29

Step16 选择文字工具，拖动鼠标绘制文本框并输入文字，在“字符”面板中设置参数，如图 8-30 和图 8-31 所示。

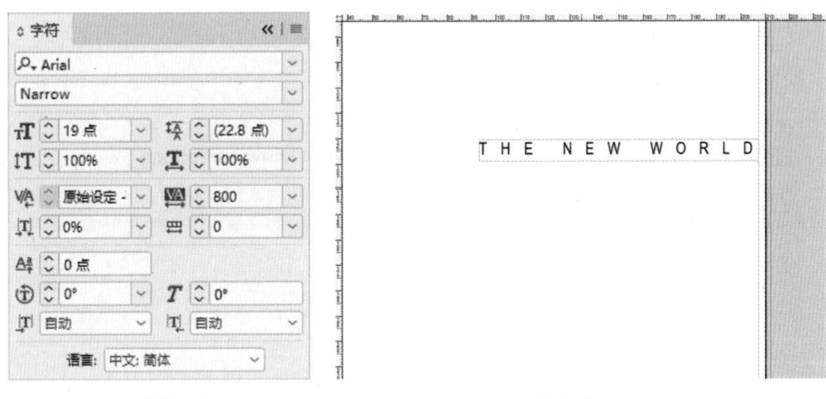

图 8-30　　　　图 8-31

Step17 使用相同的方法输入文字并设置参数，如图 8-32 和图 8-33 所示。

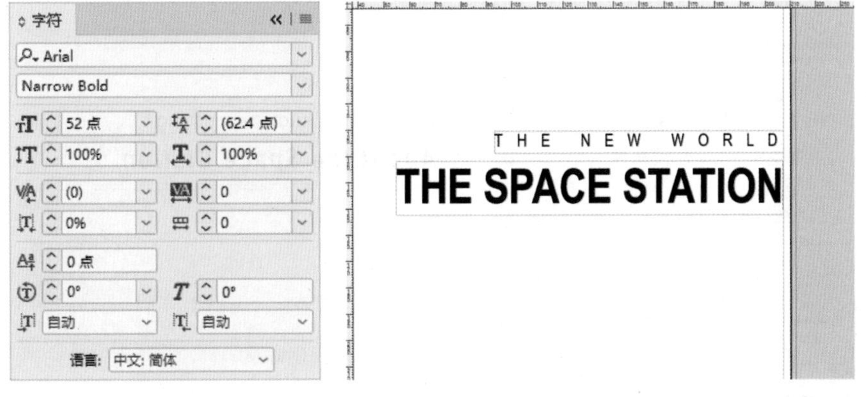

图 8-32　　　　图 8-33

Step18 选择矩形框架工具绘制框架，执行“文件”|“置入”命令，置入素材文件并调整其大小，如图 8-34 所示。

Step19 在“页面”面板中双击第 3 页，如图 8-35 所示。

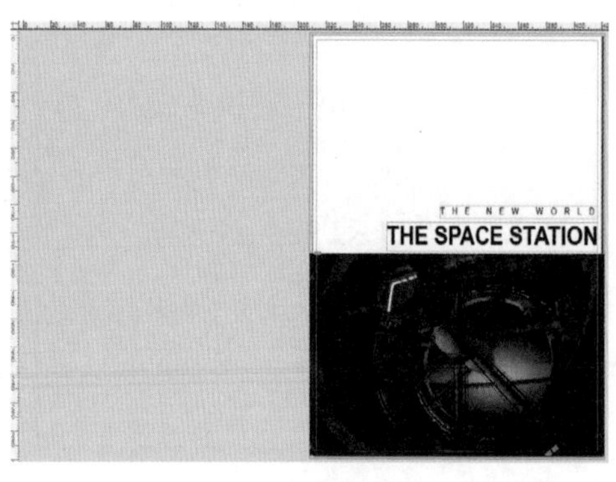

图 8-34

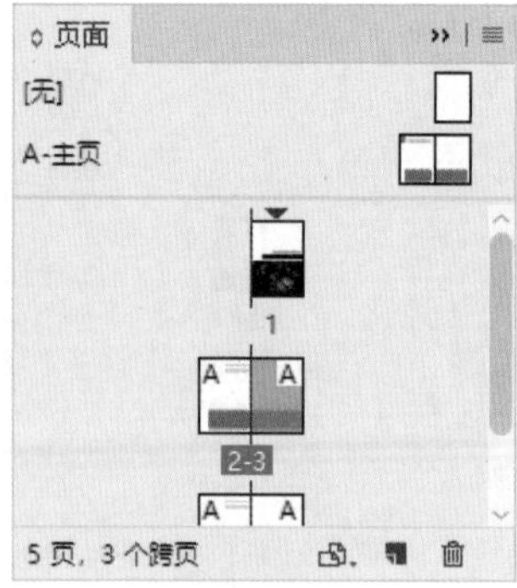

图 8-35

Step20 选择文字工具，拖动鼠标绘制文本框并输入文字，在“字符”面板中设置参数，如图 8-36 和图 8-37 所示。

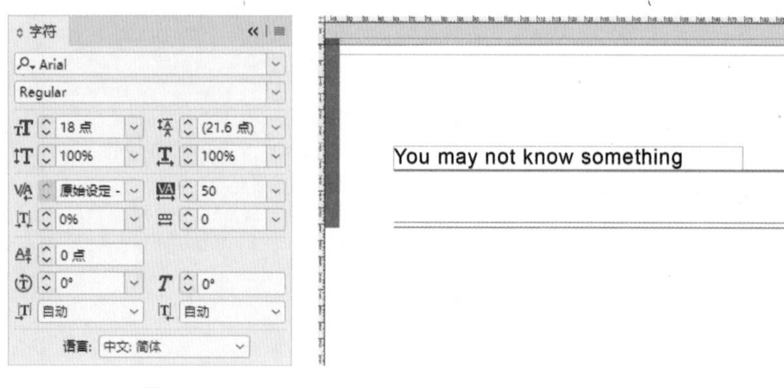

图 8-36　　图 8-37

Step21 使用相同的方法输入文字并设置参数，如图 8-38 和图 8-39 所示。

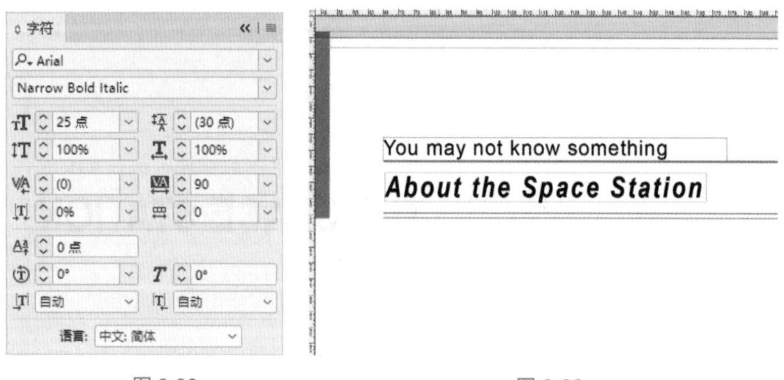

图 8-38　　图 8-39

Step22 选择文字工具，拖动鼠标绘制文本框并输入文字，如图 8-40 所示。

Step23 右击，在弹出的快捷菜单中选择“文本框架选项”命令，在弹出的“文本框架选项”对话框中设置参数，如图 8-41 所示。

Step24 选择文字工具，拖动鼠标绘制文本框并输入文字，如图 8-42 所示。

Step25 选择矩形框架工具绘制框架，执行“文件”|“置入”命令，置入素材文件并调整其大小，如图 8-43 所示。

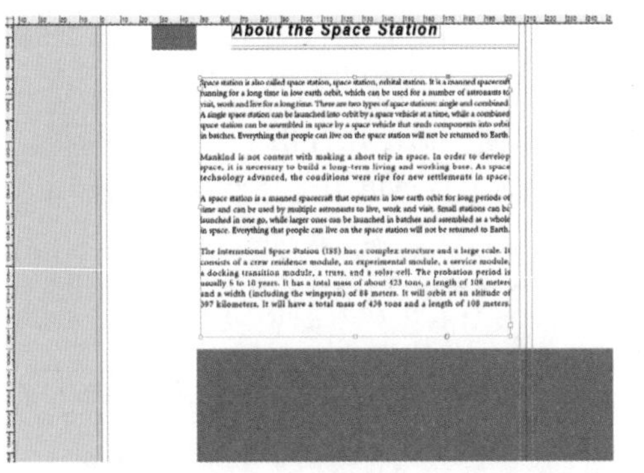

图 8-40

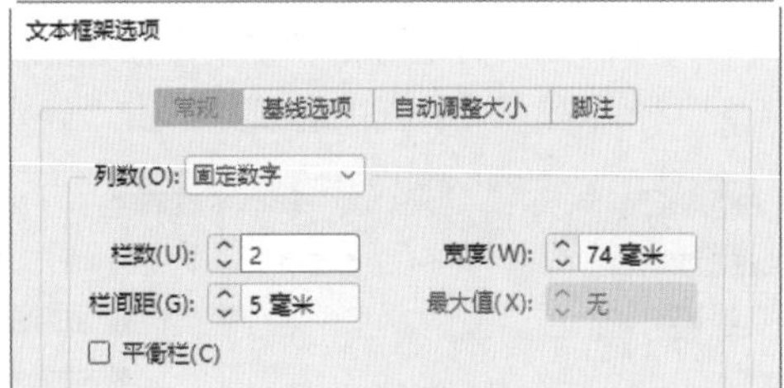

图 8-41

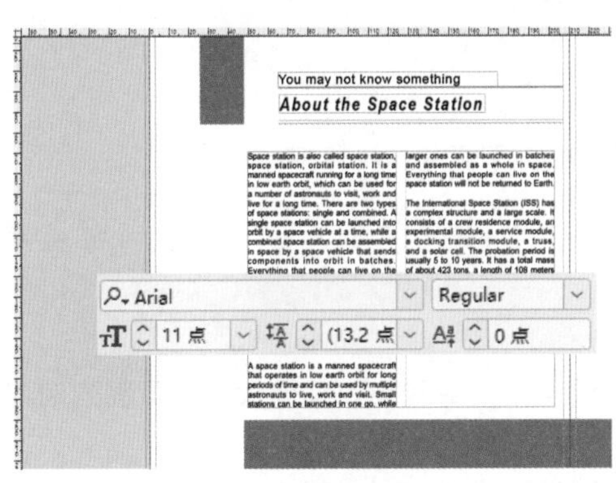

图 8-42

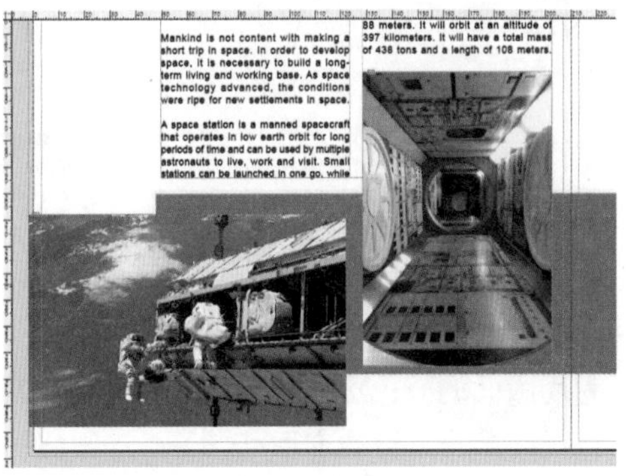

图 8-43

Step26 在第 3 页中使用相同的方法创建文本框并输入文字，创建框架置入图像，如图 8-44 所示。

Step27 在第 4、5 页中使用相同的方法创建文本框并输入文字，创建框架置入图像，如图 8-45 所示。

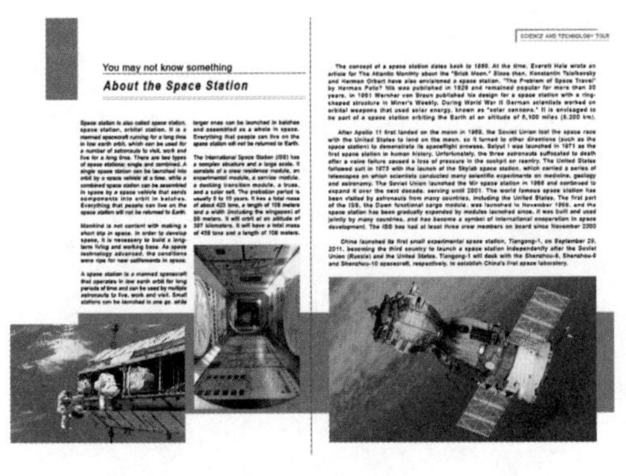

图 8-44

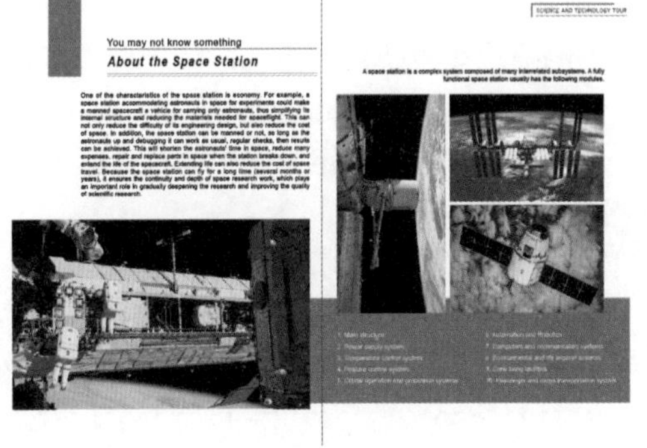

图 8-45

至此，完成多页画面的制作。

8.3 调整版面

在 InDesign 中，框架是容纳文本、图片等对象的容器，框架也可以作为占位符，即不包含任何内容的容器。作为容器或占位符时，框架是版面的基本构造块，也是设置版面的重要元素。

InDesign 的版面自动调整功能非常出色，可以随意更改页面的大小、方向、边距或栏的版面设置。若启用版面调整，将按照设置逻辑规则自动调整版面中的框架、文字、图片、参考线等。

要启用版面自动调整，可以执行“版面”|“自适应版面”命令，弹出“自适应版面”面板，如图 8-46 所示。单击面板右上方的“菜单”按钮☰，在弹出的下拉菜单中选择“版面调整”命令，弹出“版面调整”对话框，从中进行选择并单击“确定”按钮即可，如图 8-47 所示。

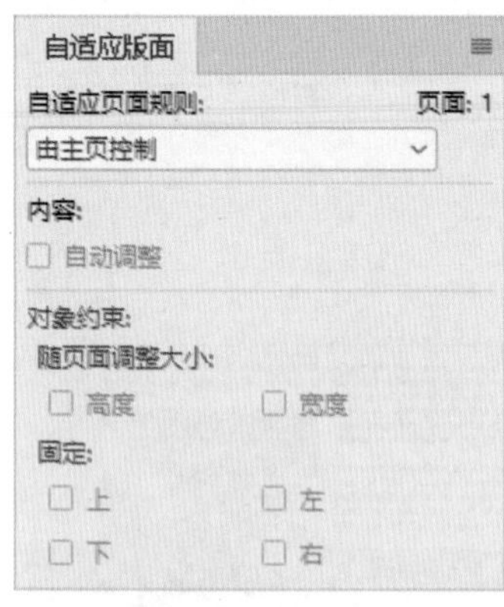

图 8-46

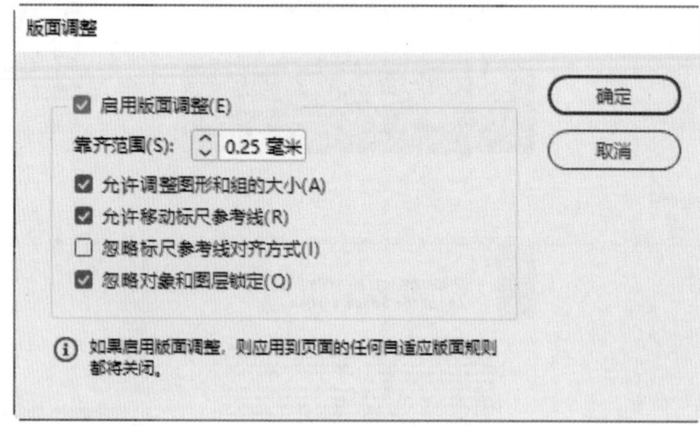

图 8-47

该对话框中主要选项的功能介绍如下。

◎ 启用版面调整：选中此复选框，将启用版面调整，则每次更改页面大小、页面方向、边距或分栏时都将进行版面自动调整。

◎ 靠齐范围：文本框中设置要使对象在版面调整过程中靠齐最近的边距参考线、栏参考线或页面边缘，以及该对象需要与其保持多近的距离。

◎ 允许调整图形和组的大小：选中此复选框，则在版面调整时将允许缩放图形、框架与组；否则只可移动图形与组，但不能调整其大小。

◎ 允许移动标尺参考线：选中此复选框，则在版面调整时将允许调整参考线的位置。

◎ 忽略标尺参考线对齐方式：选中此复选框，则将忽略标尺参考线对齐方式。若参考线不合适版面时，则可选中此复选框。

◎ 忽略对象和图层锁定：选中此复选框，则在版面调整时将忽略对象和图层锁定。

知识点拨

“启用版面调整”功能不会立即更改文档中的任何内容，只有在更改页面大小、页面方向、边距或分栏设置以及应用新主页时才能触发该功能。

实例：使用页面工具调整版面

下面将使用“页面工具”调整版面大小。

Step01 新建一个 A4 尺寸的文档，如图 8-48 所示。

Step02 执行“文件”|“置入”命令，置入素材文件并调整其大小，如图 8-49 所示。

Step03 在工具箱中选择“页面工具”，在“控制”面板中设置参数，如图 8-50 所示。

Step04 使用选择工具调整框架，在“控制”面板中单击“按比例填充框架”按钮，如图 8-51 所示。

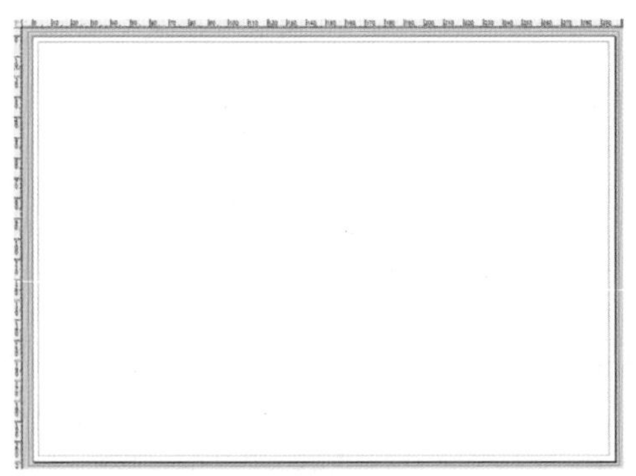

图 8-48

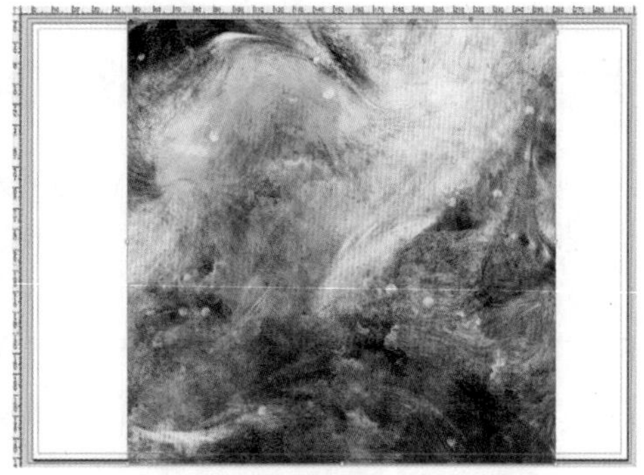

图 8-49

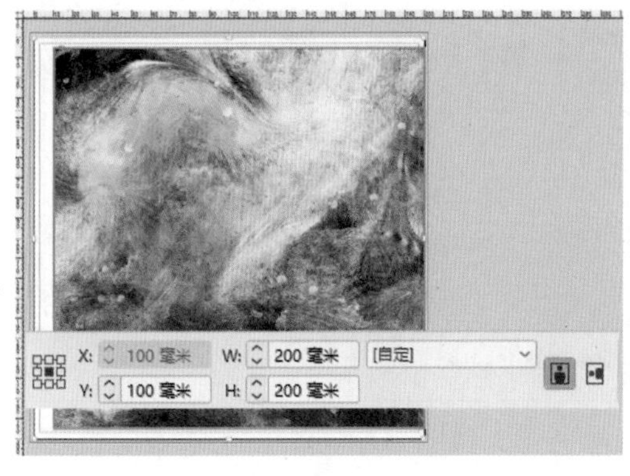

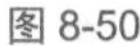

图 8-50

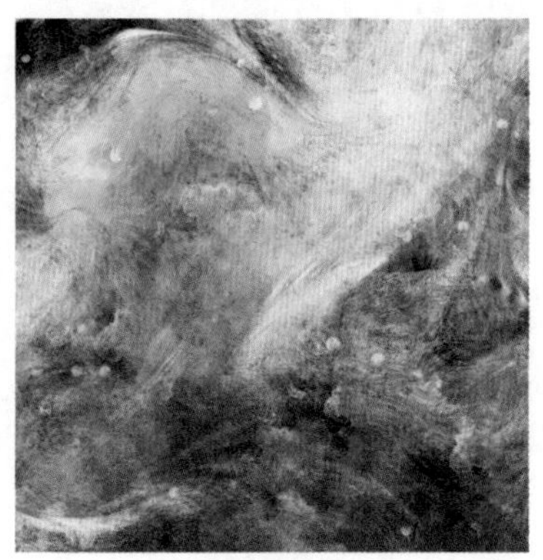

图 8-51

至此，完成使用“页面工具”调整版面大小的操作。

8.4 页码的管理

在文档中可以制定不同页面的页码，如一本书的目录部分可以使用罗马数字作为页码的编号，正文用阿拉伯数字编号，它们的页码都是从 1 开始的。在同一个文档中 InDesign 可以提供多种编号，在“页面”面板中选中要更改页码的页面，单击面板右上方的“菜单”按钮，在弹出的下拉菜单中选择“页码和章节选项”命令，弹出“页码和章节选项”对话框，如图 8-52 所示。

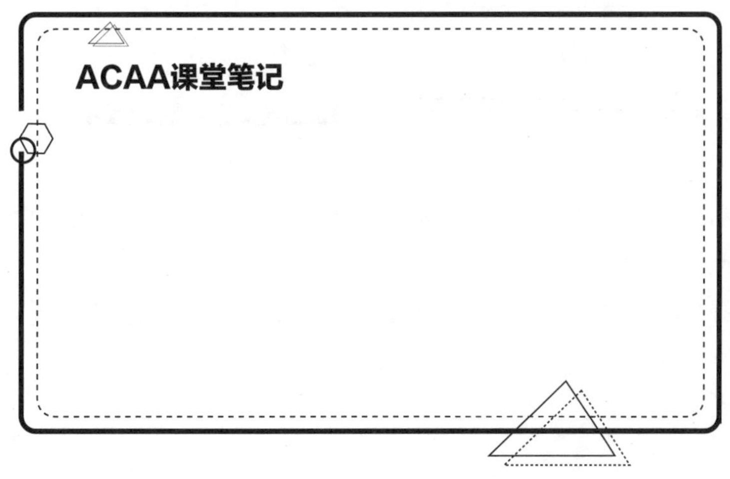

页码和章节选项
开始新章节(S)
确定
取消
自动编排页码(A)
起始页码(T): 1
编排页码
章节前缀(P):
样式(Y): 1, 2, 3, 4...
章节标志符(M):
编排页码时包含前缀(I)
文档章节编号
样式(L): 1, 2, 3, 4...
自动为章节编号(C)
起始章节编号(R): 1
与书籍中的上一文档相同(B)
书籍名: 不可用

图 8-52

8.5 课堂实战　宣传册目录的制作

宣传册包含的内容非常广泛，相对一般的书籍来说，设计风格更具多样化，文字、图形、颜色都应引起读者注意，并且使读者瞬间理解与接收它所传达的信息，宣传册设计讲究一种整体感，对设计者而言，尤其需要具备一种把握力。

Step01 执行“文件”|“新建”命令，在弹出的“新建文档”对话框中设置参数，如图 8-53 所示。

Step02 单击“边距和分栏”按钮，在弹出的“新建边距和分栏”对话框中设置参数，如图 8-54 所示。

图 8-53

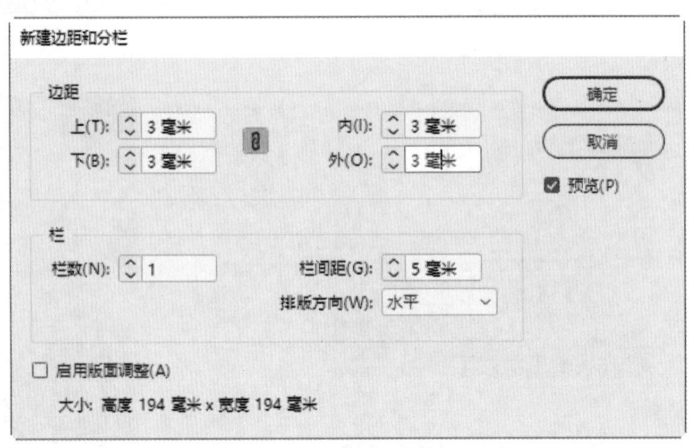

图 8-54

Step03 选择矩形工具，绘制与文档相同大小的矩形，在工具箱中单击“描边”按钮，设置描边为无；单击“填色”按钮，选择“应用渐变”，如图 8-55 所示。

Step04 执行“窗口”|“颜色”命令，弹出“颜色”面板；双击“渐变色板工具”，弹出“渐变”面板，在“渐变”面板中设置参数，如图 8-56 和图 8-57 所示。

图 8-55

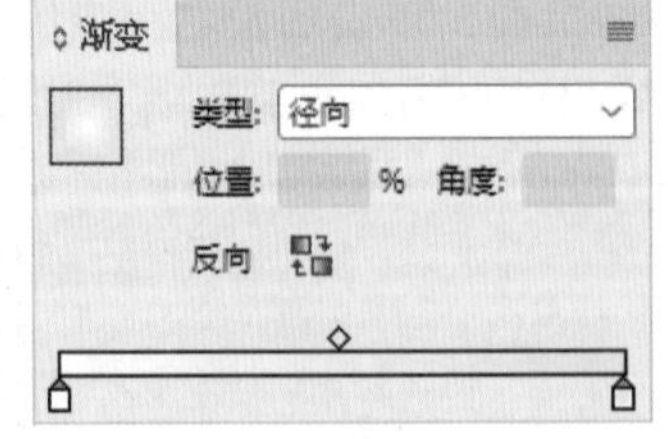

图 8-56

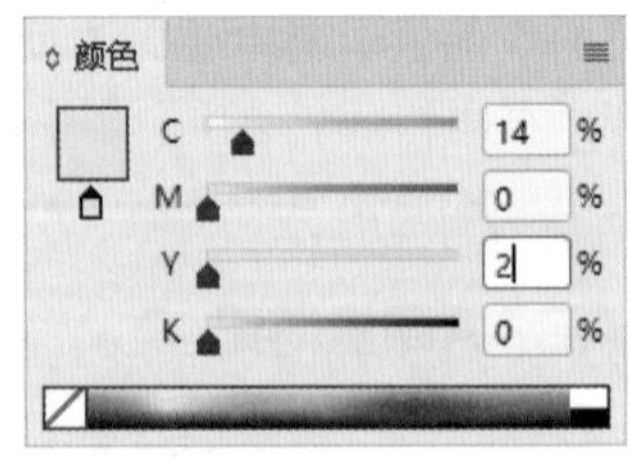

图 8-57

Step05 选择椭圆工具，设置描边为无，单击“填色”按钮，选择“应用渐变”，在“渐变”面板中设置其参数，如图 8-58 和图 8-59 所示。

Step06 右击，在弹出的快捷菜单中选择“效果”|“透明度”命令，在弹出的“效果”对话框中设置参数，如图 8-60 和图 8-61 所示。

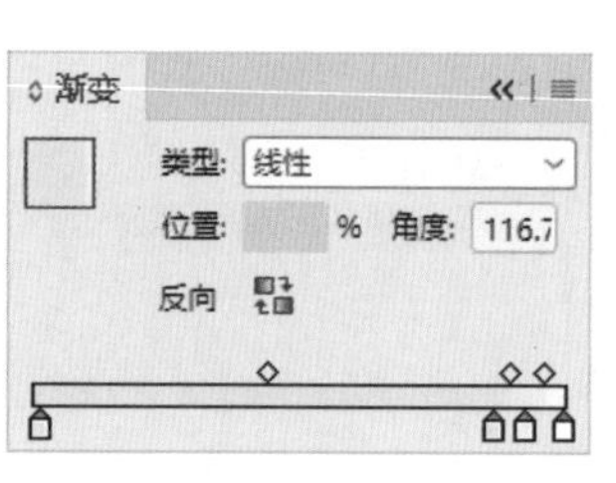

图 8-58

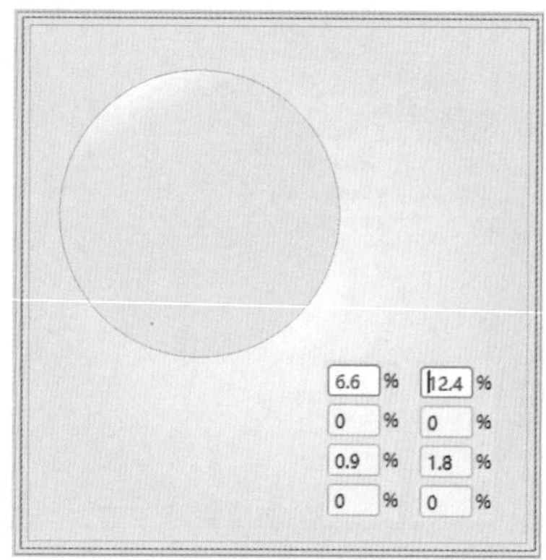

图 8-59

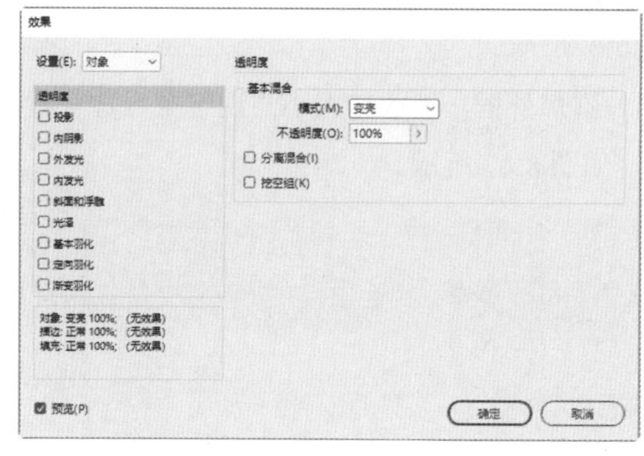

图 8-60

图 8-61

Step07 按 F7 功能键，在弹出的“图层”面板中选中“圆形”图层拖动至面板右下角处的“创建新图层”按钮上，释放鼠标复制图层，如图 8-62 所示。

Step08 选中上方的“圆形”图层，修改图层名称为“圆形外框”，如图 8-63 所示。

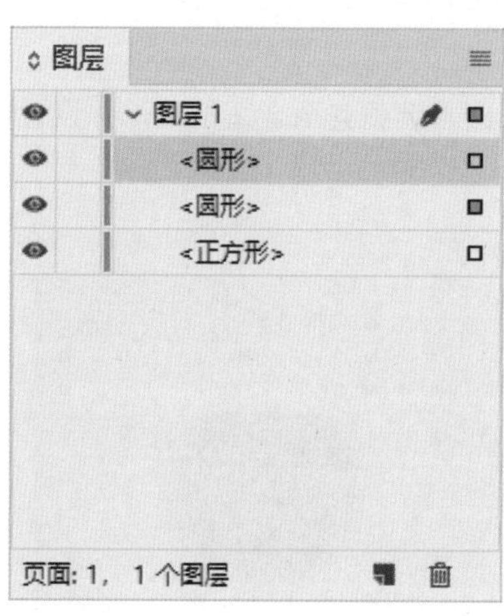

图 8-62

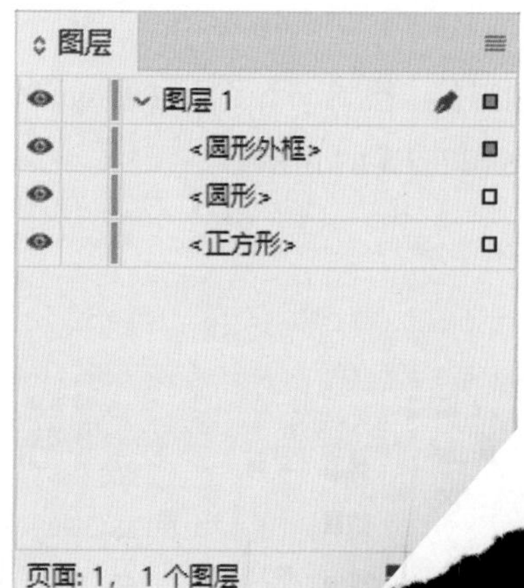

图 8-63

Step09 选中“圆形外框”图层，右击，在弹出的快捷菜单中选择“效果

果”对话框中设置参数，如图 8-64 所示。

Step10 设置其填色为无，描边为灰色，如图 8-65 所示。

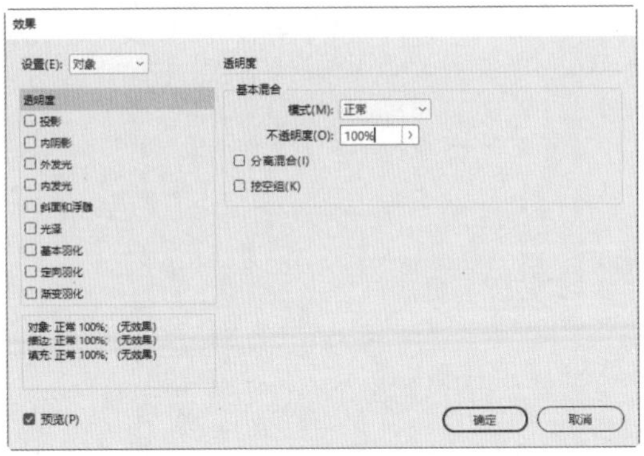

图 8-64

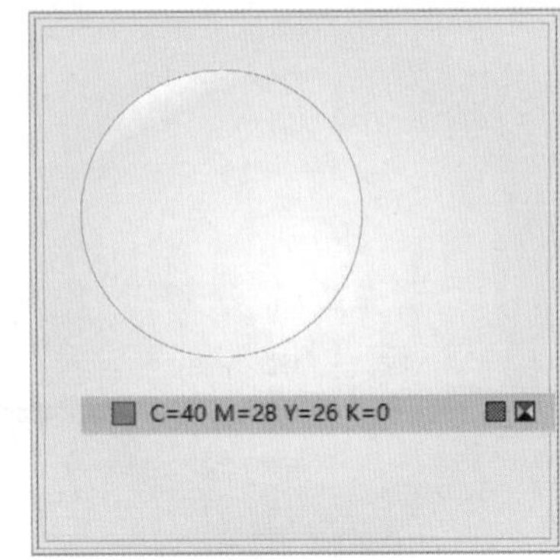

图 8-65

Step11 按 Ctrl+L 组合键锁定背景图层，选中圆形和圆形外框，按住 Alt 键，复制其至合适位置并在“控制”面板中调整其旋转角度为 5.25°，如图 8-66 所示。

Step12 使用同样的方法复制 5 个相同的圆形与圆形外框，缩放其大小并调整至合适位置，选中全部圆形和圆形外框，按 Ctrl+G 组合键创建编组，如图 8-67 所示。

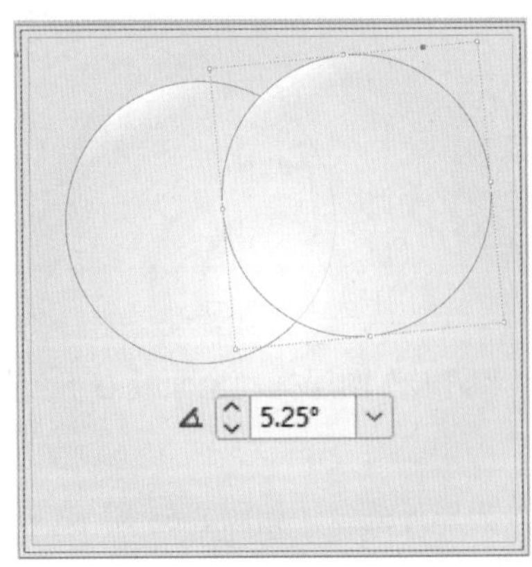

图 8-66

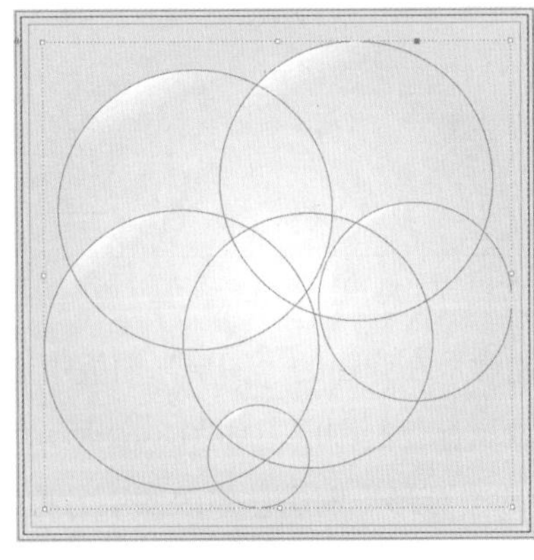

图 8-67

Step13 选择椭圆工具，绘制一个半径为 95mm 的正圆，调整其至合适位置，并设置填色为渐变，描边为无，如图 8-68 和图 8-69 所示。

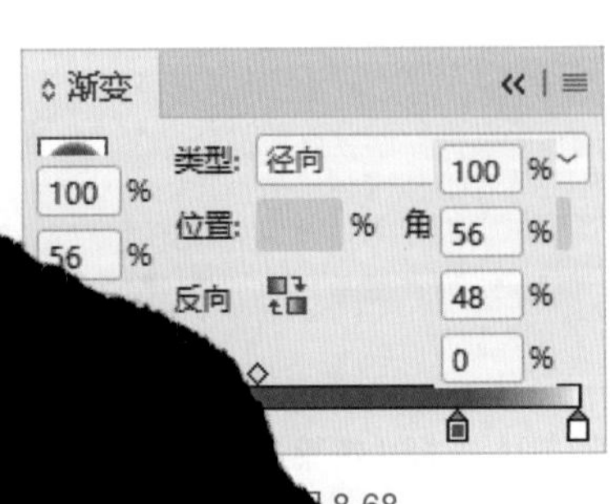

图 8-68

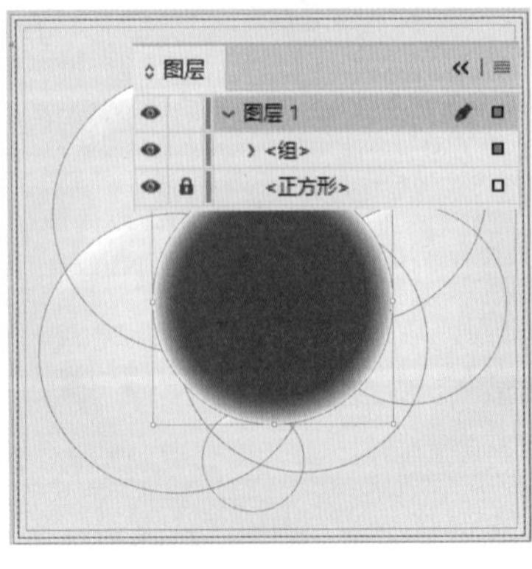

图 8-69

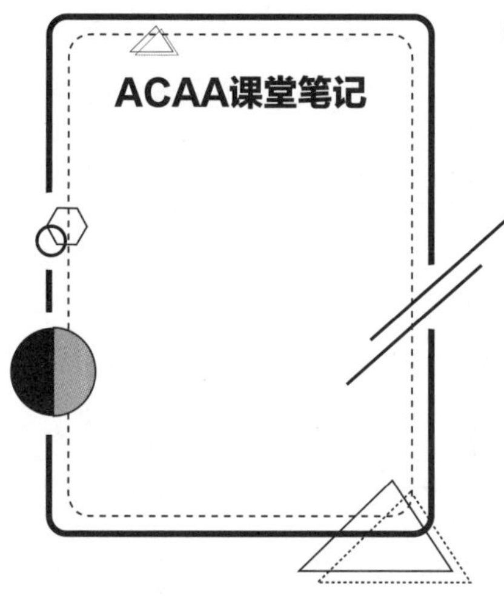

Step14 右击，在弹出的快捷菜单中选择“效果”|“透明度”命令，在弹出的“效果”对话框中设置参数，如图 8-70 所示。

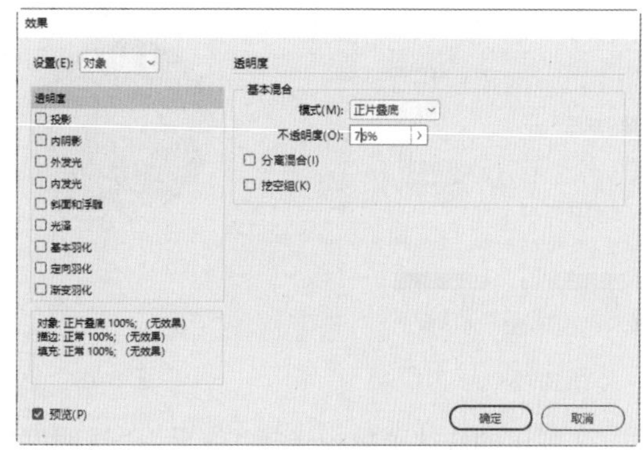

图 8-70

Step15 在对话框中设置“基本羽化”参数，如图 8-71 和图 8-72 所示。

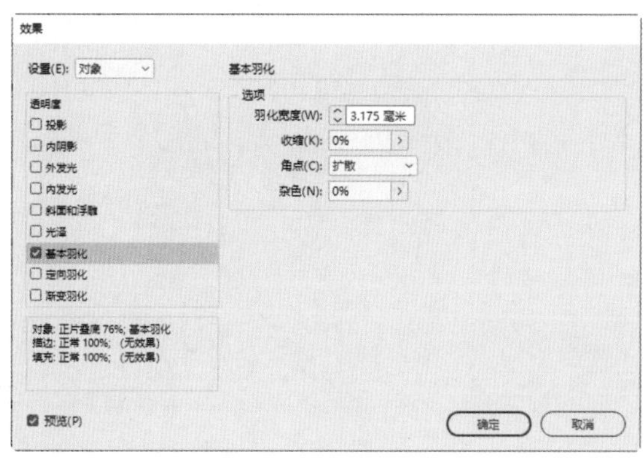

图 8-71

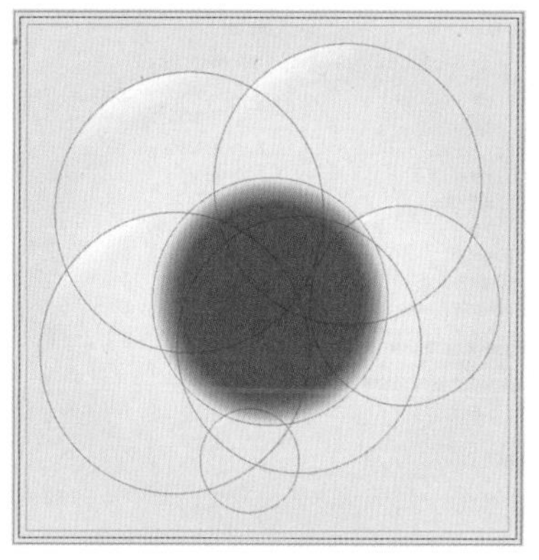

图 8-72

Step16 选择椭圆工具，绘制一个半径为 87mm 的正圆，调整其至合适位置，并设置填色为渐变，描边为灰色，描边大小为 1.5，如图 8-73 和图 8-74 所示。

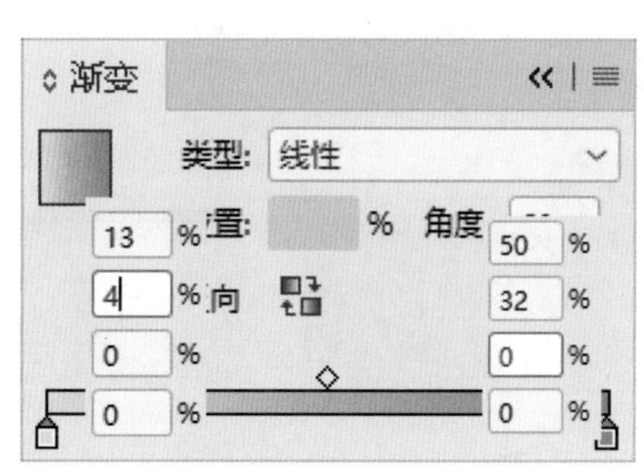

图 8-73

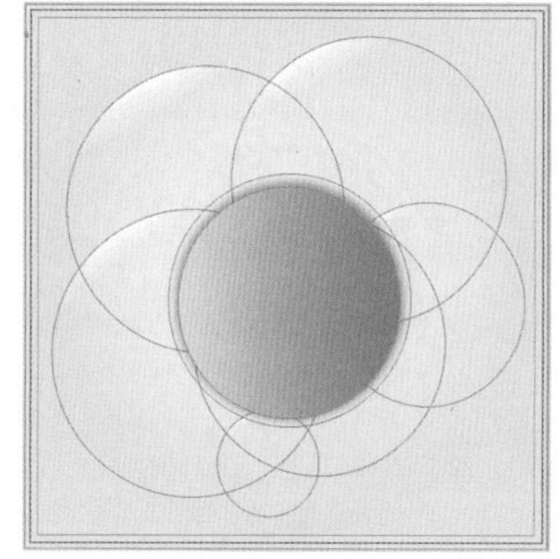

图 8-74

Step17 选择椭圆工具，绘制一个半径为 79mm 的正圆，调整其至合适位置，并设置填色为渐变，描边为无，如图 8-75 和图 8-76 所示。

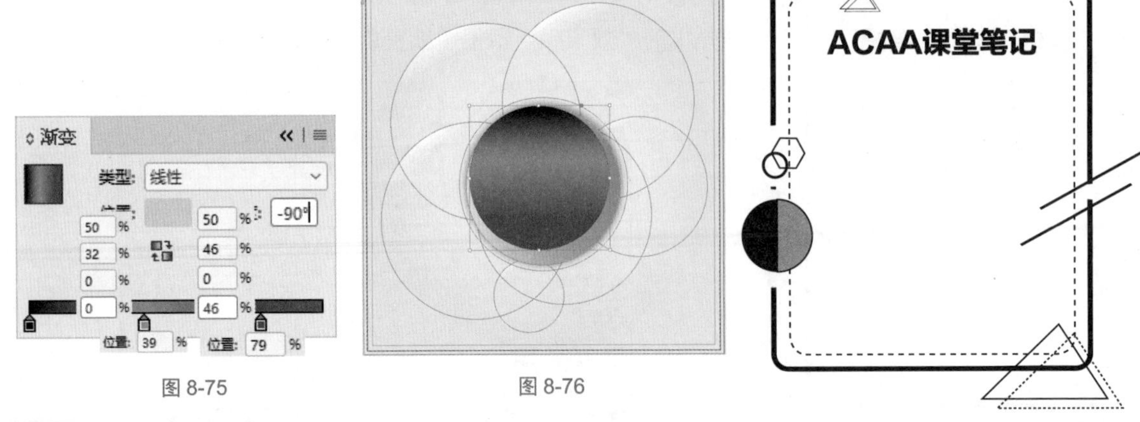

图 8-75　　图 8-76

Step18 右击，在弹出的快捷菜单中选择“效果”|“透明度”命令，在弹出的“效果”对话框中设置参数，如图 8-77 和图 8-78 所示。

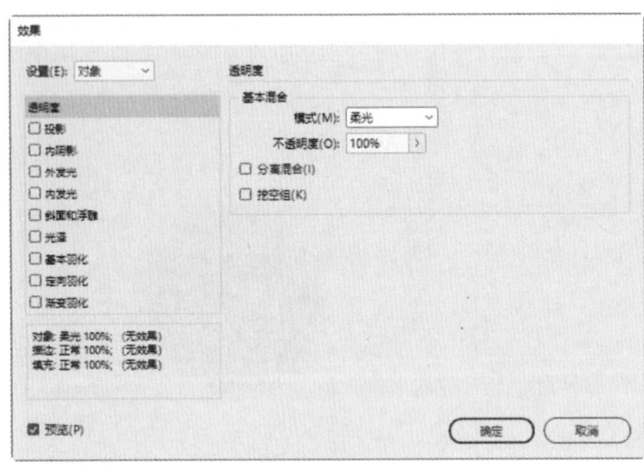

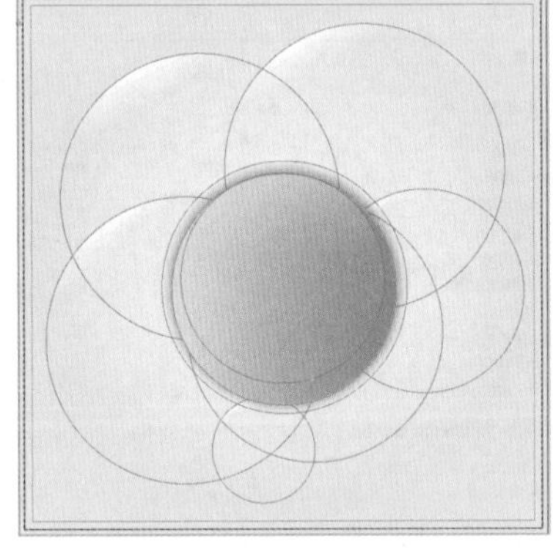

图 8-77　　图 8-78

Step19 使用选择工具，绘制选择区域，按 Ctrl+G 组合键将选中的图形编组，按住 Alt 键复制移动，并更改颜色参数，如图 8-79 和图 8-80 所示。

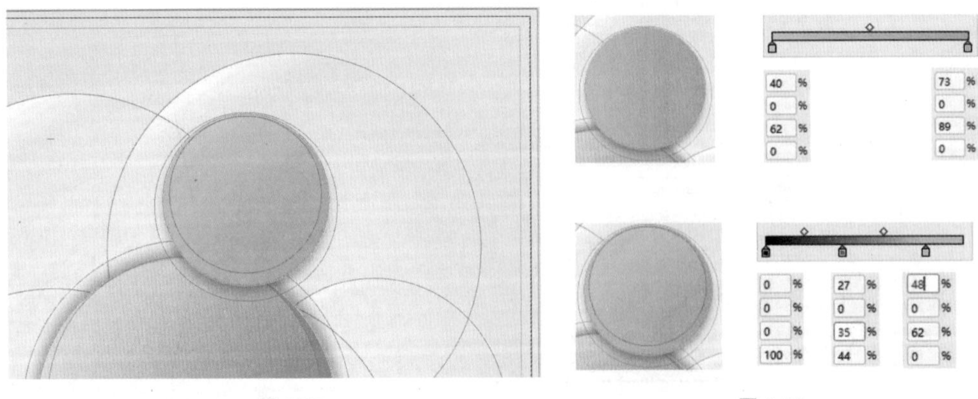

图 8-79　　图 8-80

Step20 继续按住 Alt 键复制移动并更改颜色参数，如图 8-81 和图 8-82 所示。

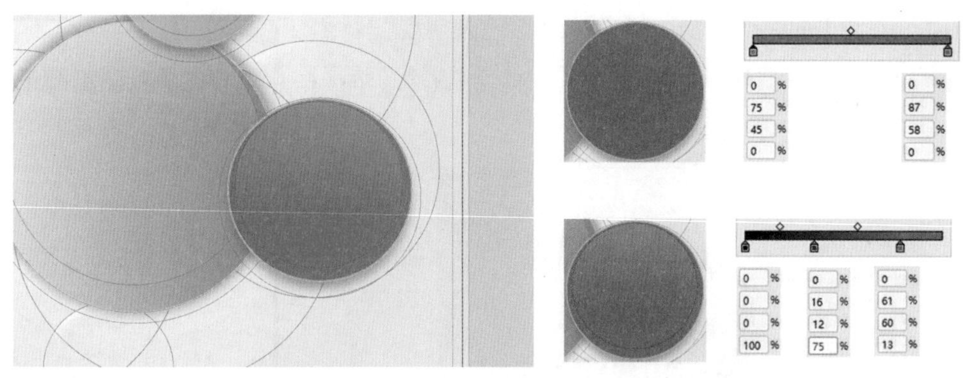

图 8-81　　　　图 8-82

知识点拨

复制后解锁编组并更改颜色参数，修改完成后按 Ctrl+G 组合键重新将其编组。

Step21 按住 Alt 键复制移动，改变其大小并调整至合适位置，如图 8-83 所示。

Step22 继续使用相同的方法，绘制相同阴影与正圆形，设置半径为 25mm，移动其至合适位置，如图 8-84 所示。

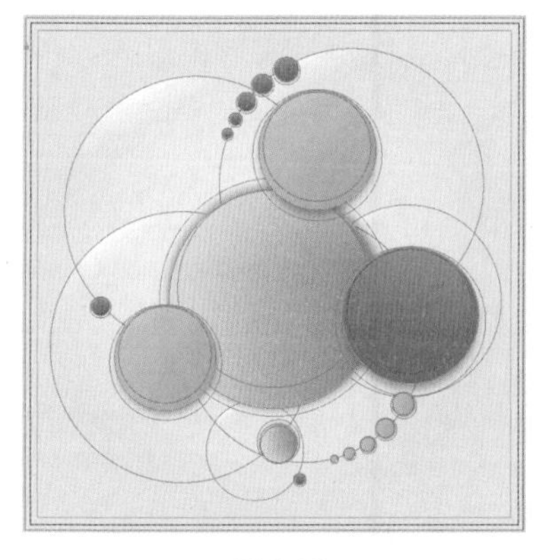

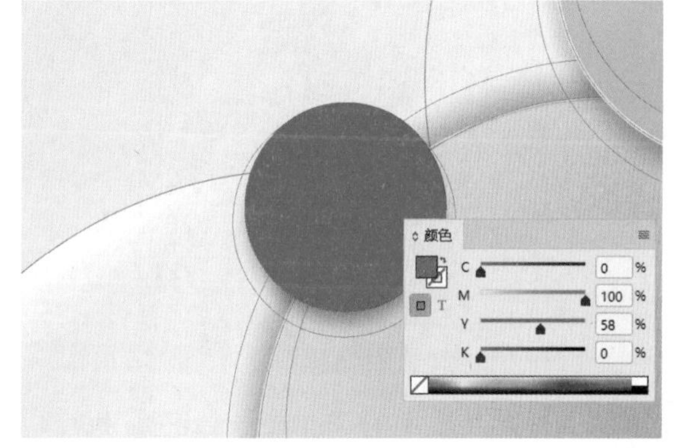

图 8-83　　　　图 8-84

Step23 使用“椭圆工具”，依次从大到小绘制 3 个正圆形，并设置其水平居中对齐与垂直居中对齐，如图 8-85 所示。

Step24 绘制正圆，设置填色为渐变，如图 8-86 所示。

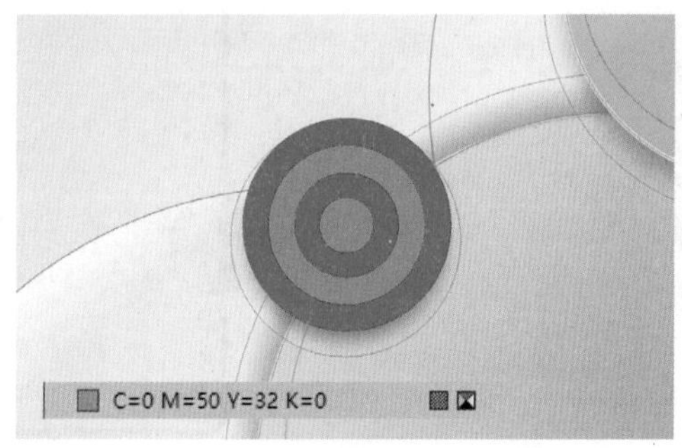

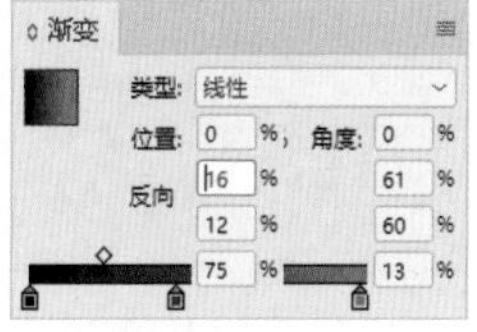

图 8-85　　　　图 8-86

第8章 文档版面的管理

Step25 右击，在弹出的快捷菜单中选择“效果”|“透明度”命令，弹出“效果”对话框，在“模式”下拉列表框中选择“柔光”选项，单击“确定”按钮，效果如图 8-87 所示。

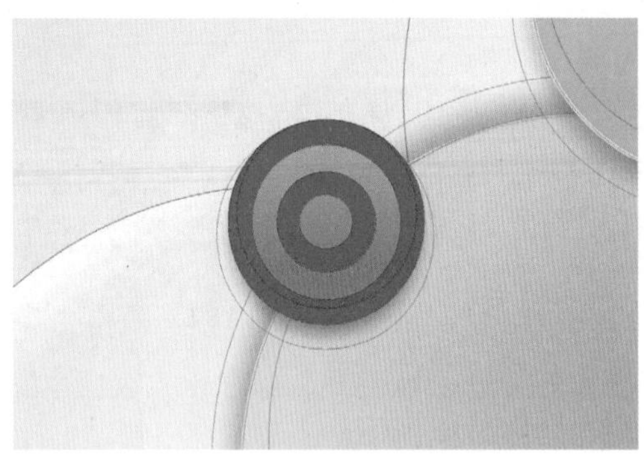

图 8-87

Step26 选中所有图层，按 Ctrl+G 组合键将其编组，按 Ctrl+L 组合键锁定该组，如图 8-88 所示。

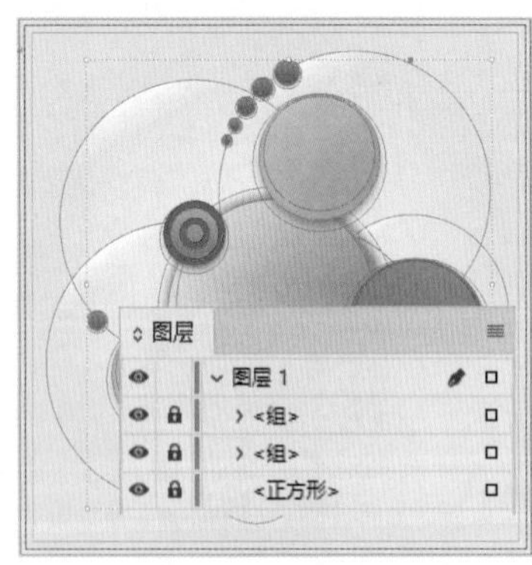

图 8-88

Step27 选择椭圆框架工具，按住 Shift 键绘制正圆，执行“文件”|“置入”命令，置入素材文件 1.jpg，调整其大小与位置，按 Shift+[组合键，将其调整至“组”图层的下方，效果如图 8-89 所示。

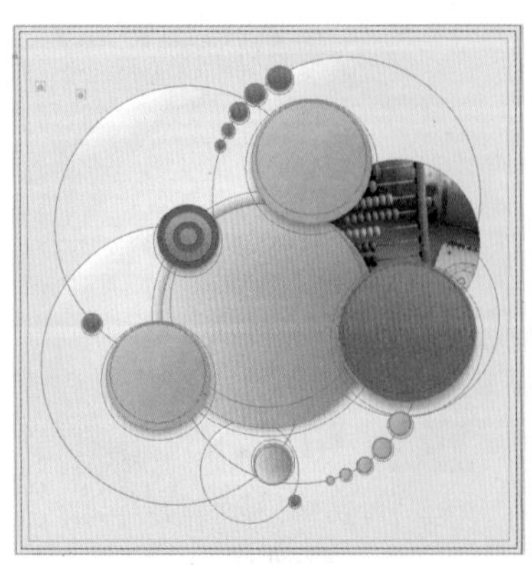

图 8-89

ACAA课堂笔记

Adobe InDesign CC 课堂实录

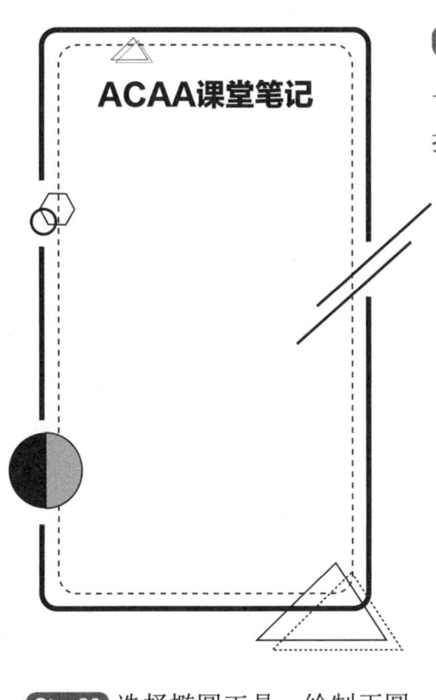
ACAA课堂笔记

Step28 使用同样的方法置入 2.jpg、3.jpg 素材文件，调整其大小与位置，在“控制”面板中，设置图片框架的描边颜色为白色，描边大小为 1.2 点，效果如图 8-90 所示。

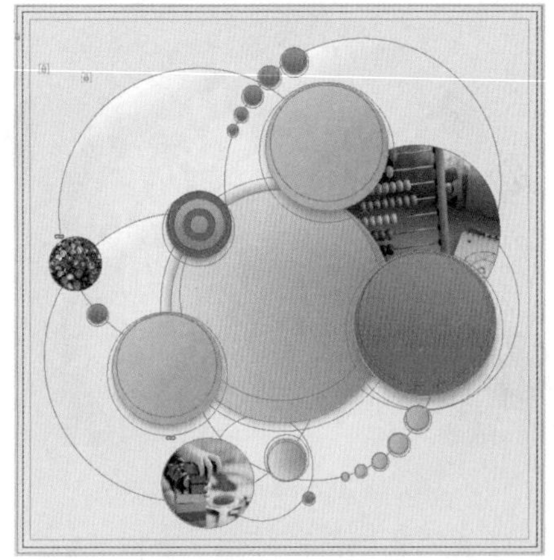

图 8-90

Step29 选择椭圆工具，绘制正圆，填充与前面相同的渐变阴影，调整至 2.jpg 图层的下方，如图 8-91 所示。

Step30 选择钢笔工具，在页面左上角绘制弧形路径，选择路径文字工具，输入文字内容，在“控制”面板中设置其字体、字号，效果如图 8-92 所示。

图 8-91

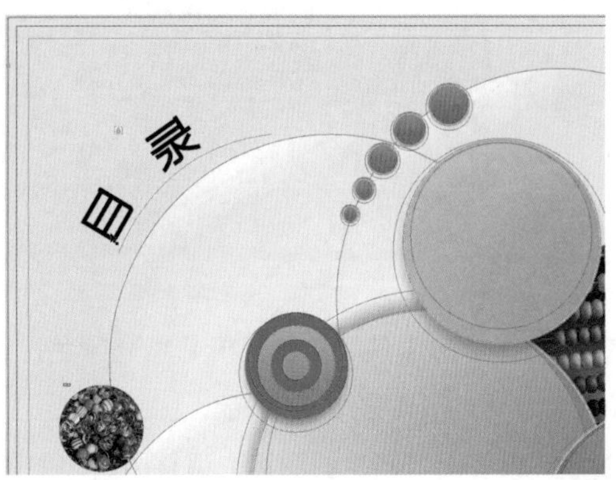

图 8-92

ACAA课堂笔记

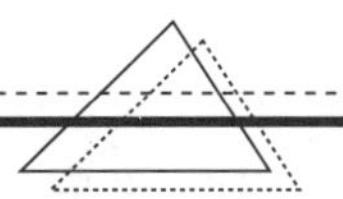

Step31 使用路径文字工具，在下方的圆形路径输入一段符号“-”，按 Ctrl+A 组合键全选内容，在“控制”面板中设置字体大小，设置颜色为黑白渐变，如图 8-93 所示。

Step32 选择文字工具，拖动鼠标绘制文本框并输入文字内容，设置参数，效果如图 8-94 所示。

图 8-93

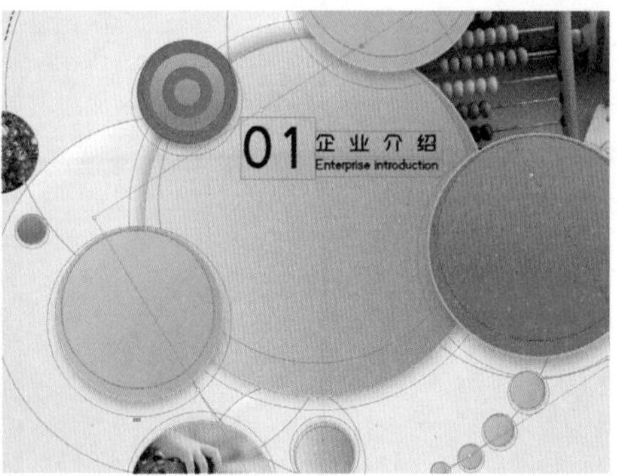

图 8-94

Step33 选择文字工具，拖动鼠标绘制文本框并输入文字内容，如图 8-95 所示。

Step34 使用相同的方法继续创建文字，如图 8-96 所示。

图 8-95

图 8-96

Step35 选择矩形工具，绘制矩形并填充颜色，设置描边为无。选择文字工具，拖动鼠标绘制文本框并输入文字内容，如图 8-97 所示。

Step36 解锁页面上锁定的图标，调整图层，如图 8-98 所示。

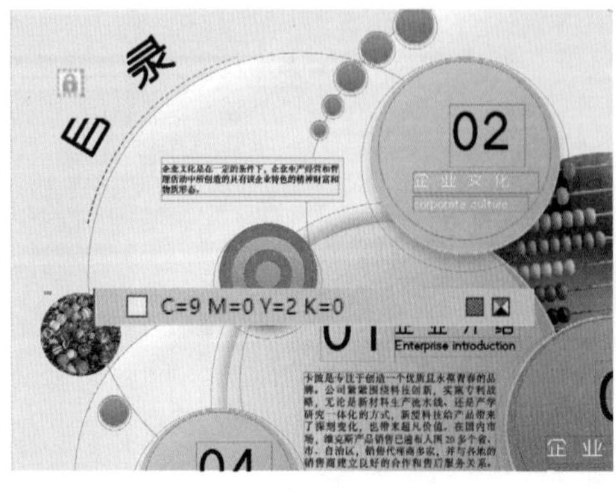

图 8-97

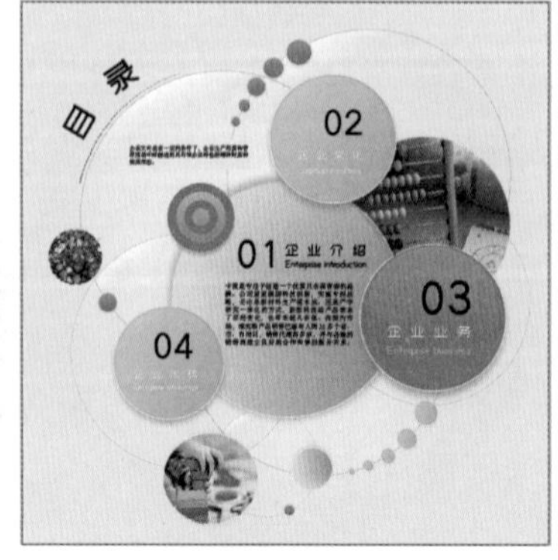

图 8-98

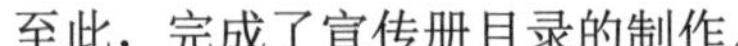

至此，完成了宣传册目录的制作。

8.6 课后作业

一、选择题

1. 关于主页的叙述，以下说法正确的是（　　）。
   A. 一个文档可包含多个主页页面
   B. 一个文档页面可以同时应用多个主页
   C. 一个主页页面可应用到其他主页页面
   D. 主页页面只能通过拖动操作来应用主页
2. 页面上应用了主页，页码被页面上的图片遮盖了，可以用下列（　　）方法解决。
   A. 选择页码，执行“对象”|“排列”|“置于顶层”命令
   B. 新建一个图层，在主页上剪切页码，选择最上面图层，在主页上原位粘贴页码
   C. 新建一个图层，并将图层排到最底层，选择图片剪切，选择最底层图层原位粘贴
   D. 选择“页面”面板菜单中的“覆盖所有主页项目”命令，然后选择页码，排列至顶层
3. 如果把一个新主页应用到一个使用了默认主页的页面上，将会（　　）。
   A. 新主页覆盖默认设置
   B. 必须首先对页面应用“无”主页，新主页才能生效
   C. 默认设置和新主页设置都会在页面上生效
   D. 弹出提示框：无法应用该主页
4. 下列关于 InDesign 生成目录的说法正确的是（　　）。
   A. 生成目录的依据是字符样式
   B. 生成目录的依据是目录对话框中设置的字符属性
   C. 可以把目录的设置保存为目录样式，方便以后使用
   D. 同一个文档中只能有一个目录样式

二、填空题

1. “页面”面板中提供了关于______、______和______的相关信息，以及对于它们的控制。

2. 使用主页可以作为______，并将相同内容快速应用到许多页面中。

3. 在 InDesign 中，______是容纳文本、图片等对象的容器，也可以作为占位符，即不包含任何内容的容器。

4. 创建目录需要 3 个步骤，首先，______；其次，______；最后，将目录排入文档中。

三、上机题

1. 制作书籍目录排版，如图 8-99 所示。

ACAA课堂笔记

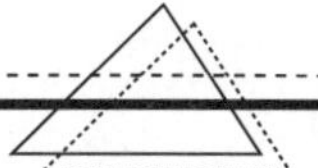

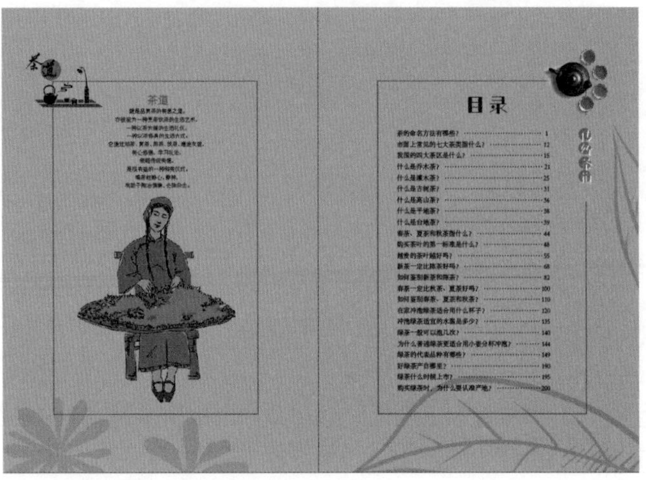

图 8-99

思路提示：

◎ 绘制矩形背景，分别置入图像并调整大小。

◎ 使用段落文本框架制作目录并排版。

2. 制作画册目录排版，如图 8-100 所示。

图 8-100

思路提示：

◎ 绘制框架置入图像并调整大小。

◎ 绘制矩形并输入文字。

第9章 台历版式设计

内容导读

本章主要讲解制作台历。台历分为正反两面，比较常见的为正面图像，背面日历；或者正面图像、日历，背面记事表格。在制作过程中主要应用到框架、图像的置入以及文本转表格等知识。

学习目标

- 掌握台历的版面设计与排版
- 掌握框架与文本的创建
- 熟练应用文本转表格以及表格样式

9.1 设计分析

台历或挂历按照形状可以分为中堂型、条幅型、横幅型、正方形、圆形、三角形等。挂历的尺寸设计一般比较随意，常见的尺寸有32开、16开、8开、4开、对开、全开等。

台历主要由台历架子、台历纸、台历圈组成。市场上出现的台历套装大多包括台历架子、13张台历纸和台历圈，而台历纸和台历架都是带孔的，打印完手掐圈就可以了，方便实用。

市场上的台历主要包括养生类、国学类、商务休闲类、财经类、福字类、生肖类、人物类、异形类等。下面是一些不同风格的台历版式设计，可以供日常学习参考，如图9-1所示。

图9-1

9.2 设计过程

台历分为正反两面，正面为图像日历，背面为记事表格。一般有13个页面，包括一页独立的封面和12页月份日历。本案例将讲解如何设计制作台历的封面、正面以及背面。

9.2.1 制作台历封面

台历的封面一般为独立的一页，正面为大字年份，设计简约大方，不宜烦琐。背面一般为空白，无须设计。

Step01 执行“文件”|“新建”命令，在弹出的“新建文档”对话框中设置参数，如图9-2所示。

Step02 单击“边距和分栏”按钮，在弹出的“新建边距和分栏”对话框中设置参数，如图 9-3 所示。

图 9-2

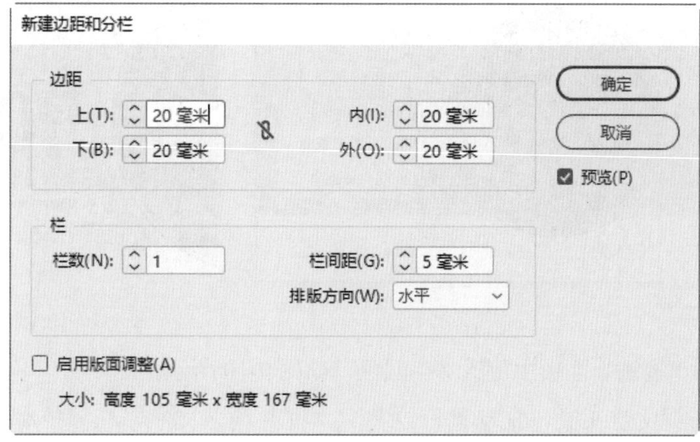

图 9-3

Step03 选择椭圆框架工具，按住 Shift 键绘制正圆，如图 9-4 所示。

Step04 执行“文件”|“置入”命令，置入素材文件并调整其大小与位置，如图 9-5 所示。

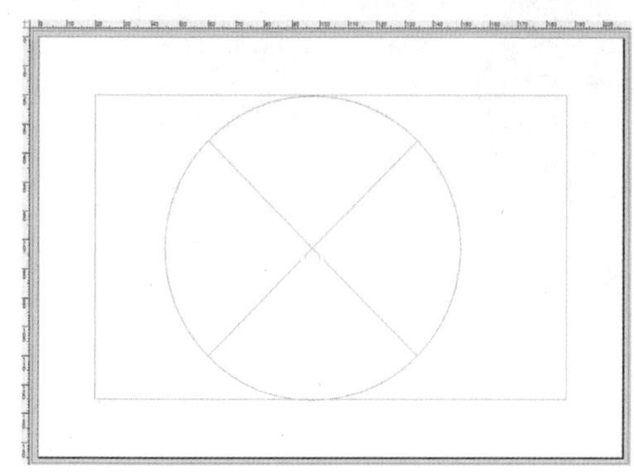

图 9-4

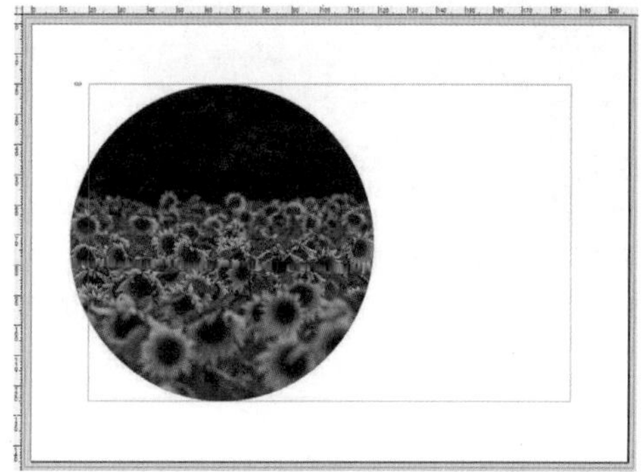

图 9-5

Step05 在“控制”面板中设置描边参数，如图 9-6 所示。

Step06 选择矩形工具，绘制矩形并填充颜色，如图 9-7 所示。

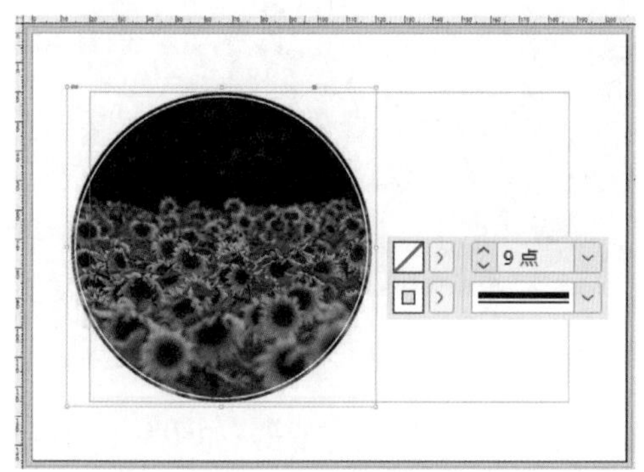

图 9-6

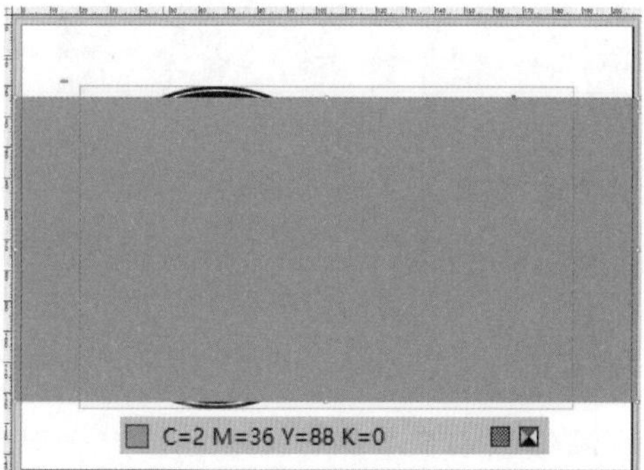

图 9- 7

Step07 按 Ctrl+Shift+[组合键将矩形置于最底层，并调整其高度，如图 9-8 所示。

Step08 选择文字工具，拖动鼠标绘制文本框并输入文字，在“控制”面板中设置参数，如图 9-9 所示。

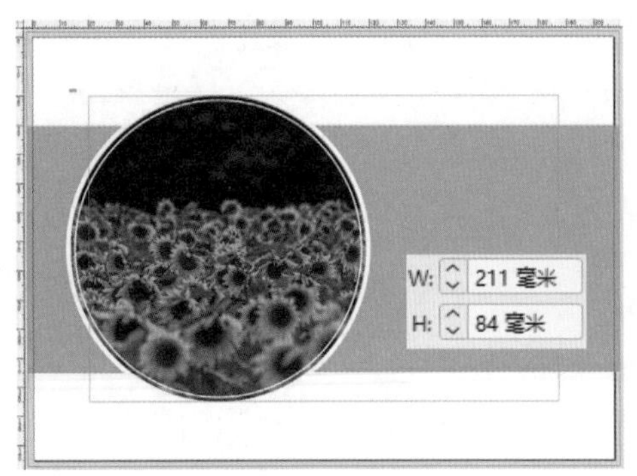

图 9-8

图 9-9

Step09 在“控制”面板中更改文字颜色，如图 9-10 所示。

Step10 选择文字工具，拖动鼠标绘制文本框并输入文字，在“控制”面板中设置参数，如图 9-11 所示。

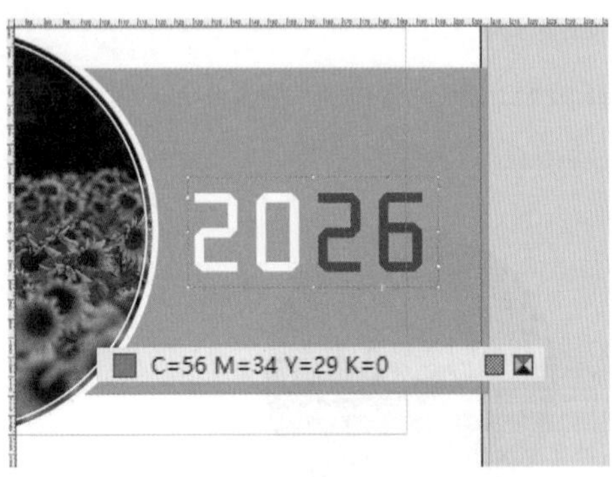

图 9-10

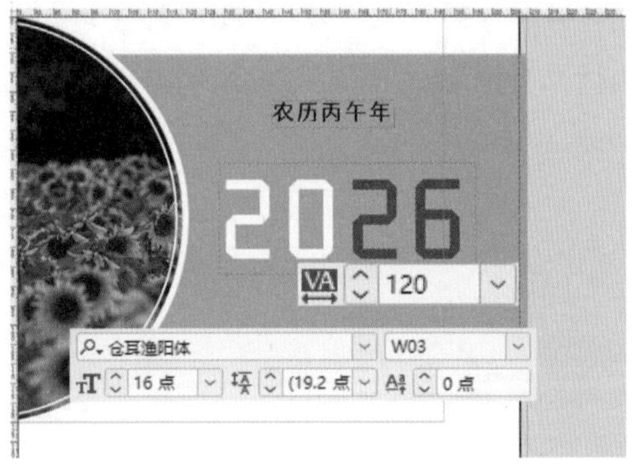

图 9-11

Step11 创建参考线，如图 9-12 所示。

Step12 调整文本位置，如图 9-13 所示。

图 9-12

图 9-13

Step13 选择矩形工具绘制矩形，选择吸管工具吸取背景矩形的颜色进行填充，如图 9-14 所示。

Step14 选择文字工具，拖动鼠标绘制文本框并输入文字，在“控制”面板中，设置参数，如图 9-15 所示。最终效果如图 9-16 所示。

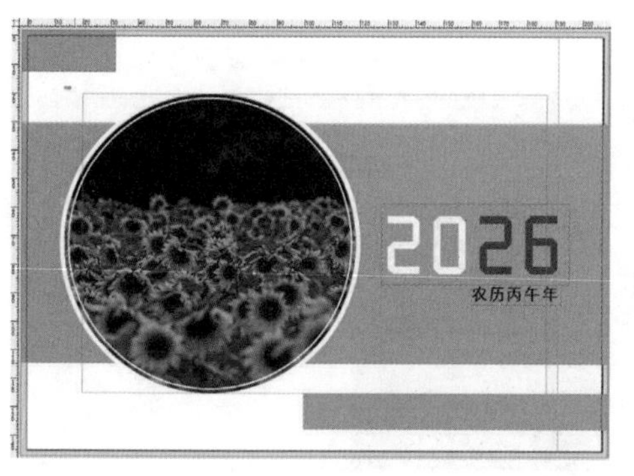

图 9-14

图 9-15

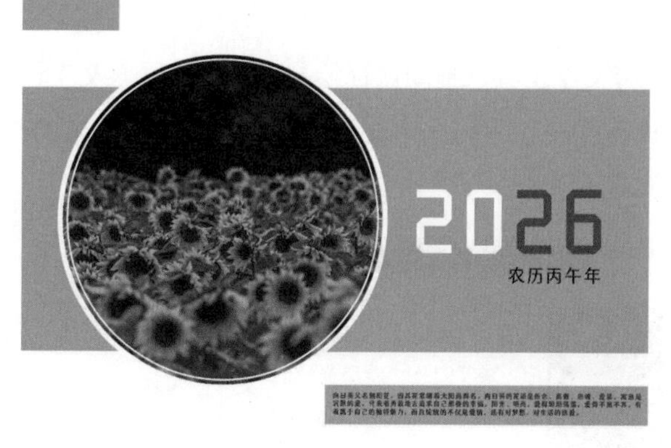

图 9-16

9.2.2 制作台历正面

台历的正面是图像与日历表格，主要用到文本与表格之间的转换以及表格样式的设置。

Step01 执行“窗口”|“页面”命令，在弹出的“页面”面板中单击页面 2，如图 9-17 所示。

Step02 选择矩形工具，绘制矩形并填充颜色，如图 9-18 所示。

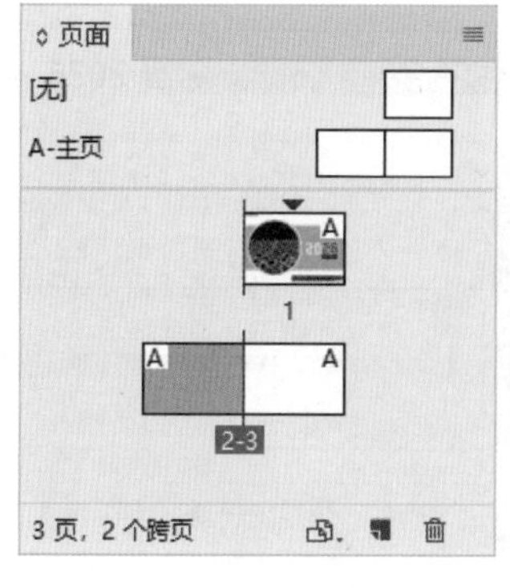

图 9-17

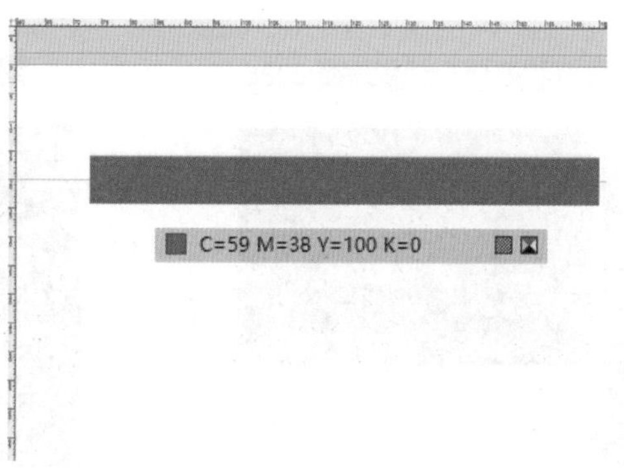

图 9-18

Step03 选择文字工具，拖动鼠标绘制文本框并输入文字，在“控制”面板中设置参数，如图 9-19 所示。

Step04 选择矩形框架工具绘制矩形框架，执行“文件”|“置入”命令，置入素材文件并调整其大小

与位置，如图 9-20 所示。

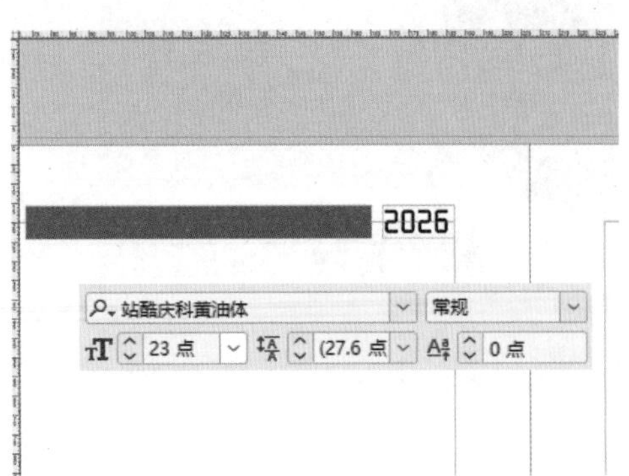

图 9-19

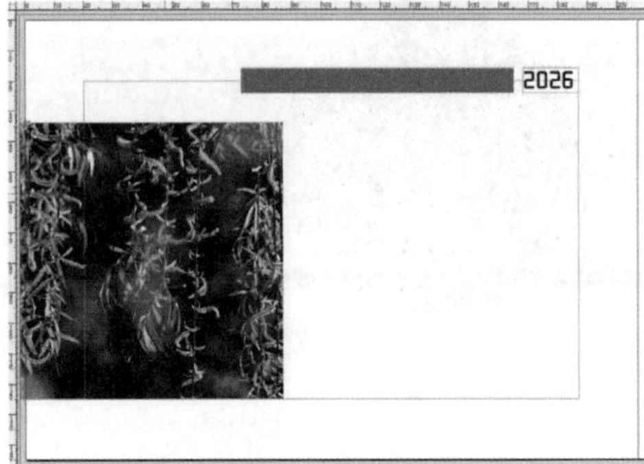

图 9-20

Step05 选择文字工具，拖动鼠标绘制文本框并输入文字，如图 9-21 所示。

Step06 执行“表”|“将文本转换为表”命令，在弹出的“将文本转换为表”对话框中设置参数，如图 9-22 所示。

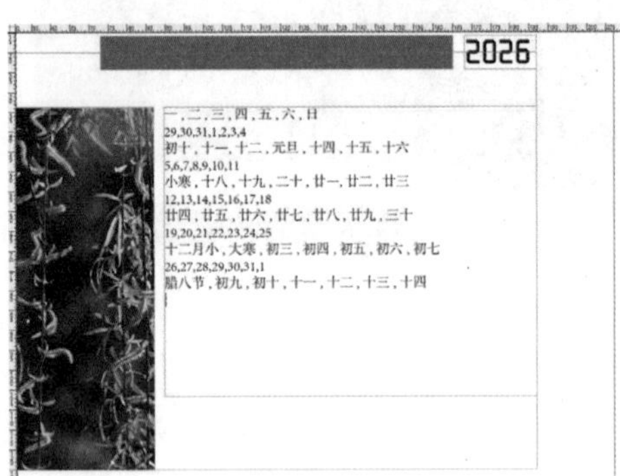

图 9-21

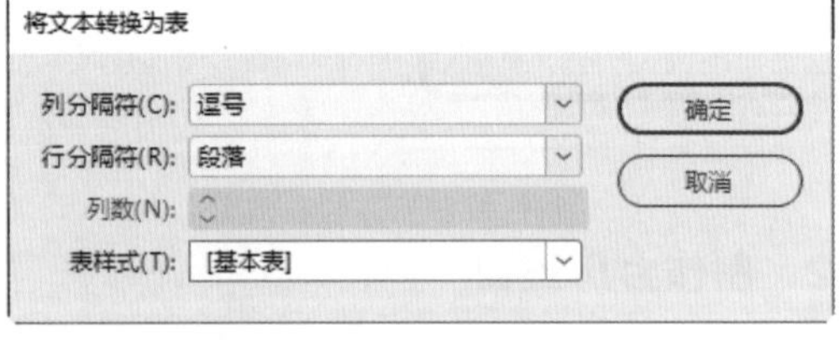

图 9-22

Step07 选中表格，在“控制”面板中单击“居中对齐”按钮，效果如图 9-23 所示。

Step08 选中第 1 行，在“控制”面板中设置参数，如图 9-24 所示。

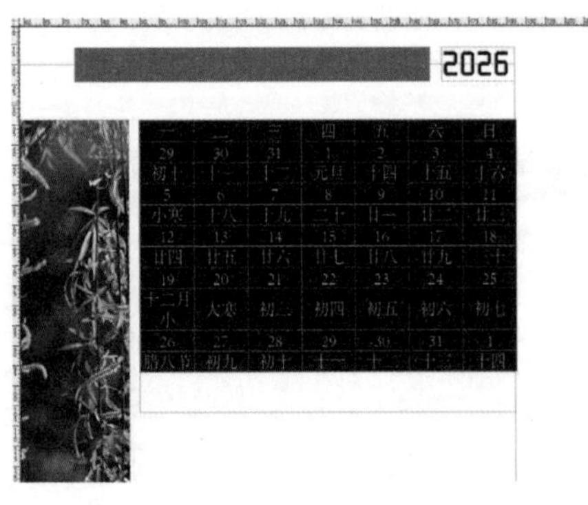

图 9-23

图 9-24

Step09 选中第 2 行，在“控制”面板中设置参数，执行“窗口”|“样式”|“字符样式”命令，在弹出的“字符样式”面板中单击“创建新样式”按钮，如图 9-25 和图 9-26 所示。

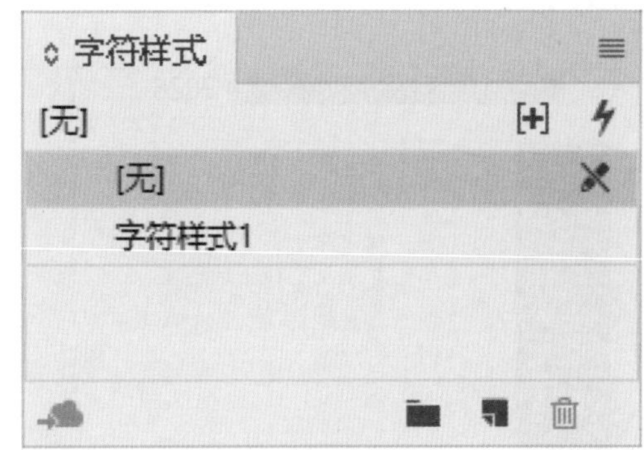

图 9-25　　　　图 9-26

Step10 分别选中第 4 行、第 6 行、第 8 行以及第 10 行，单击“字符样式 1”应用样式，如图 9-27 所示。

Step11 选中第 3 行，在“控制”面板中设置参数，执行“窗口”|“样式”|“字符样式”命令，在弹出的“字符样式”面板中单击“创建新样式”按钮，如图 9-28 所示。

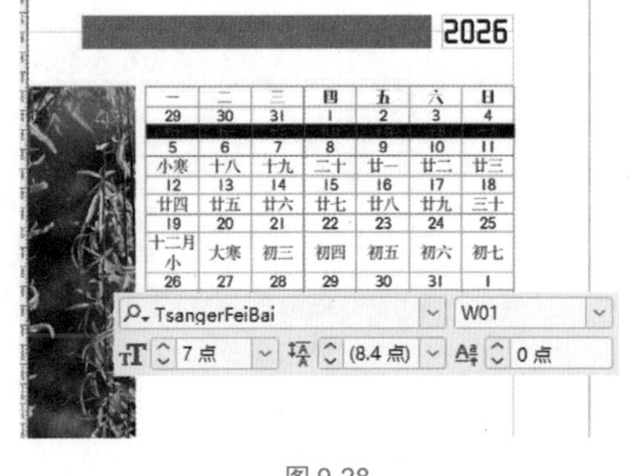

图 9-27　　　　图 9-28

Step12 分别选中第 5 行、第 7 行、第 9 行以及第 11 行，单击“字符样式 2”应用样式，如图 9-29 所示。

Step13 选中第 1 行，右击，在弹出的快捷菜单中选择“单元格选项”|“行和列”命令，在弹出的“单元格选项”对话框中设置参数，如图 9-30 所示。

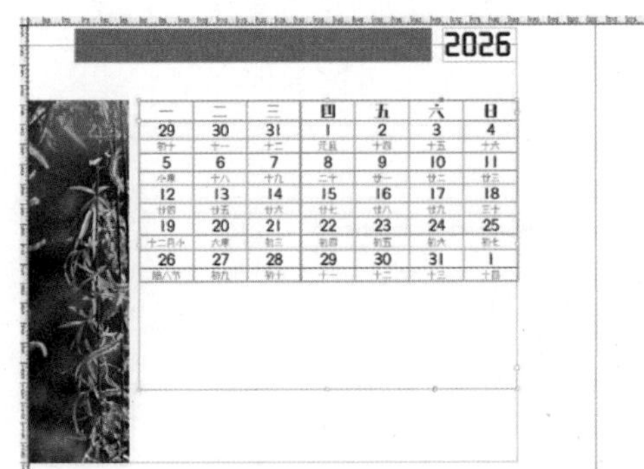

图 9-29　　　　图 9-30

Step14 设置完成后，单击“确定”按钮，效果如图 9-31 所示。

Step15 使用相同的方法分别设置第 2 行、第 4 行、第 6 行、第 8 行以及第 10 行的行高为 8 毫米，效

果如图 9-32 所示。

图 9-31

图 9-32

Step16 选中全部表格，执行“表”|“表选项”|“表设置”命令，在弹出的“表选项”对话框中设置参数，如图 9-33 所示。

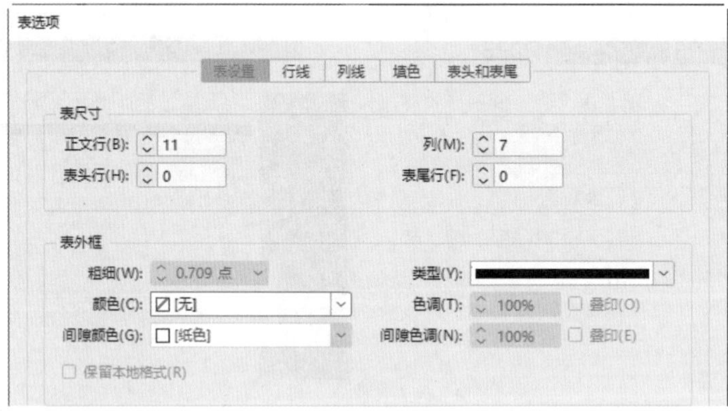

图 9-33

Step17 切换到“行线”选项卡设置参数，如图 9-34 所示。

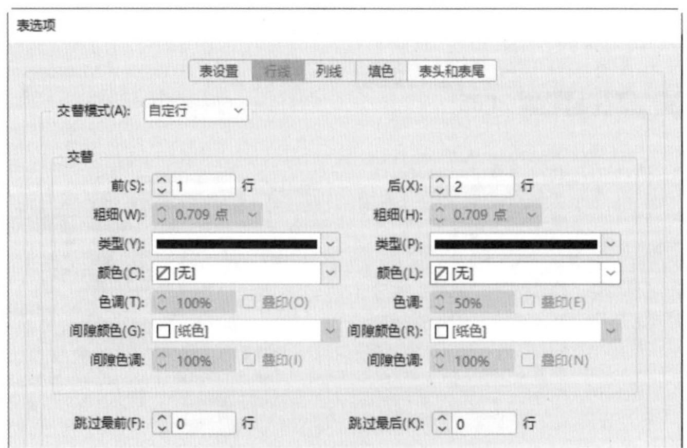

图 9-34

Step18 切换到“列线”选项卡设置参数，如图 9-35 所示。

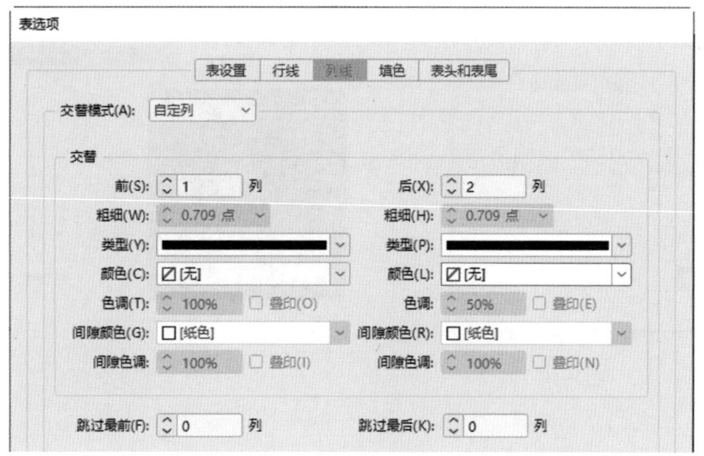

图 9-35

Step19 单击“确定”按钮，效果如图 9-36 所示。

Step20 分别框选右侧两列与节日、节气，在“控制”面板中更改文字颜色，如图 9-37 所示。

图 9-36　　图 9-37

Step21 更改第 3 行与第 4 行中前 3 列不透明度为 20%，如图 9-38 所示。

Step22 选择文字工具，拖动鼠标绘制文本框并输入文字，在“控制”面板中设置参数，如图 9-39 所示。

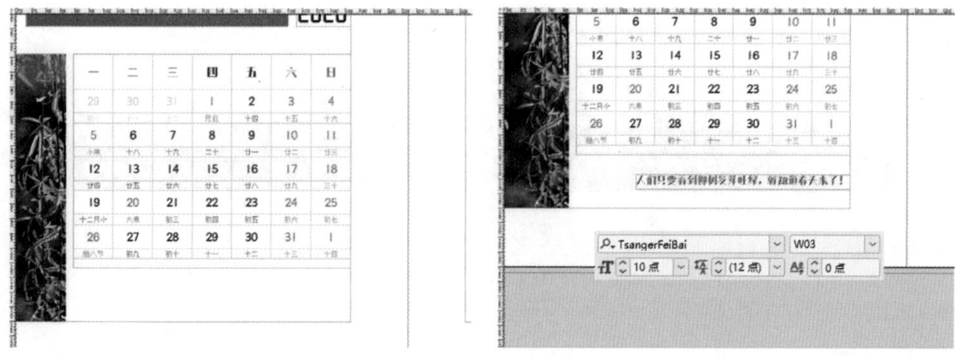

图 9-38　　图 9-39

Step23 选择直线工具，按住 Shift 键绘制直线，在“控制”面板中设置参数，如图 9-40 所示。最终台历正面效果如图 9-41 所示。

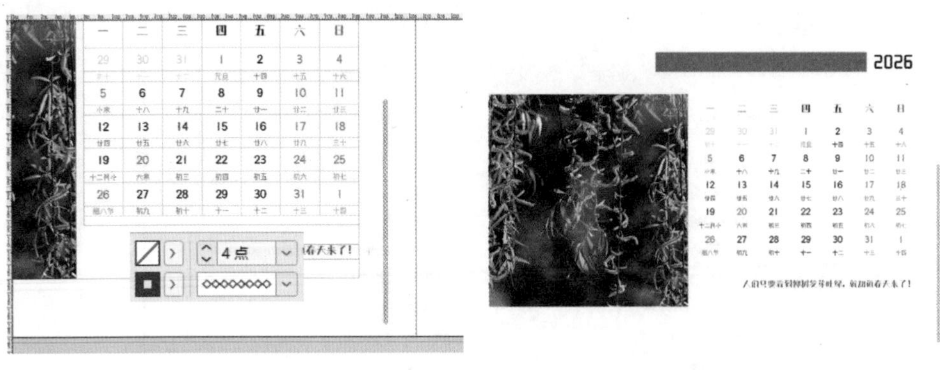

图 9-40　　图 9-41

9.2.3 制作台历背面

台历的背面一般为记事本格式，供记录一些行程、小提示。

Step01 执行“窗口” | “页面”命令，在弹出的“页面”面板中单击页面 3，如图 9-42 所示。

Step02 选择矩形工具，绘制矩形并调整颜色，如图 9-43 所示。

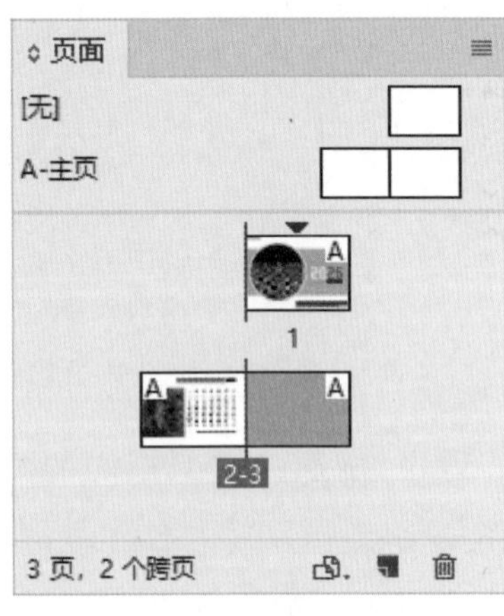

图 9-42

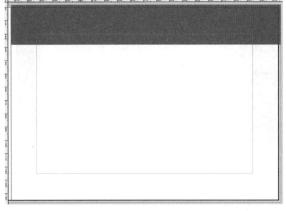

图 9-43

Step03 选择路径工具，绘制闭合路径并填充颜色，如图 9-44 所示。

Step04 选择文字工具，拖动鼠标绘制文本框并输入文字，在“控制”面板中设置参数，如图 9-45 所示。

图 9-44　　图 9-45

Step05 选择文字工具，拖动鼠标绘制文本框并输入文字，在“控制”面板中设置参数，如图 9-46 所示。

Step06 选择文字工具，拖动鼠标绘制文本框并输入文字，在“控制”面板中设置参数，如图 9-47 所示。

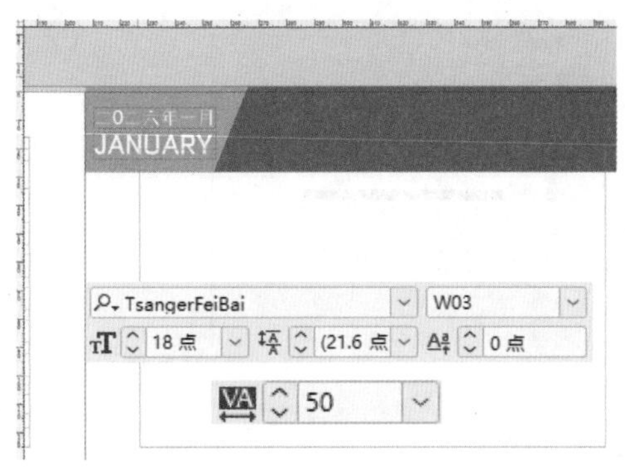

图 9-46

图 9-47

Step07 更改填充颜色与不透明度，如图 9-48 和图 9-49 所示。

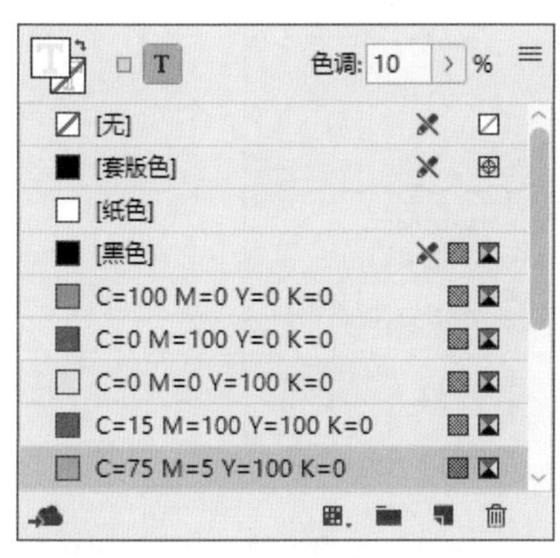

图 9-48

图 9-49

Step08 执行“表”|“创建表”命令，在弹出的“创建表”对话框中设置参数，单击“确定”按钮后拖动鼠标创建表格，如图 9-50 和图 9-51 所示。

图 9-50

图 9-51

Step09 选中创建的表格，右击，在弹出的快捷菜单中选择“表选项”|“表设置”命令，在弹出的“表选项”对话框中设置参数，如图 9-52 所示。

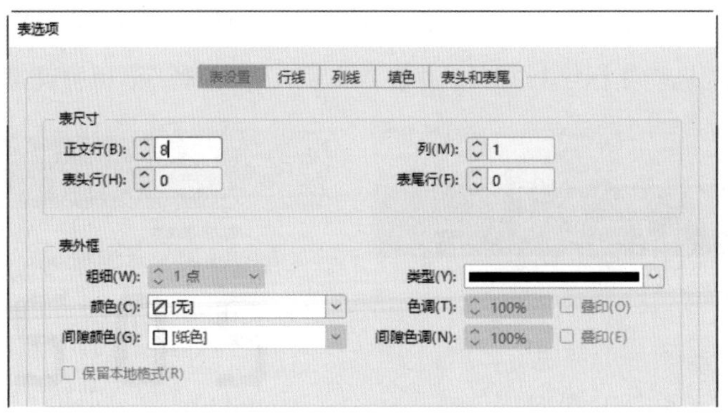

图 9-52

Step10 切换到“行线”选项卡设置参数，如图 9-53 所示。

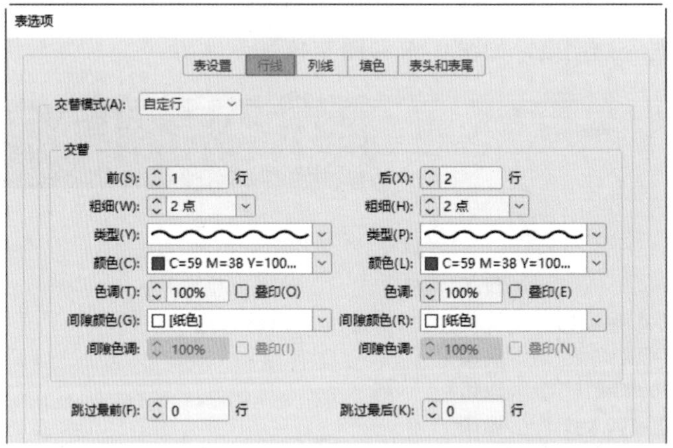

图 9-53

Step11 选择文字工具，拖动鼠标绘制文本框并输入文字，在“控制”面板中设置参数，如图 9-54 所示。

最终台历背面效果如图 9-55 所示。

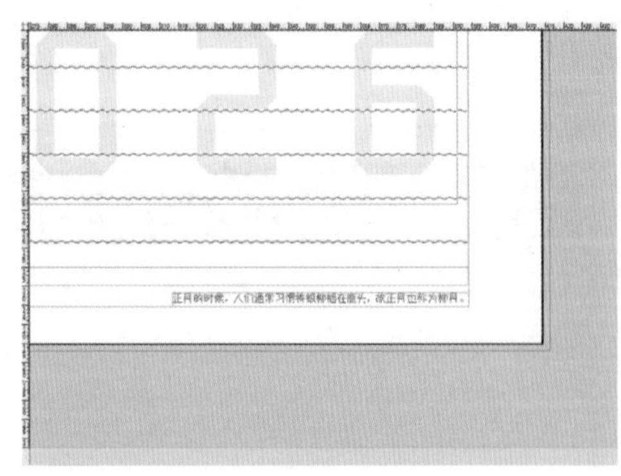

图 9-54

图 9-55

提　示

台历的封面一般为独立的一页，正面、背面设计完成后，其他的月份进行套用即可。

至此，台历版式制作完成。

第10章 杂志内页设计

内容导读

一本杂志整体设计应简洁、明朗、大方、清新，有艺术化效果。这不单指的是杂志的外观，也强调了杂志的内页排版设计，只有内外兼具，杂志才会精美。

Adobe InDesign CC

学习目标

- 熟悉矢量图形的绘制方法
- 掌握文字创意设计
- 熟练应用路径查找器

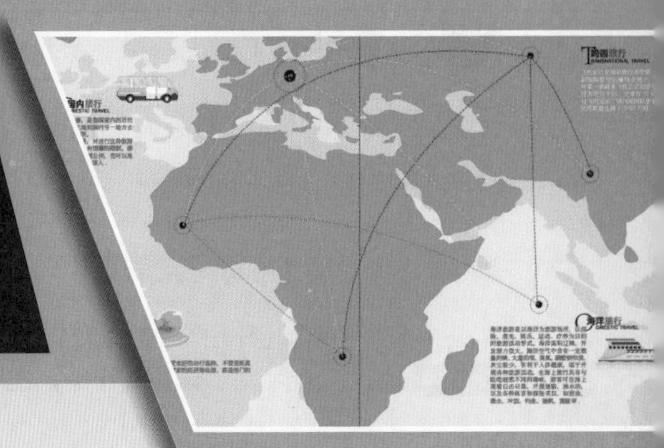

10.1 设计分析

杂志作为众多读物的引领者，其时尚、美观、趣味是旁物所不能代替的。杂志内页设计就是遵循形式美法则的典范，它表现出其各构成因素间和谐的比例关系。这个比例关系让它具备了对称的美，就像是自然界中鸟虫的双翼双翅。这种美给人以沉稳、端庄、大方的感觉，是一种秩序、理性、高贵、静穆的美。

杂志内页排版设计将点、线、面，黑、白、灰等元素梳理归纳为有序的状态，十分重视条理性。版面设计拒绝混乱、芜杂的画面效果，追求条理性的秩序美。版面中适当的反复，能增加版面的韵律和节奏感。如版面正文应以基本栏为主，变栏不宜过多，特别是同一块版上不宜过多变栏，否则基本栏若没有一定的重复，不仅变栏因没有映衬而失去强势作用，也会影响整版的和谐。

下面是一些不同风格的杂志内页版式设计，可以供日常学习参考，如图 10-1 所示。

图 10-1

10.2 设计过程

一个高级的编辑和排版人员不仅要学会如何进行杂志内页排版，还要学会如何将版面排得美观、漂亮，要想达到这一目标首先必须了解内页排版规则。

10.2.1 设计内页背景图案

下面将讲解如何使用简单的操作方法，设计出具有趣味性的内页背景及图案，让读者耳目一新。

Step01 执行“文件”|“新建”命令，在弹出的“新建文档”对话框中设置参数，如图 10-2 所示。

Step02 单击“边距和分栏”按钮，在弹出的“新建边距和分栏”对话框中设置参数，如图 10-3 所示。

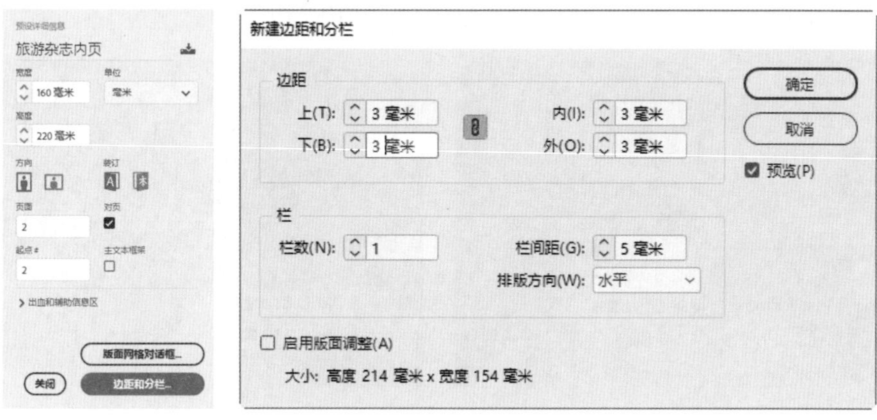

图 10-2　　图 10-3

Step03 选择矩形工具，绘制矩形并填充颜色，如图 10-4 所示。

Step04 选择矩形框架工具，绘制文档大小的框架，执行“文件”|“置入”命令，置入素材文件并调整其大小，如图 10-5 所示。

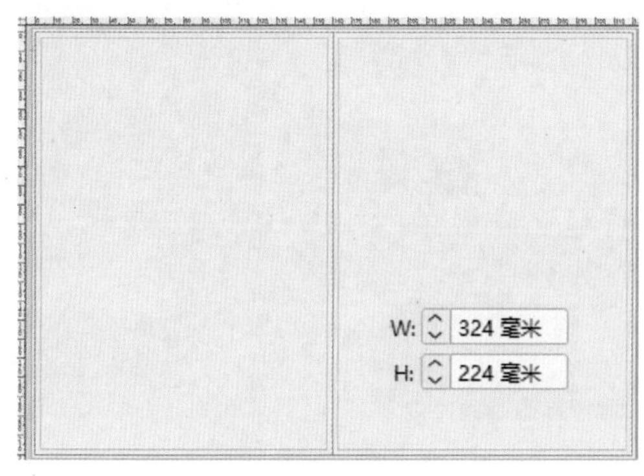

图 10-4

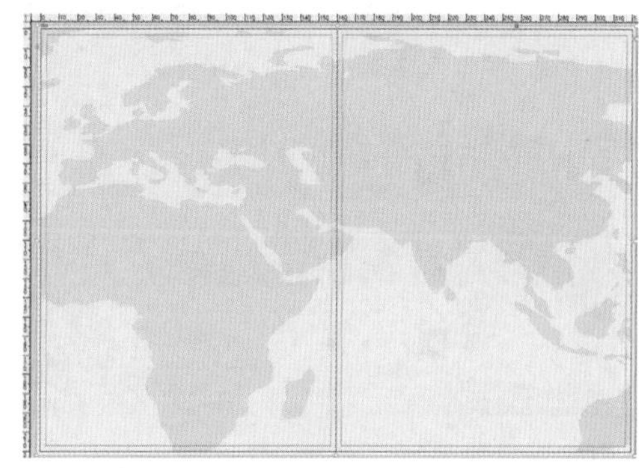

图 10-5

Step05 选择矩形框架工具，绘制文档大小的框架，执行“文件”|“置入”命令，置入素材文件并调整其大小，如图 10-6 所示。

Step06 框选所有图层，按 Ctrl+L 组合键锁定图层，如图 10-7 所示。

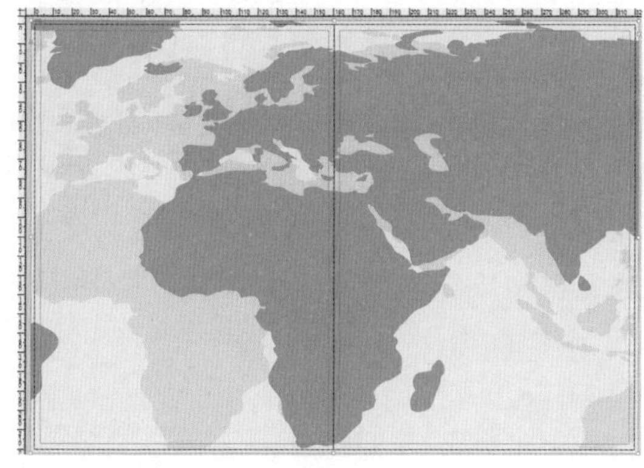

图 10-6

图 10-7

Step07 选择椭圆工具，按住 Shift 键绘制正圆并填充黑色，如图 10-8 所示。

Step08 继续绘制正圆，在“控制”面板中设置参数，如图 10-9 所示。

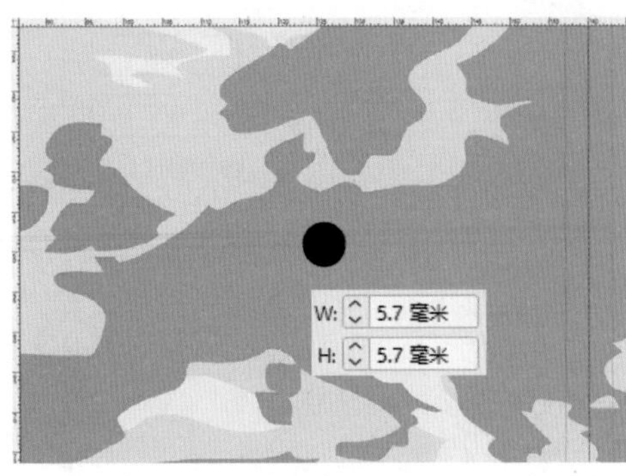

图 10-8

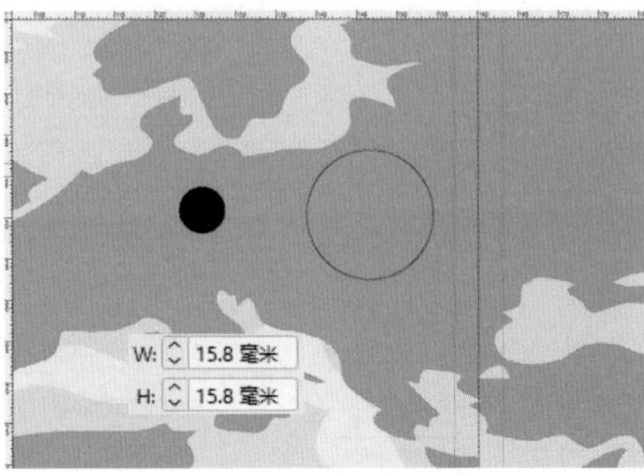

图 10-9

Step09 在“控制”面板中设置描边参数，如图 10-10 所示。

Step10 框选两个圆形，单击实心圆，在“控制”面板中单击“水平居中对齐”按钮和“垂直居中对齐”按钮，如图 10-11 所示。

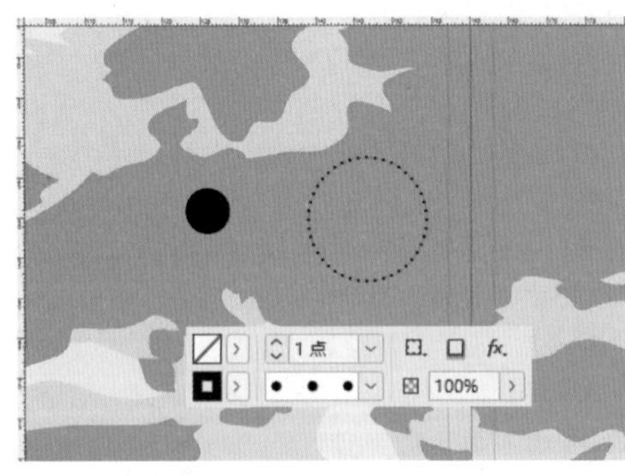

图 10-10

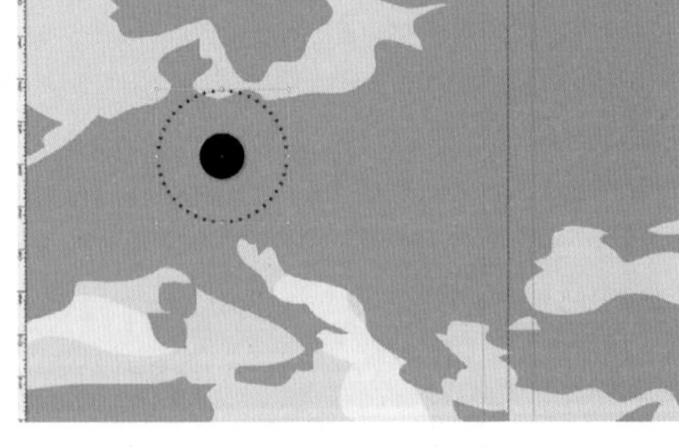

图 10-11

Step11 按 Ctrl+G 组合键创建编组，按住 Alt 键移动复制该组，在“控制”面板中调整大小，如图 10-12 所示。

Step12 按住 Alt 键移动复制 4 次，如图 10-13 所示。

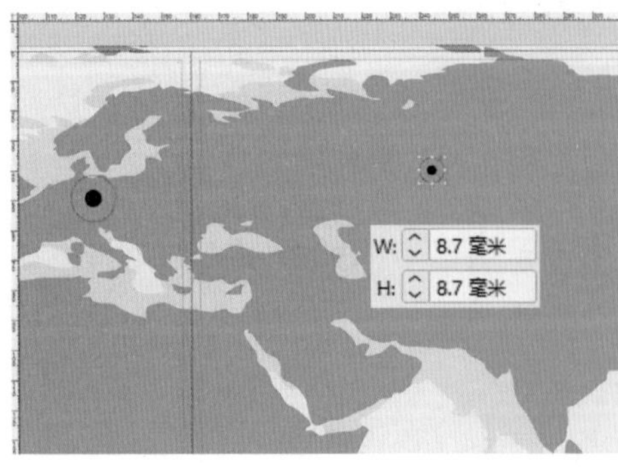

图 10-12

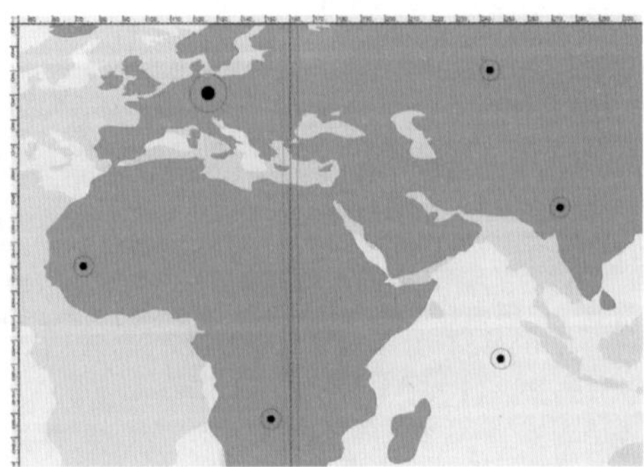

图 10-13

Step13 选择钢笔工具绘制路径，如图 10-14 所示。

Step14 在“控制”面板中更改描边参数，如图 10-15 所示。

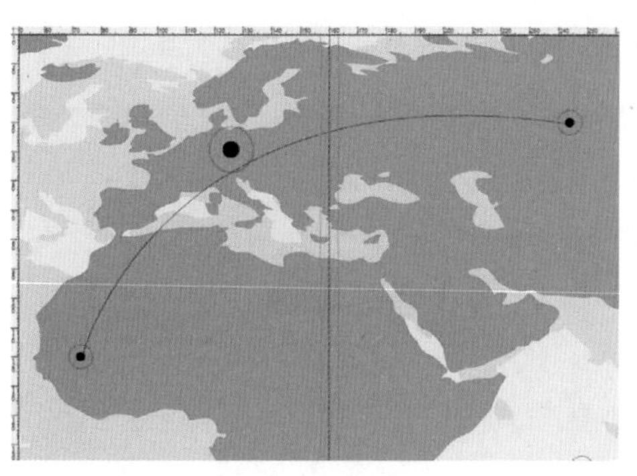

图 10-14

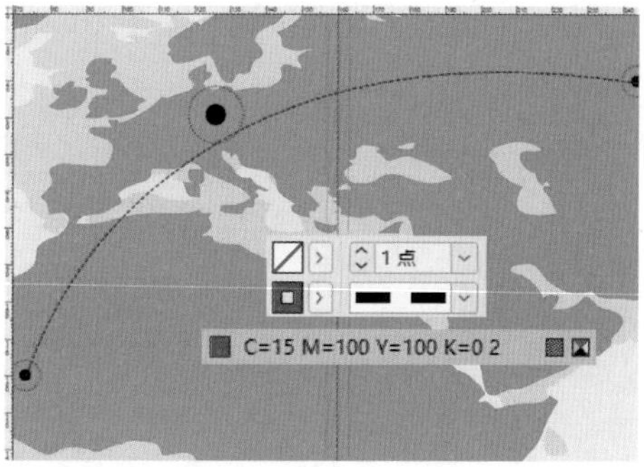

图 10-15

Step15 选择钢笔工具继续绘制红色路径，如图 10-16 所示。

Step16 选择钢笔工具绘制白色路径，如图 10-17 所示。

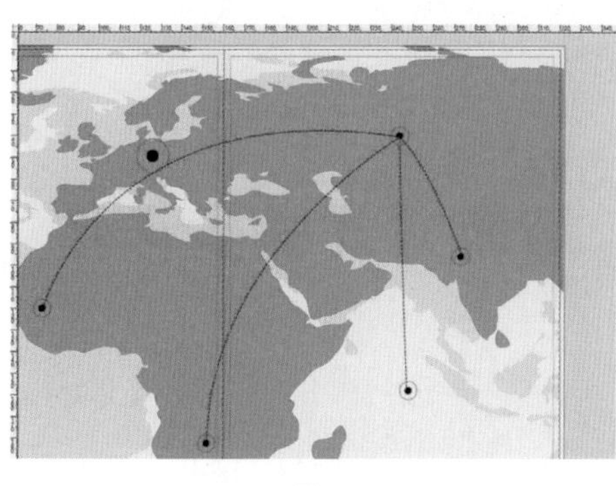

图 10-16

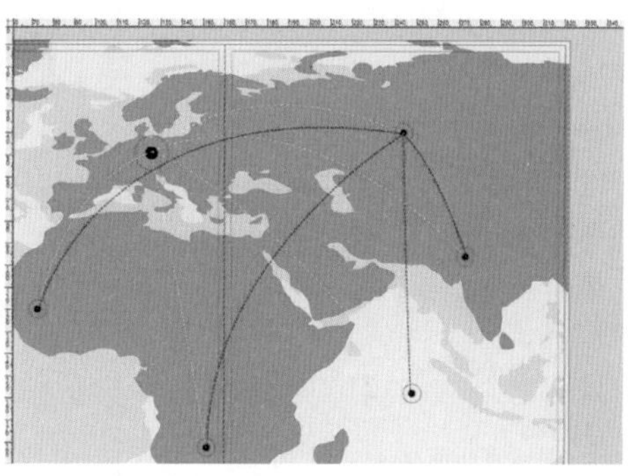

图 10-17

Step17 选择钢笔工具绘制黄色路径，如图 10-18 所示。

Step18 在“图层”面板中新建图层并锁定“图层 1”，如图 10-19 所示。

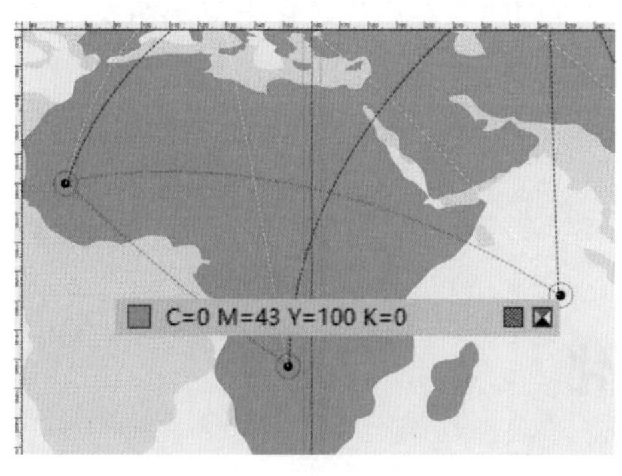

图 10-18

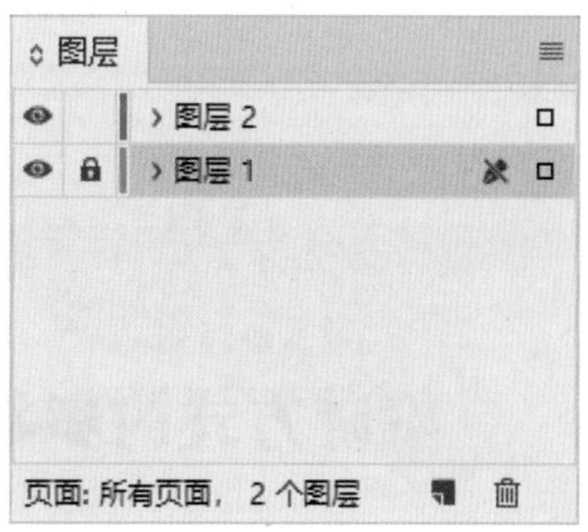

图 10-19

10.2.2 排版内页标题与文字

内页中的标题与文字设计，主要使用文字工具对字体、字号进行设置。其中，字体变形需要执行“文字”|“创建轮廓”命令。

Step01 选择文字工具，拖动鼠标绘制文本框并输入文字，按 Ctrl+A 组合键，选中文本框架内全部文字，如图 10-20 和图 10-21 所示。

Step02 在“字符”面板中设置参数，如图 10-22 所示，效果如图 10-23 所示。

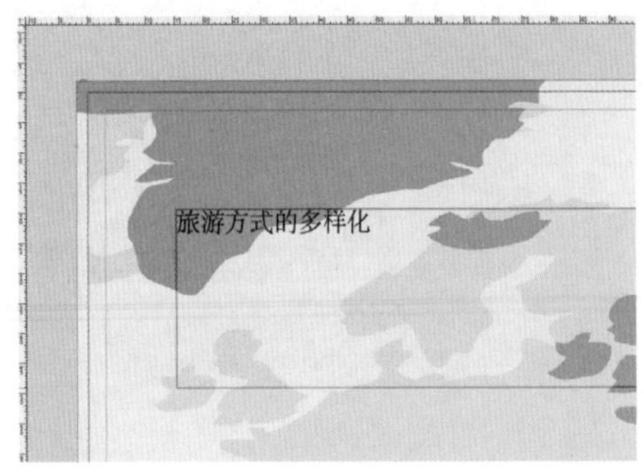

图 10-20

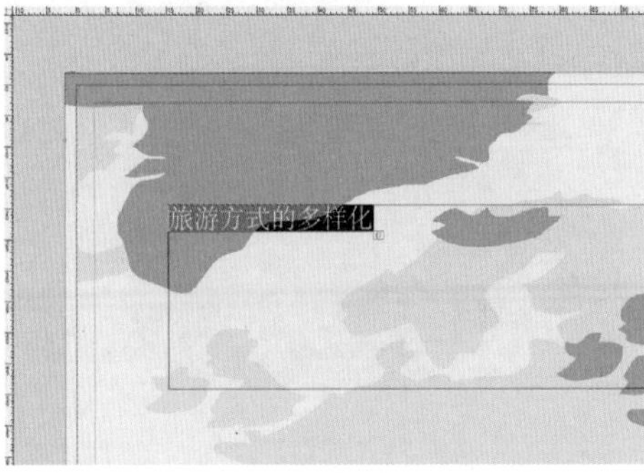

图 10-21

图 10-22

图 10-23

Step03 执行“文字”|“创建轮廓”命令，效果如图 10-24 所示。

Step04 在“图层”面板中，拖动“复合路径”至“创建新图层”按钮上复制图层，隐藏下方图层，如图 10-25 所示。

图 10-24

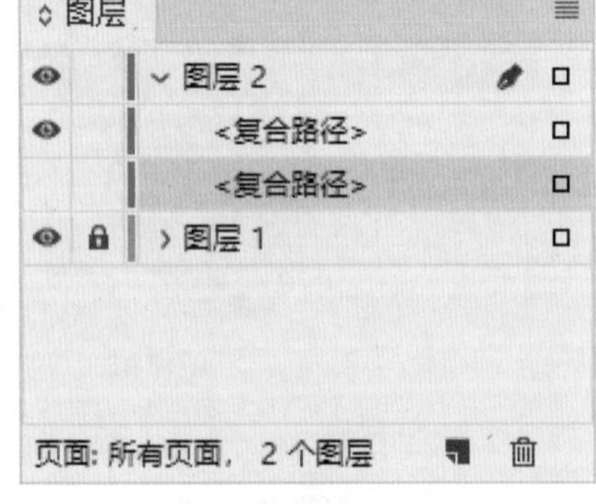

图 10-25

Step05 选择钢笔工具，在隐藏的图层上方绘制路径并填充黑色，设置描边为无，如图 10-26 所示。

Step06 在“图层”面板中，使用同样的方法复制“路径”图层，并隐藏下方图层，如图 10-27 所示。

Step07 按住 Shift 键单击选择未隐藏的“复合路径”与“路径”，如图 10-28 和图 10-29 所示。

图 10-26

图 10-27

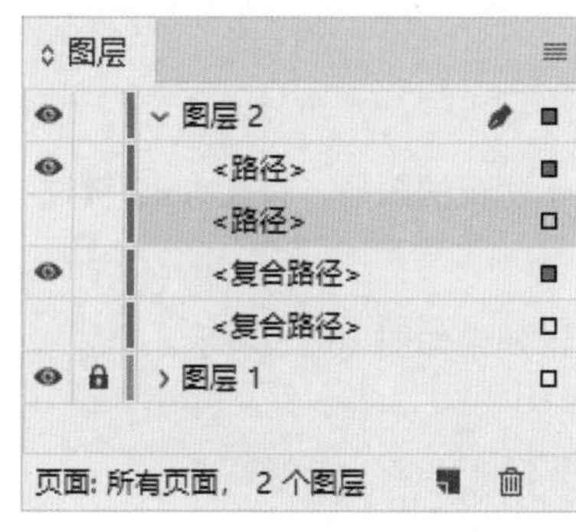

图 10-28

图 10-29

Step08 执行“窗口”|“对象和版面”|“路径查找器”命令，在弹出的“路径查找器”面板中单击“交叉”按钮，如图 10-30 和图 10-31 所示。

图 10-30

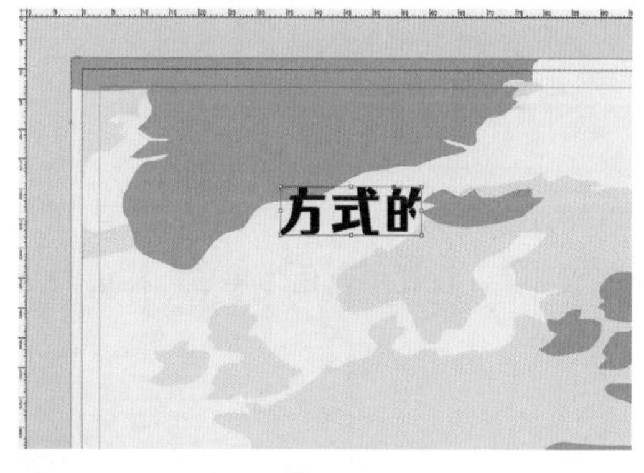

图 10-31

Step09 双击工具箱中的“填色”按钮，在弹出的“拾色器”对话框中设置参数并应用，如图 10-32 和图 10-33 所示。

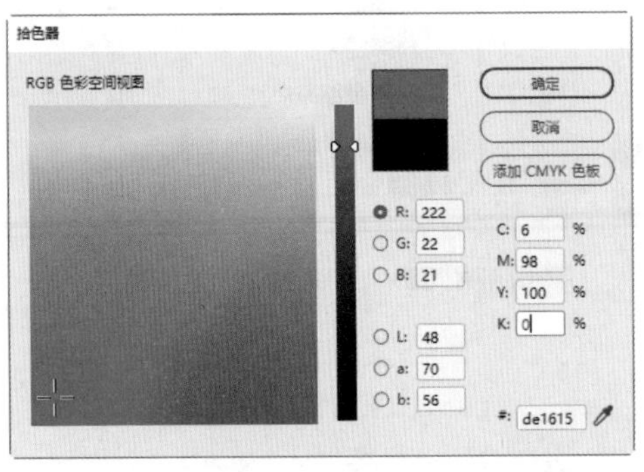

图 10-32

图 10-33

Step10 在“图层”面板中，单击“切换可视性”按钮显示隐藏的图层，按住 Shift 键选中该图层，如图 10-34 所示。

Step11 在“路径查找器”面板中，单击“减去”按钮，效果如图 10-35 所示。

图 10-34

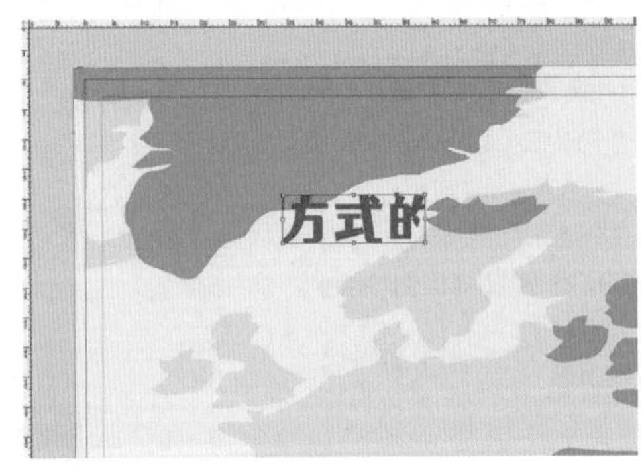

图 10-35

Step12 使用同样的方法复制下方的“复合路径”图层，并隐藏复制的“复合路径”图层，如图 10-36 所示。

Step13 选择钢笔工具，设置填充色为黑色，描边为无，绘制图形覆盖复合路径的右侧部分，如图 10-37 所示。

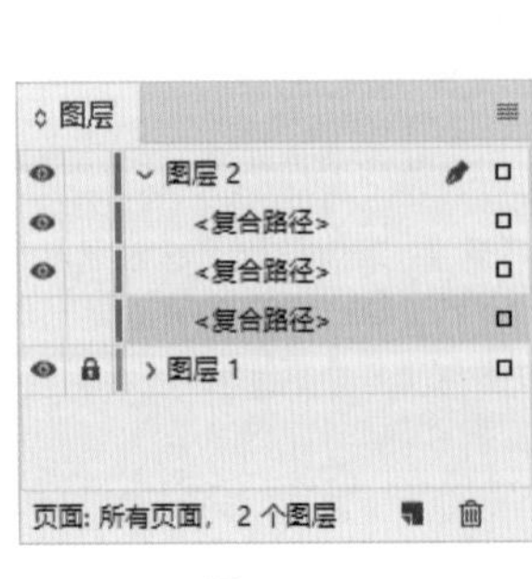

图 10-36

图 10-37

Step14 按住 Shift 键选择“路径”和黑色的“复合路径”图层，如图 10-38 所示。

Step15 在“路径查找器”面板中，单击“减去”按钮，如图 10-39 所示。

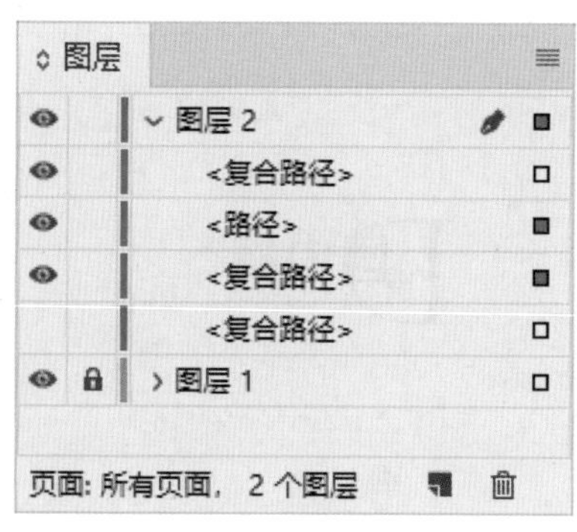

图 10-38

图 10-39

Step16 选中黑色的“复合路径”图层并向右上方移动，如图 10-40 所示。

Step17 将隐藏的“复合路径”设置为显示，使用同样的方法减去左侧路径，并移动其至合适位置，如图 10-41 所示。

图 10-40

图 10-41

Step18 选择文字工具，拖动鼠标绘制文本框并输入文字，在“控制”面板中设置参数，如图 10-42 所示。

Step19 继续绘制文本框，输入文字并设置参数，如图 10-43 所示。

图 10-42

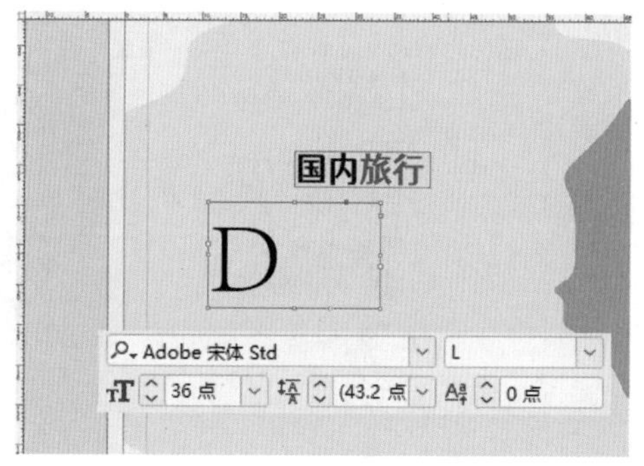

图 10-43

Step20 选择 D 文本框架并创建轮廓，移至合适位置，如图 10-44 所示。

Step21 选择文字工具，拖动鼠标绘制文本框并输入文字，在“控制”面板中设置参数，并调整其至合适位置，如图 10-45 所示。

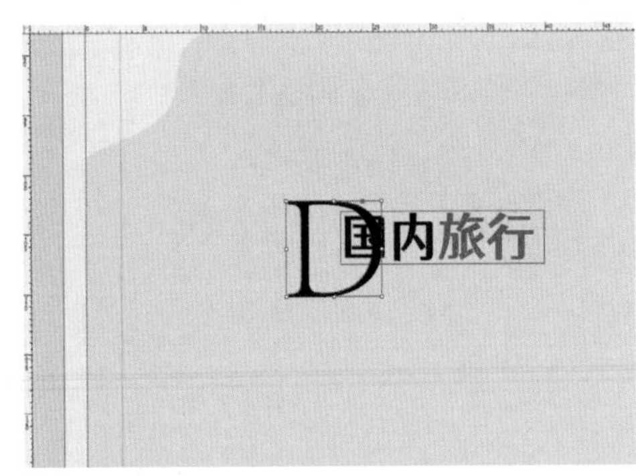

图 10-44

图 10-45

Step22 选择矩形工具绘制两个矩形，设置填充色为黑色，描边为无，如图 10-46 所示。

Step23 选择 D 复合路径，按住 Shift 键分别单击选择矩形，在“路径查找器”面板中单击“减去”按钮，如图 10-47 所示。

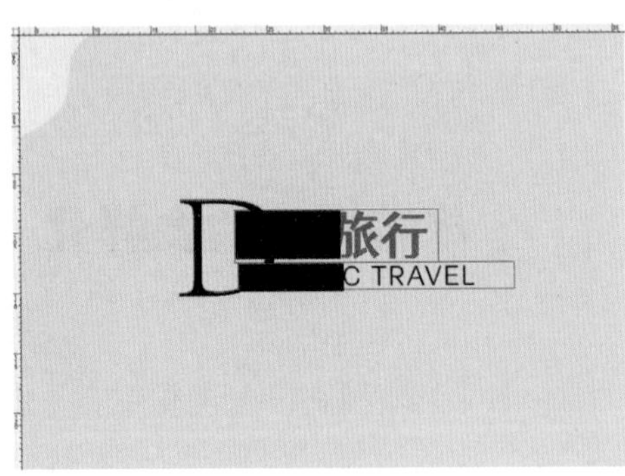

图 10-46

图 10-47

Step24 使用相同的方法绘制其他标题版式，调整首字母的大小，如图 10-48 所示。

Step25 将其放至合适位置，如图 10-49 所示。

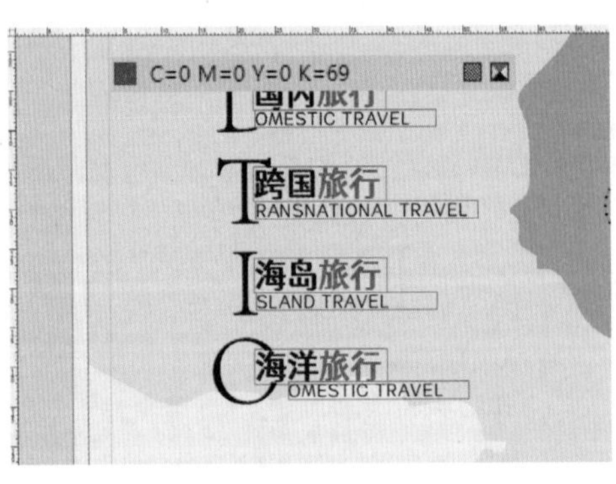

图 10-48

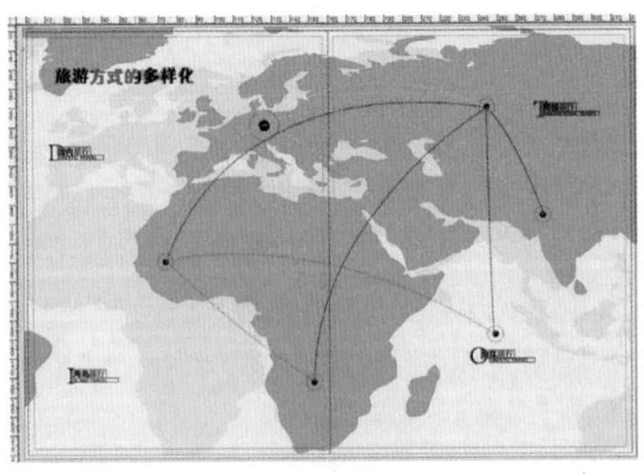

图 10-49

Step26 选择文字工具，拖动鼠标绘制文本框并输入文字，在“控制”面板中设置参数，并调整其至合适位置，如图 10-50 所示。

Step27 使用同样的方法输入文字，如图 10-51 所示。

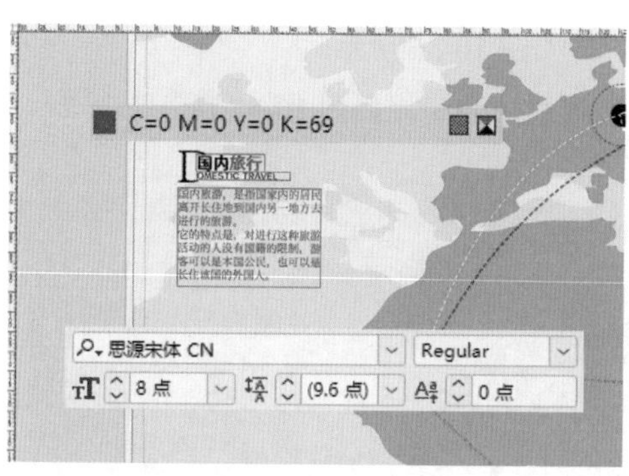

图 10-50

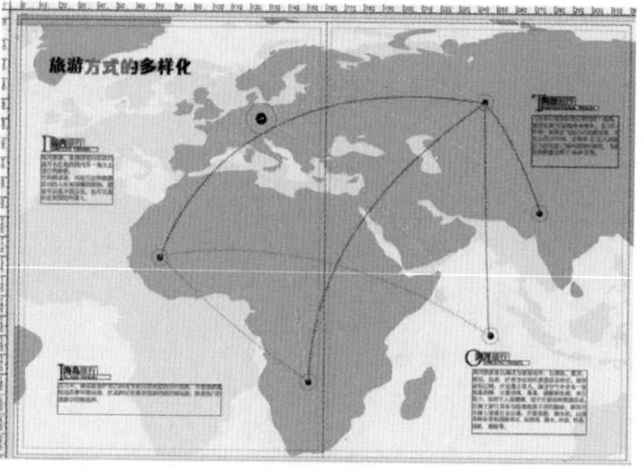

图 10-51

Step28 按 Ctrl+A 组合键，全选文本框架内文字，并更改文字颜色，如图 10-52 所示。

Step29 移动调整右下角文本框架的位置，如图 10-53 所示。

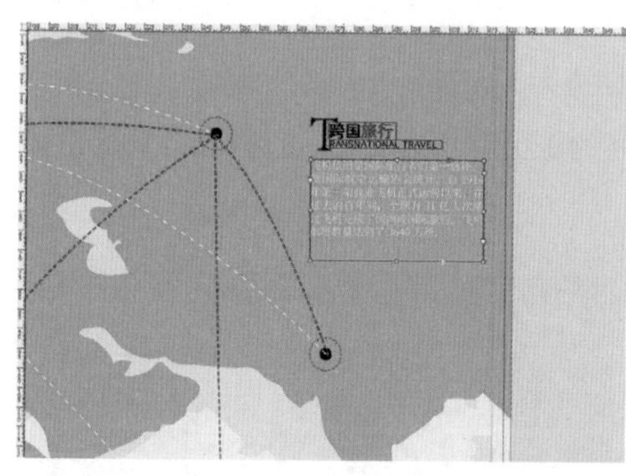

图 10-52

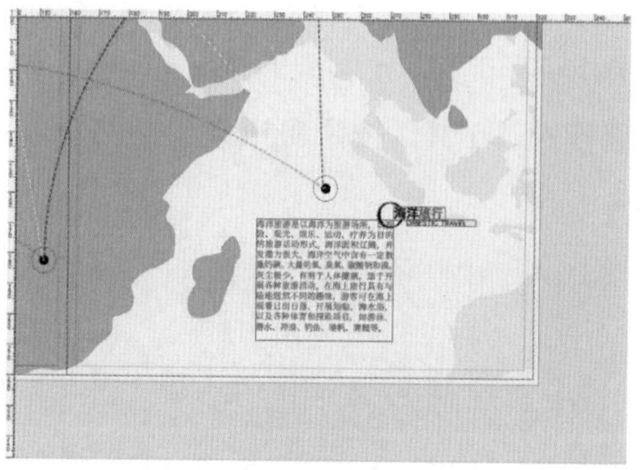

图 10-53

Step30 选择矩形工具绘制矩形，如图 10-54 所示。

Step31 选择矩形，按住 Shift 键单击选择 O 复合路径，在“路径查找器”面板中单击“减去”按钮◧，如图 10-55 所示。

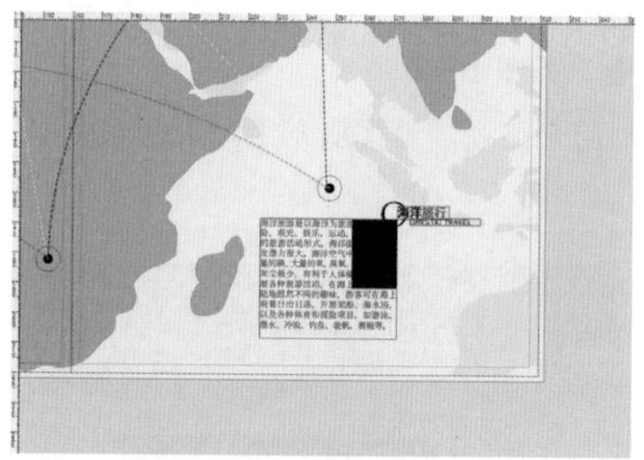

图 10-54

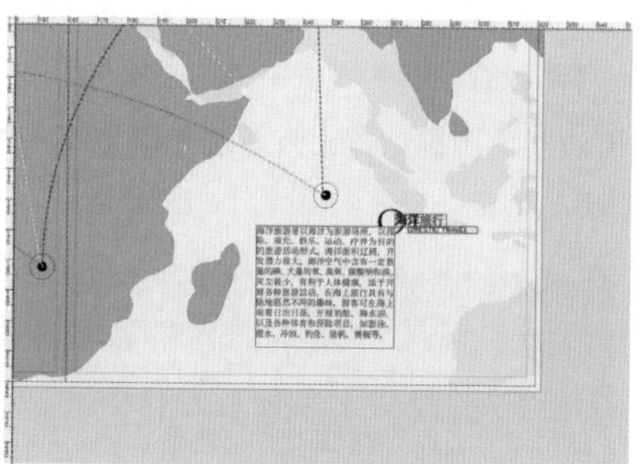

图 10-55

10.2.3 绘制图形

图文并茂，不仅直观大方，还会增加读者的阅读兴趣，下面将详细介绍利用钢笔工具绘制平面创意矢量图形。

Step01 在“图层”面板中新建图层，锁定“图层 2”，如图 10-56 所示。

Step02 选择钢笔工具，绘制闭合路径并填充颜色，设置描边为无，如图 10-57 所示。

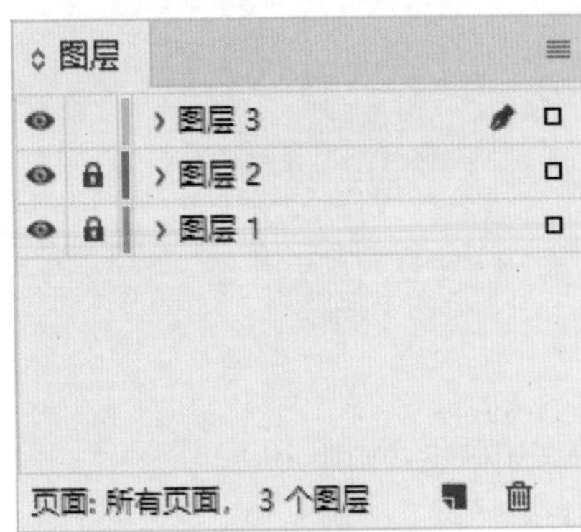

图 10-56

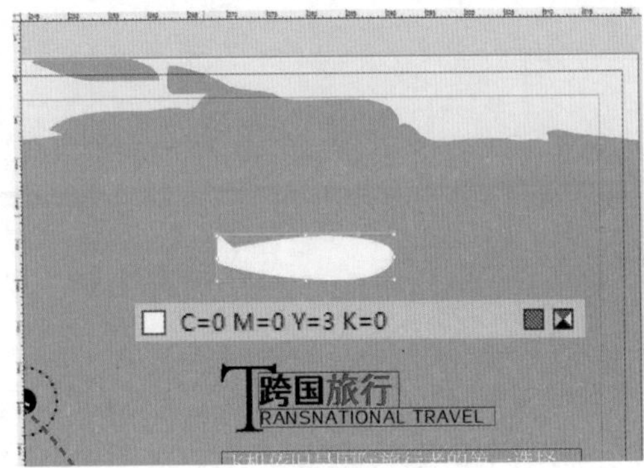

图 10-57

Step03 选择矩形工具，绘制矩形并填充颜色，设置描边为无，如图 10-58 所示。

Step04 选择椭圆工具，按住 Shift 键绘制与矩形等高的正圆并填充颜色，设置描边为无，如图 10-59 所示。

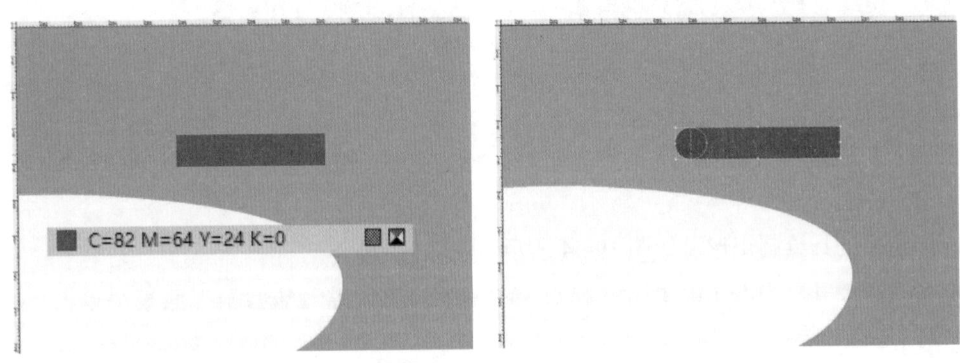

图 10-58　　图 10-59

Step05 在“路径查找器”面板中单击“相加”按钮，如图 10-60 所示。

Step06 移动其至飞机主体上方，选择钢笔工具绘制闭合路径，设置填充色为黑色，描边为无，如图 10-61 所示。

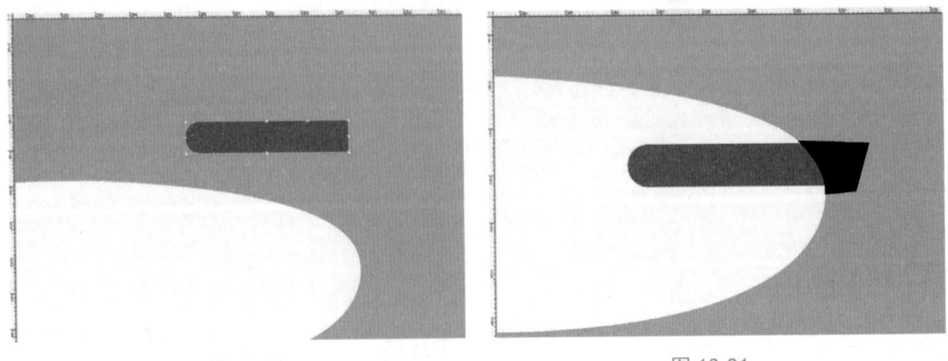

图 10-60　　图 10-61

Step07 在“路径查找器”面板中单击“减去”按钮，如图 10-62 所示。

Step08 选择钢笔工具，绘制飞机机翼图形，如图 10-63 所示。

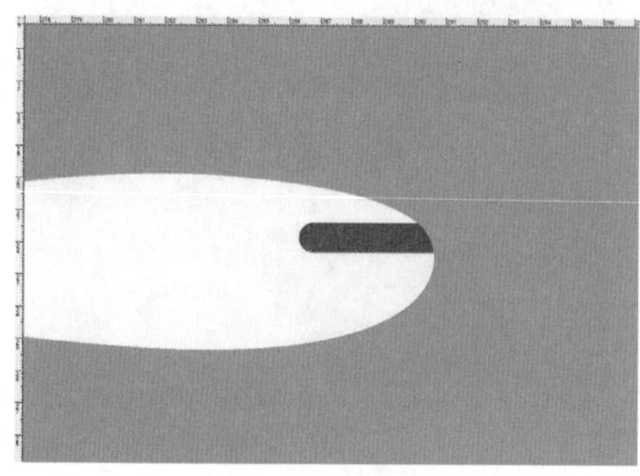
图 10-62

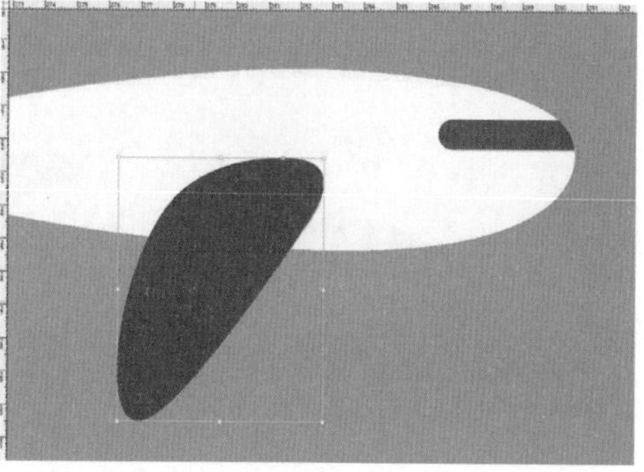
图 10-63

Step09 按住 Alt 键移动复制机翼，更改填充颜色，如图 10-64 所示。

Step10 右击，在弹出的快捷菜单中选择“变换”|“垂直翻转”命令，在“控制”面板中设置其旋转角度为 10º，并移动至合适位置，如图 10-65 所示。

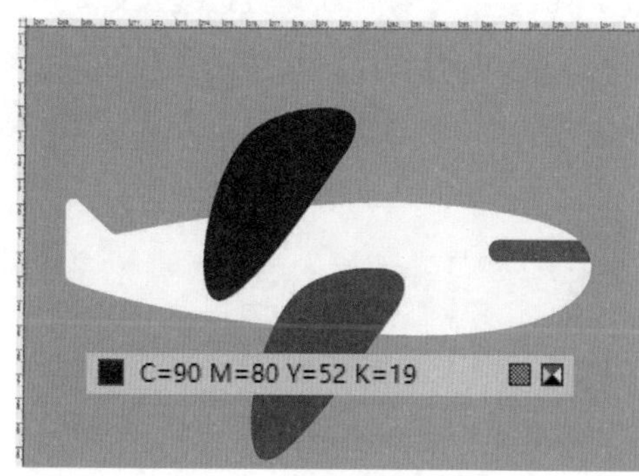

图 10-64

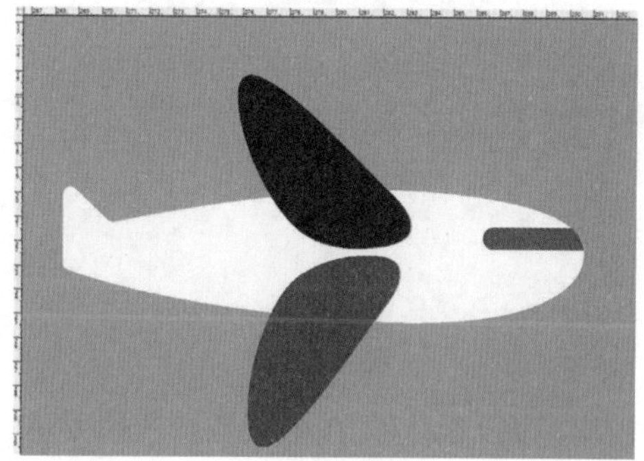
图 10-65

Step11 调整图层顺序，使其移至机身图层下方，如图 10-66 所示。

Step12 选择钢笔工具，绘制飞机水平尾翼图形，如图 10-67 所示。

图 10-66

图 10-67

Step13 选择椭圆工具，按住 Shift 键绘制与矩形等高的正圆并填充颜色，设置描边为无，如图 10-68 所示。

Step14 按住 Shift+Alt 组合键水平移动复制圆，如图 10-69 所示。

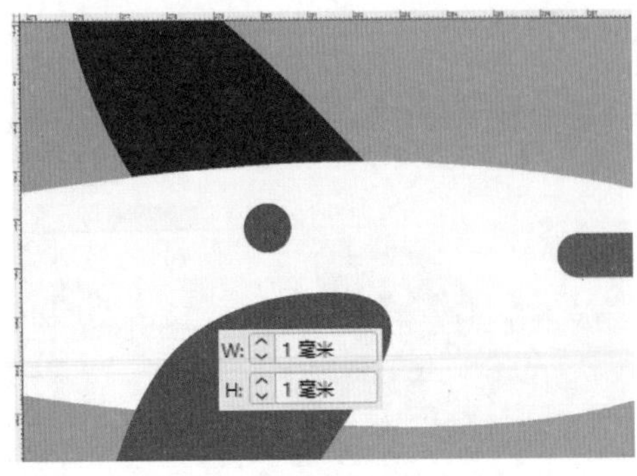

图 10-68

图 10-69

Step15 框选所有组成飞机的图形，按 Ctrl+G 组合键创建编组，如图 10-70 所示。

Step16 选择钢笔工具绘制云彩图形，设置颜色为白色，调整图层的先后顺序，如图 10-71 所示。

图 10-70

图 10-71

Step17 框选所有云彩，右击，在弹出的快捷菜单中选择“效果”|“渐变羽化”命令，在弹出的“效果”对话框中设置参数，如图 10-72 所示。

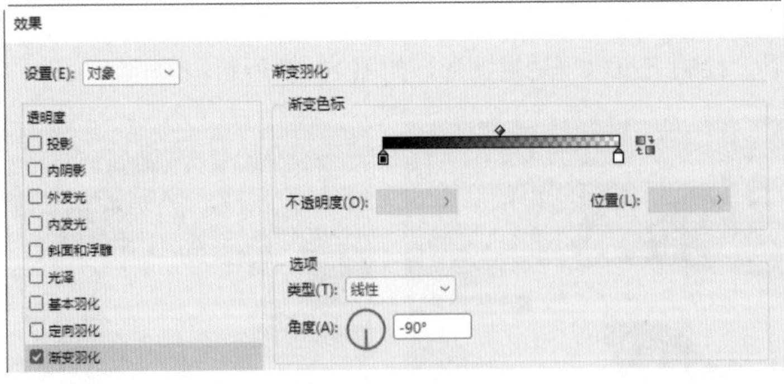

图 10-72

Step18 单击“确定”按钮，效果如图 10-73 所示。

Step19 选择钢笔工具、矩形工具与椭圆工具在右上角绘制汽车，如图 10-74 所示。

Step20 选择钢笔工具与椭圆工具在右下角绘制海岛，如图 10-75 所示。

Step21 选择钢笔工具、矩形工具与椭圆工具在右下角绘制轮船，如图 10-76 所示。最终效果如图 10-77 所示。

图 10-73

图 10-74

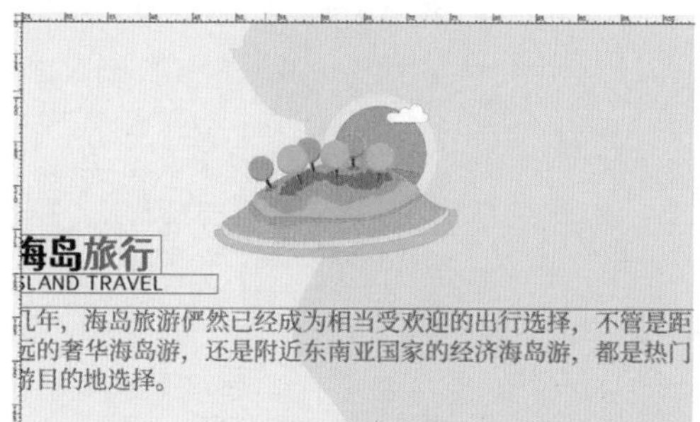

图 10-75

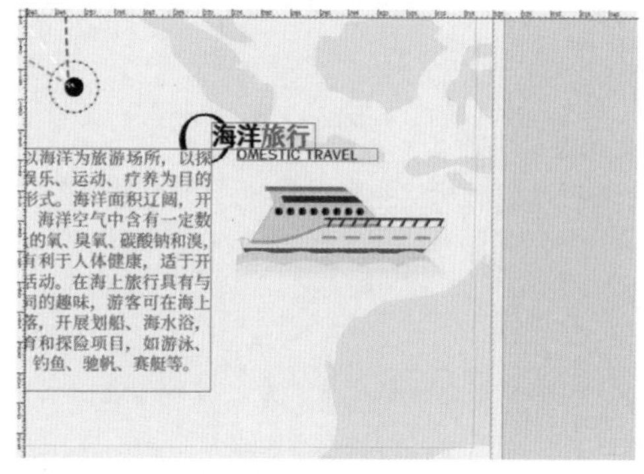

图 10-76

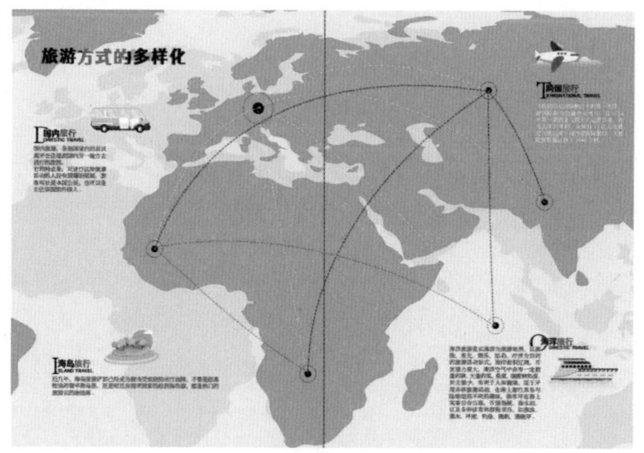

图 10-77

至此，完成杂志内页的制作。

ACAA课堂笔记

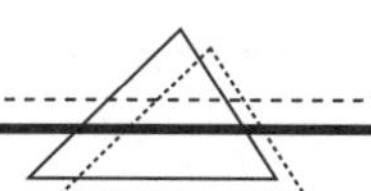

ACAA课堂笔记

第11章 报纸版式设计

内容导读

本章主要讲述的是报纸排文，在版式设计中，文本处理、排版是否合理，会直接影响到整个版面的编排效果。在前面章节中，我们已学习了文本的基本创建与编辑，在本章中我们将详细介绍如何利用文本框架进行文字排版。

Adobe InDesign CC

学习目标

- 掌握报纸的版面设计与排版
- 掌握文本绕排方式
- 熟练应用串接文本框架

11.1 设计分析

版式即报纸版面的式样，现代报纸版式包括水平式版面和模块式版面，本文所指的流行版式，即在现代版式的基础上演化而来的几种时尚版面类型。该版式的明显优点，一是突出时代特征，充分照顾读者的阅读习惯，采用模块版式、横文横题、标题字体齐一化、杜绝串文、重视导读等；二是积极调动各种编排手段，打破条条框框，探索新的版面规则；三是强调视觉冲击力，照片的突出处理使得版面更加抢眼。

版面设计类型主要分为骨骼型、满版型、上下分割型、左右分割型、中轴型、曲线型、倾斜型、对称型、重心型、三角型、并置型、自由型和四角型 13 种。如图 11-1 所示为国外优秀报纸版式展示。

图 11-1

下面是关于一些报纸的小常识。

◎ 开张：全张报纸面积的大小，是以白报纸的开张来称呼的。半张白报纸大小的报纸，叫对开报，就是大报；四分之一张白报纸大小的报纸，叫四开报，就是小报。

◎ 版面：指各类稿件在报纸各版平面上的布局整体，它集中地体现报纸编辑部的宣传报道意图，被称为“报纸的面孔”。

◎ 版位：版面的地位，表示这些地位受读者重视的程度如何。根据文字排列的走向，人们的视觉生理，以及读报的习惯等因素，通常上重下轻，左重右轻（直排报纸除外）。

◎ 版心：指一个版面除四周白边以外的可排文字或图片的地方，即版面的容量。一个版面容量的大小，是由报纸的开张、分栏的情况、基本字体的大小等因素决定的，各报并不完全相同。

◎ 报头：报纸第一版上放报名的地方，还刊登报纸创刊日期、总期数、当日报纸版面数和出版日期，有的还注明它是某一组织的机关报等。

◎ 报眼：报名旁边的一小块版面。通常刊登一些单独的、比较重要的文字稿和图片稿，也有刊登当日报纸的内容提要、天气预报和日历表等。

◎ 中缝：报纸相邻两个版面中间的空隙，一般刊载知识性小文章、电视节目、电影广告、启事等。

◎ 头条：是指各版版面的上半部分，横排报纸以左面为重，直排报纸以右面为重。

11.2 设计过程

一个高级的编辑和排版人员不仅要学会如何进行杂志内页排版，还要学会如何将版面排得美观、漂亮，要想达到这一目标首先必须了解内页排版规则。

11.2.1 制作报纸的头版

除了简单地进行置入文字、图片内容，还需分栏对其段落文字进行美化操作。

Step01 执行“文件”|“新建”命令，在弹出的“新建文档”对话框中设置参数，如图 11-2 所示。

Step02 单击“边距和分栏”按钮，在弹出的“新建边距和分栏”对话框中设置参数，如图 11-3 所示。

图 11-2

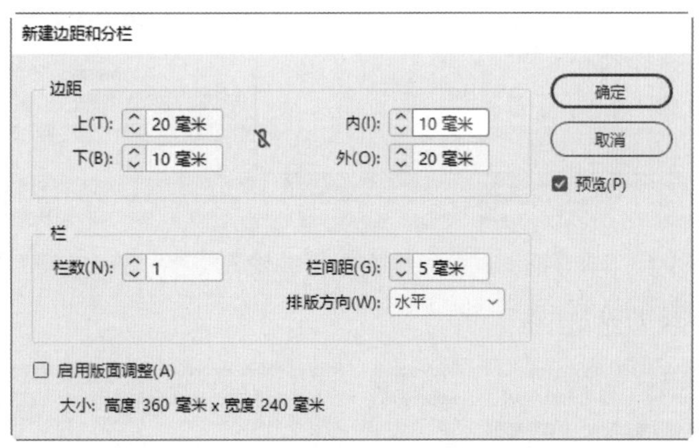

图 11-3

ACAA课堂笔记

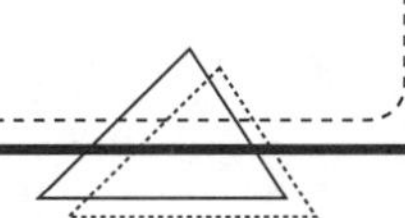

Step03 执行“窗口”|“页面”命令，在弹出的“页面”面板中单击页面 3，如图 11-4 所示。

Step04 执行“版面”|“边距和分栏”命令，在弹出的“边距和分栏”对话框中设置参数，如图 11-5 所示。

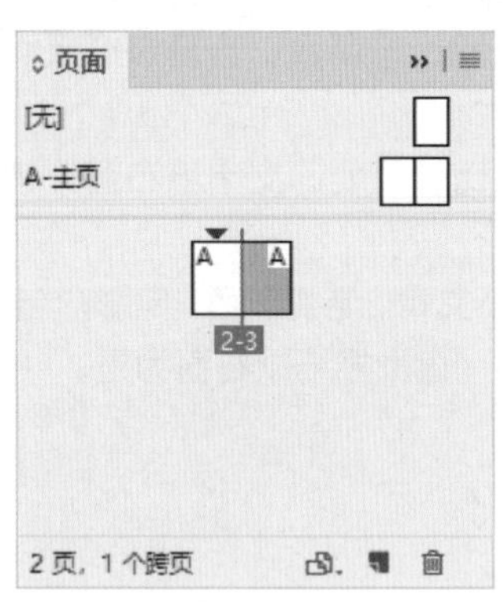

图 11-4

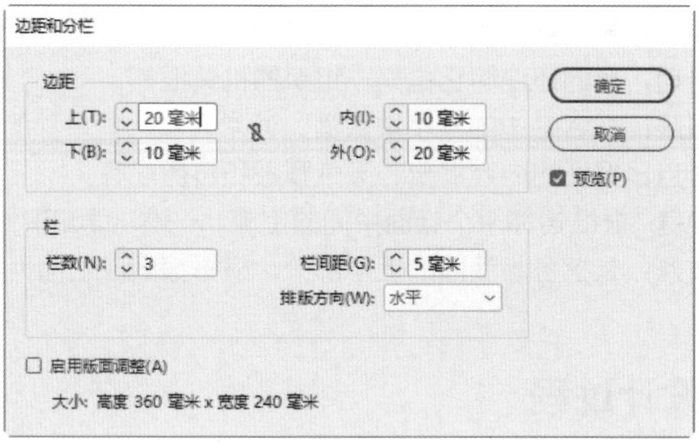

图 11-5

Step05 创建分栏后的效果如图 11-6 所示。

Step06 选择矩形工具绘制矩形，并填充颜色，如图 11-7 所示。

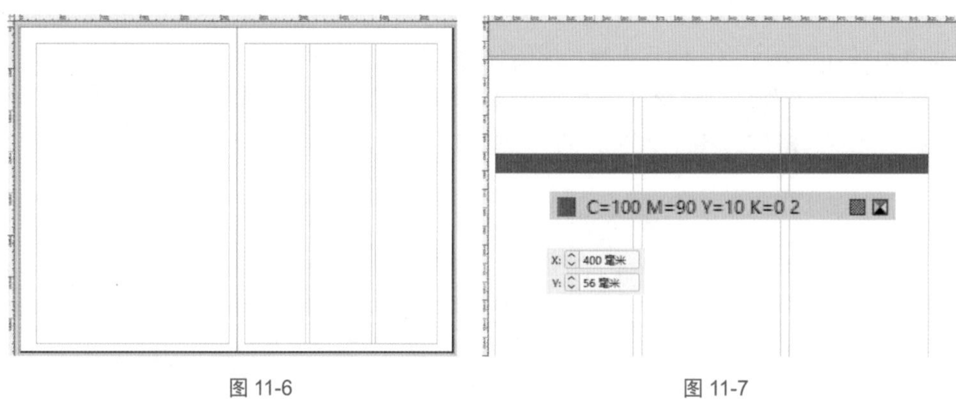

图 11-6　　图 11-7

Step07 选择文字工具，拖动鼠标绘制文本框并输入文字，在“字符”面板中设置参数，使其居中对齐，如图 11-8 和图 11-9 所示。

图 11-8　　图 11-9

Step08 选择文字工具，拖动鼠标绘制文本框并输入文字，在“控制”面板中设置参数，如图 11-10 所示。

Step09 选中“天气预报”，在“控制”面板中单击“居中对齐”按钮≡，如图 11-11 所示。

图 11-10　　图 11-11

Step10 按住 Shift+Alt 组合键水平复制移动文本框，如图 11-12 所示。

Step11 选择文字工具更改文字，如图 11-13 所示。

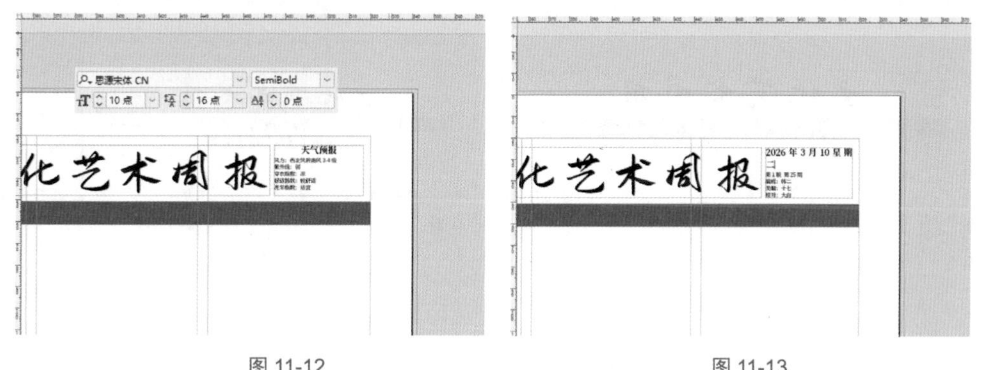

图 11-12　　图 11-13

Step12 在“控制”面板中调整文字大小（日期字号更改为 10 点，刊数字号更改为 8 点），如图 11-14 所示。

Step13 在“控制”面板中单击“居中对齐”按钮≡，如图 11-15 所示。

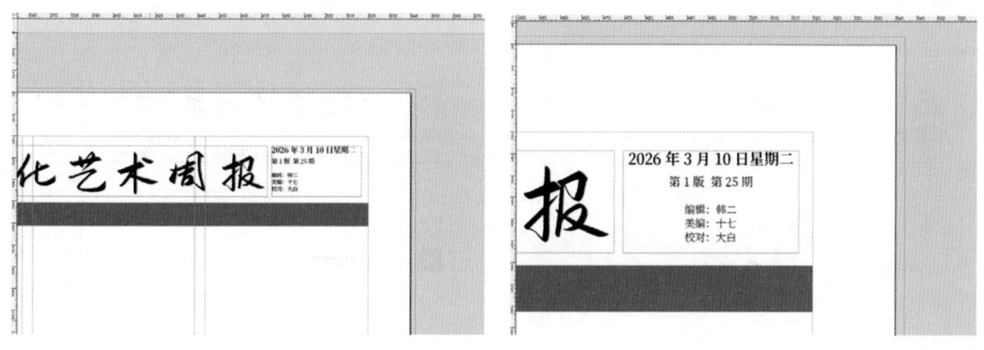

图 11-14　　图 11-15

Step14 选择文字工具，拖动鼠标绘制文本框并输入文字（填充白色并大写），在“字符”面板中设置参数，如图 11-16 和图 11-17 所示。

图 11-16 　　　　　　　　　　　　　　图 11-17

Step15 选择直线工具，按住 Shift 键绘制水平直线，在“控制”面板中设置参数，按住 Shift+Alt 组合键水平复制移动直线，如图 11-18 所示。

Step16 选择文字工具，拖动鼠标绘制文本框并输入文字，在“控制”面板中设置参数，如图 11-19 所示。

图 11-18　　　　　　　　　　　　　　图 11-19

Step17 选择文字工具，拖动鼠标绘制文本框并输入文字，在“控制”面板中设置参数，如图 11-20 所示。

Step18 选择直线工具，按住 Shift 键绘制水平直线，在“控制”面板中设置参数，如图 11-21 所示。

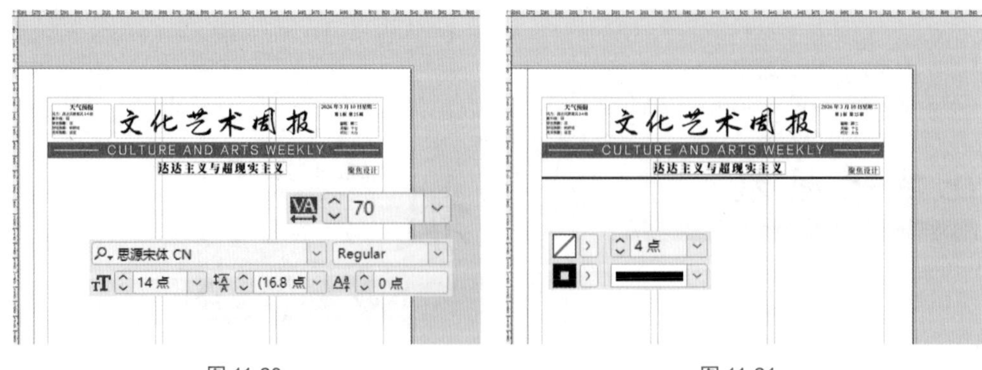

图 11-20　　　　　　　　　　　　　　图 11-21

Step19 选择矩形框架工具绘制框架，执行“文件”|“置入”命令置入图像并调整大小，如图 11-22 所示。

Step20 选择文字工具，拖动鼠标绘制文本框并输入文字，在“控制”面板中设置参数，如图 11-23 所示。

图 11-22　　图 11-23

Step21 按 Ctrl+A 组合键全选文字，执行“窗口”|“文字和表”|“段落”命令，在弹出的“段落”面板中设置参数，如图 11-24 和图 11-25 所示。

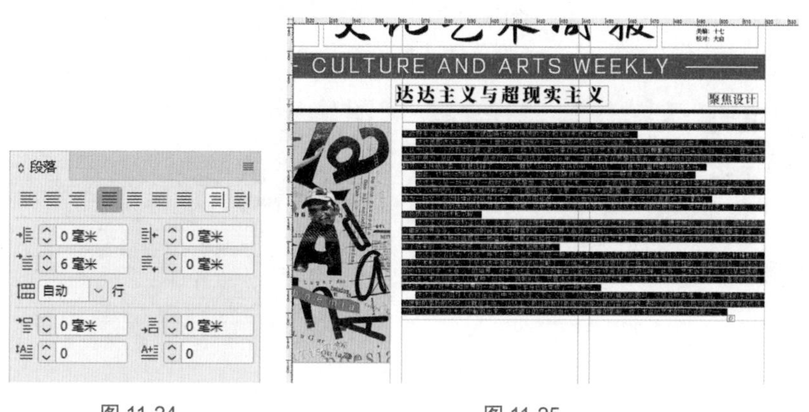

图 11-24　　图 11-25

Step22 执行“窗口”|“样式”|“段落样式”命令，在弹出的“段落样式”面板中设置参数，如图 11-26 所示。

Step23 选择文字工具，拖动鼠标绘制文本框并输入文字，在“控制”面板中设置参数，如图 11-27 所示。

图 11-26　　图 11-27

Step24 选择文字工具，拖动鼠标绘制文本框并输入文字，在“控制”面板中设置参数，如图 11-28 所示。

Step25 框选文本框和直线，按住 Shift+Alt 组合键垂直复制移动并更改文字，使其居中对齐，如图 11-29 所示。

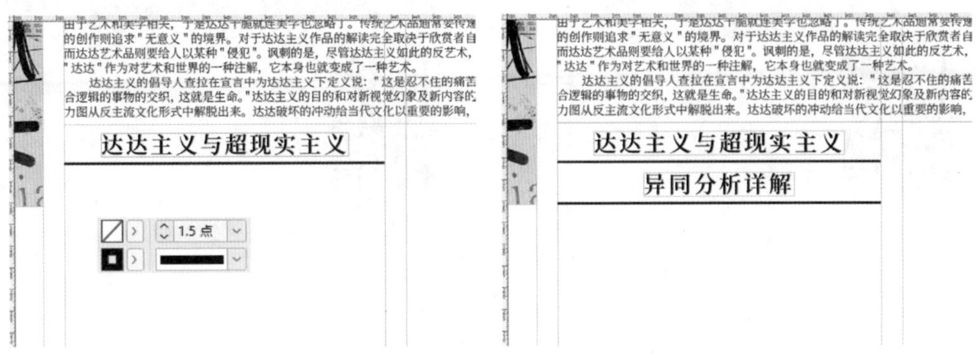

图 11-28　　图 11-29

Step26 选择文字工具，拖动鼠标绘制文本框并输入文字，如图 11-30 所示。

Step27 按 Ctrl+A 组合键全选文字，在“段落样式”面板中单击“段落样式 1”，如图 11-31 所示。

图 11-30　　图 11-31

Step28 选择矩形框架工具绘制框架，执行“文件”|“置入”命令置入图像并调整大小，如图 11-32 所示。

Step29 选择文字工具，拖动鼠标绘制文本框并输入文字，如图 11-33 所示。

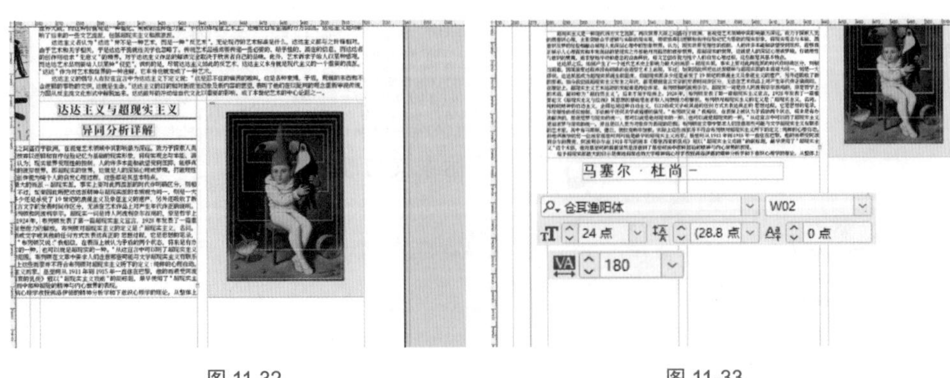

图 11-32　　图 11-33

Step30 继续输入文字，设置字体大小，如图 11-34 所示。

Step31 按住 Shift+Alt 组合键移动复制直线，放置到合适位置后更改其长度，如图 11-35 所示。

图 11-34　　图 11-35

Step32 选择文字工具，拖动鼠标绘制文本框并输入文字，应用“段落样式 1”，如图 11-36 所示。

Step33 单击“溢流文本”按钮，继续拖动创建文本框架，如图 11-37 所示。

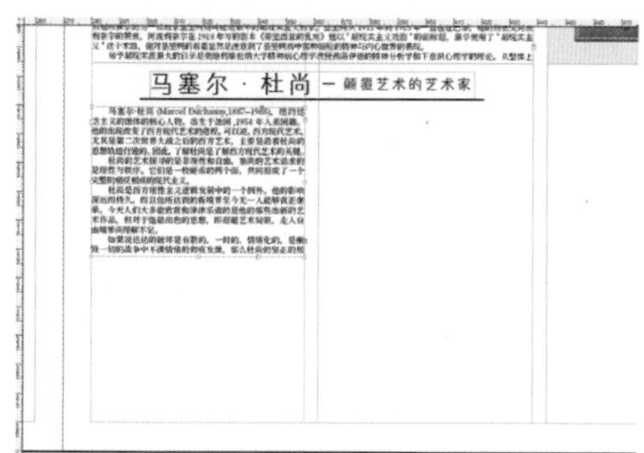

图 11-36

图 11-37

Step34 选择文字工具，拖动鼠标绘制文本框并输入文字，在“控制”面板中设置参数，如图 11-38 所示。

Step35 选择矩形框架工具绘制框架，执行“文件”|“置入”命令置入图像并调整大小，如图 11-39 所示。

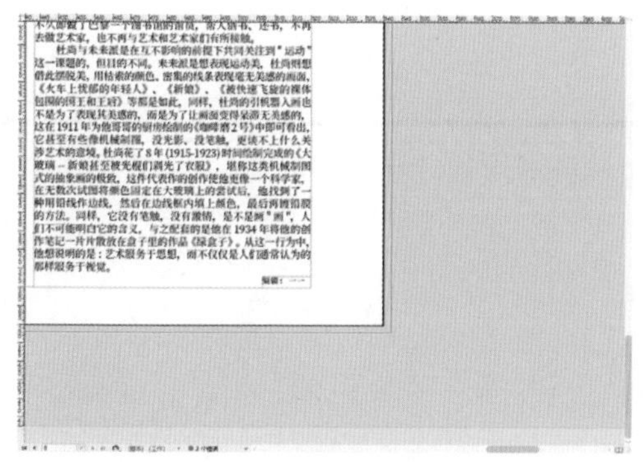

图 11-38

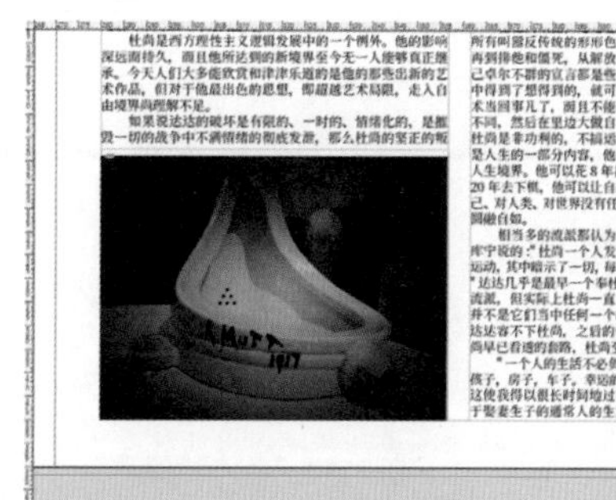

图 11-39

■ 11.2.2　制作报纸的第 4 版

第 4 版的制作和第 1 版大致相同，第 4 版将设置为 4 栏。其中，段落样式可以应用在所有的正文中，标题可以使用不同的字体与样式。

Step01 选择文字工具，拖动鼠标绘制文本框并输入文字，在“控制”面板中设置参数，如图 11-40 所示。

Step02 选择直线工具，按住 Shift 键绘制直线，在“控制”面板中设置参数，如图 11-41 所示。

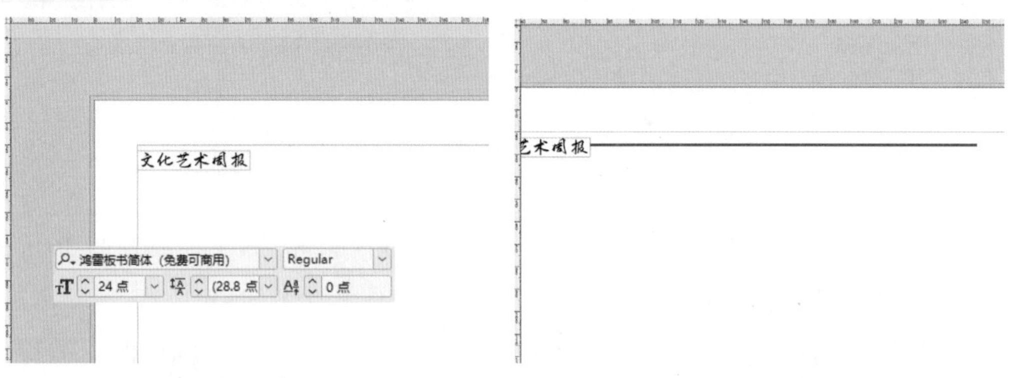

图 11-40　　　　图 11-41

Step03 选择文字工具，拖动鼠标绘制文本框并输入文字，在“控制”面板中设置参数，如图 11-42 所示。

Step04 选择文字工具，拖动鼠标绘制文本框并输入文字，在“控制”面板中设置参数，使其居中对齐，如图 11-43 所示。

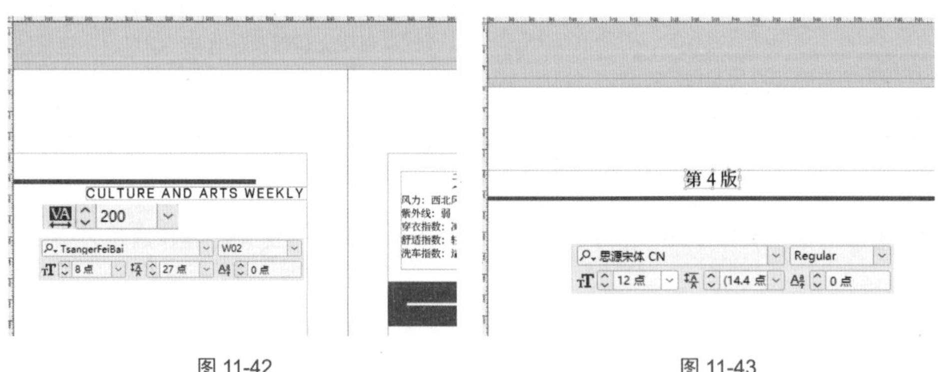

图 11-42　　　　图 11-43

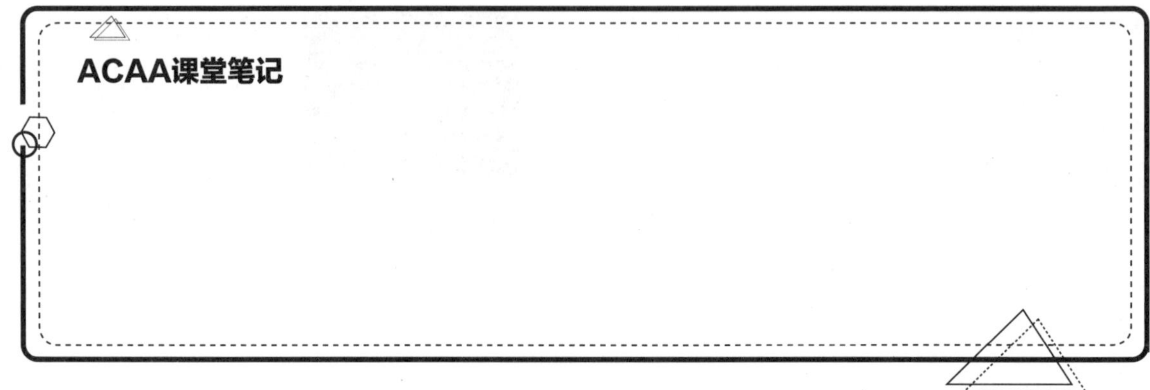

Step05 执行“窗口”|“页面”命令，在弹出的“页面”面板中单击页面 3，如图 11-44 所示。

Step06 执行“版面”|“边距和分栏”命令，在弹出的“边距和分栏”对话框中设置参数，如图 11-45 所示。

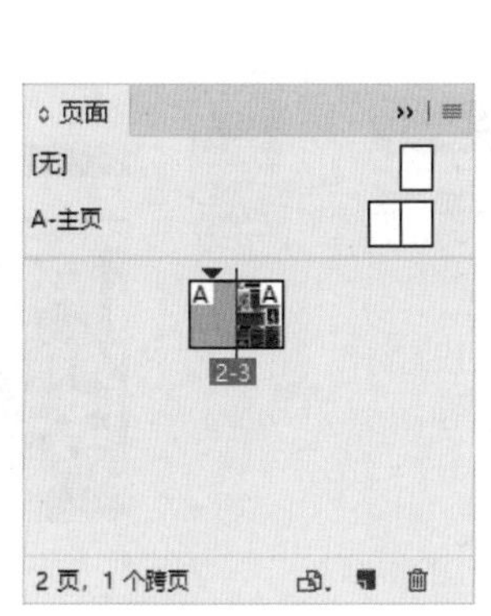

图 11-44

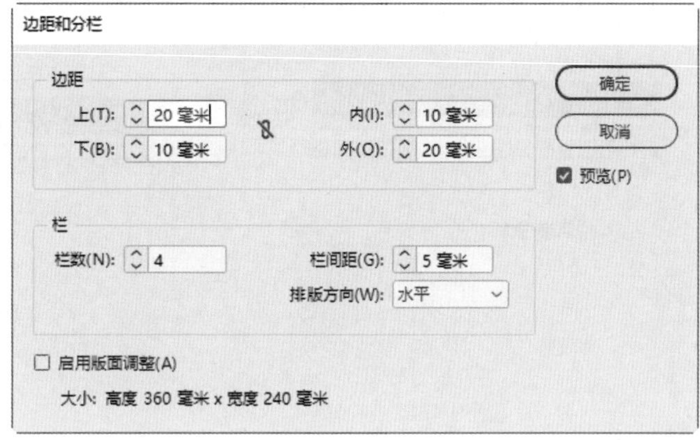

图 11-45

Step07 选择矩形工具绘制矩形并填充颜色，如图 11-46 所示。

Step08 执行“文件”|“置入”命令，置入图像，如图 11-47 所示。

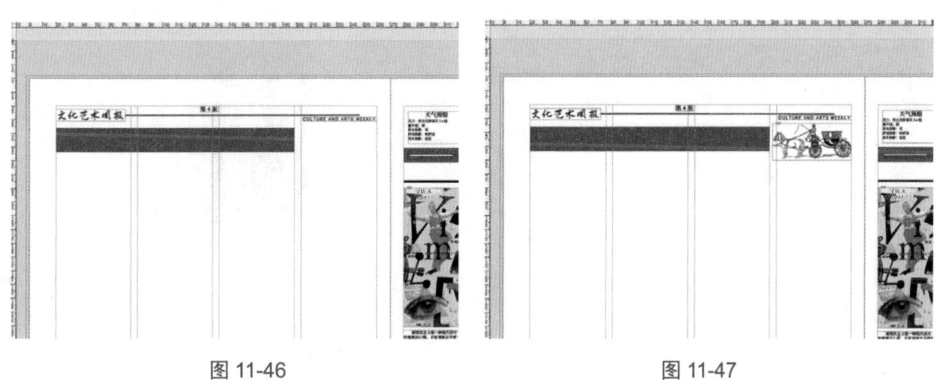

图 11-46　　图 11-47

Step09 选择文字工具，拖动鼠标绘制文本框并输入文字，在“字符”面板中设置参数，使其居中对齐，如图 11-48 和图 11-49 所示。

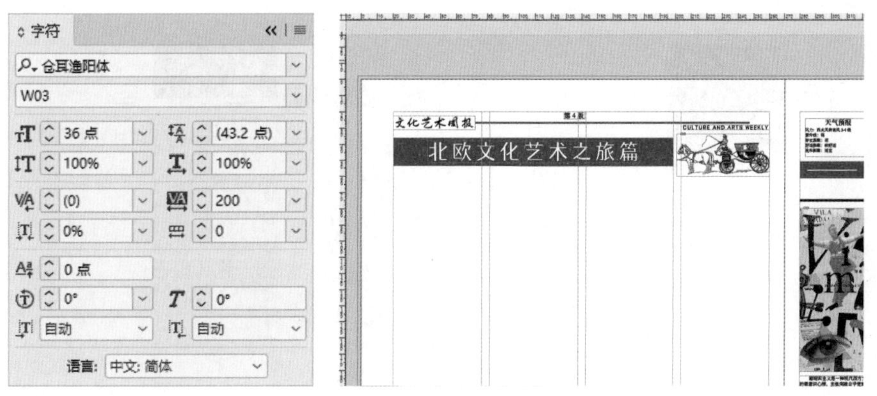

图 11-48　　图 11-49

Step10 选择文字工具，拖动鼠标绘制文本框并输入文字，在“段落样式”面板中单击“段落样式 1”，在“控制”面板中更改文字字体，如图 11-50 所示。

Step11 单击“溢流文本”按钮，继续拖动创建文本框架，如图 11-51 所示。

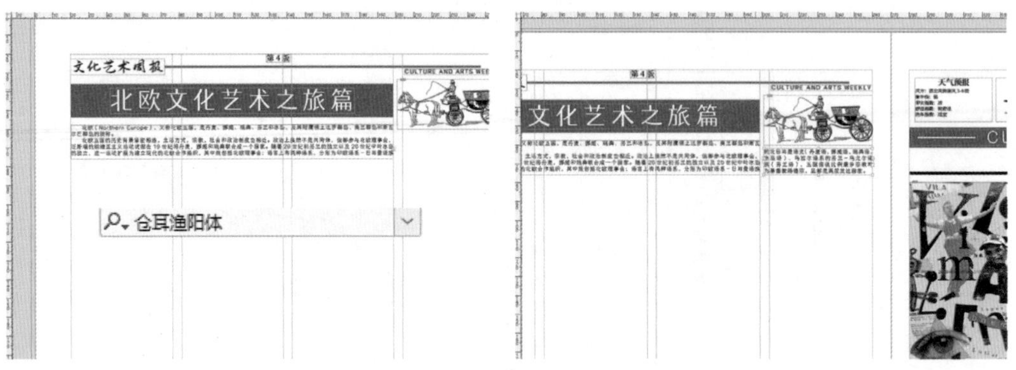

图 11-50　　　　图 11-51

Step12 选择直线工具，按住 Shift 键绘制直线，在“控制”面板中设置参数，如图 11-52 所示。

Step13 执行“文件”|“置入”命令，置入图像，如图 11-53 所示。

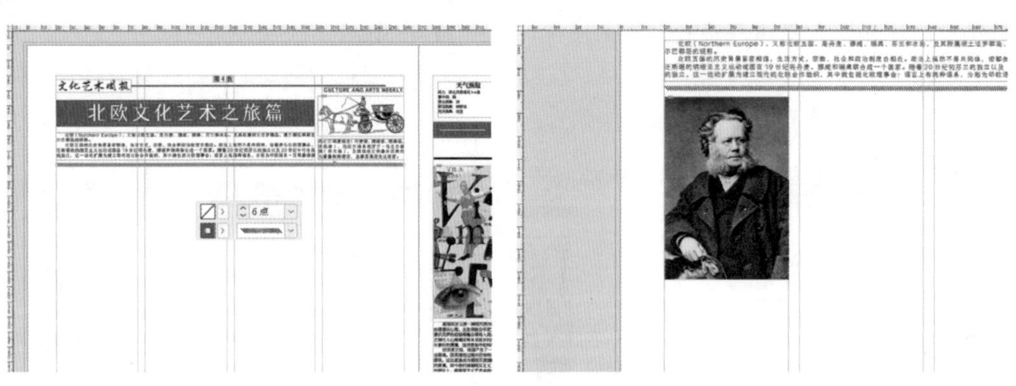

图 11-52　　　　图 11-53

Step14 选择文字工具，拖动鼠标绘制文本框并输入文字，在“控制”面板设置参数，如图 11-54 所示。

Step15 选择文字工具，拖动鼠标绘制文本框并输入文字，在“段落样式”面板中单击“段落样式 1”，效果如图 11-55 所示。

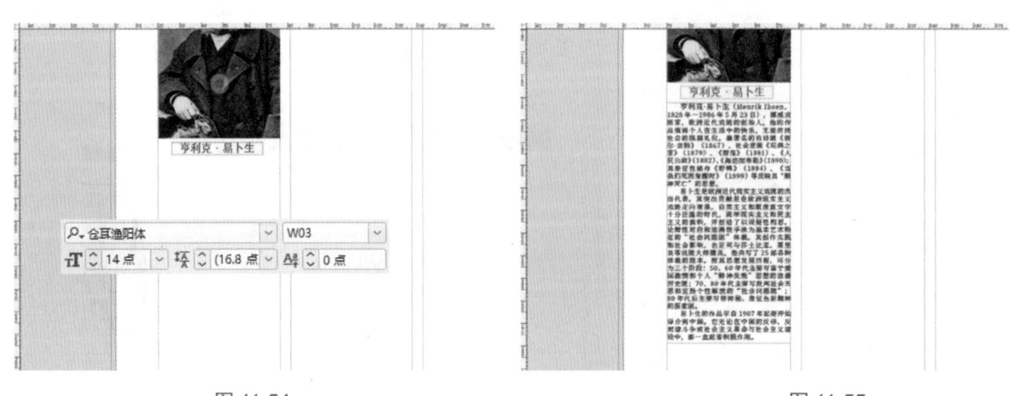

图 11-54　　　　图 11-55

Step16 使用同样的方法，置入图像并输入文字，如图 11-56 所示。

Step17 选择直排文字工具，拖动绘制文本框并输入文字，在“控制”面板中设置参数，效果如图 11-57 所示。

图 11-56

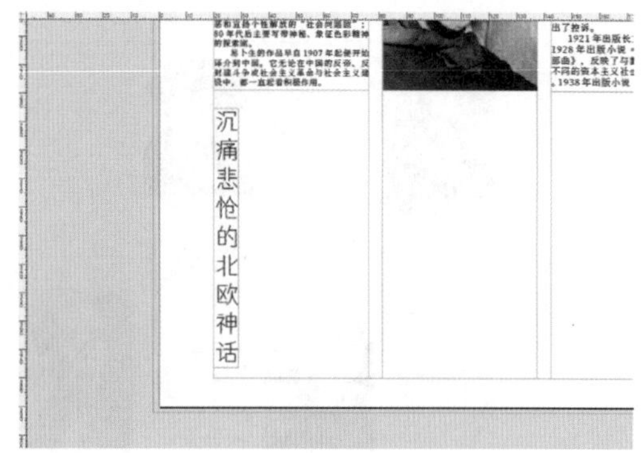

图 11-57

Step18 选择文字工具，拖动鼠标绘制文本框并输入文字，在“段落样式”面板中单击“段落样式 1”，单击“溢流文本”按钮 创建串接文本，如图 11-58 所示。

Step19 选择矩形框架工具绘制框架，执行“文件”|“置入”命令，置入图像，如图 11-59 所示。

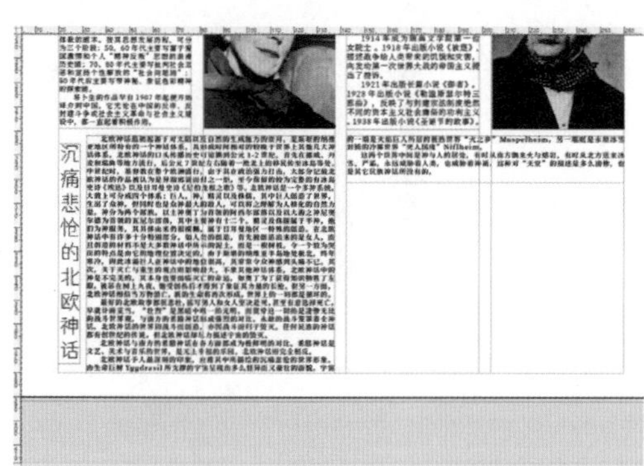

图 11-58

图 11-59

ACAA课堂笔记

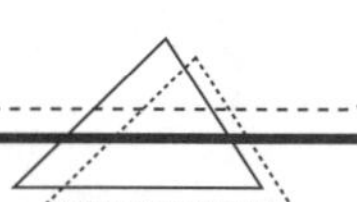

最终效果如图 11-60 所示。

文化艺术周报

第4版

CULTURE AND ARTS WEEKLY

北欧文化艺术之旅篇

伊萨克·迪内森

汉斯·克里斯汀·安徒生

亨利克·易卜生

塞尔玛·拉格洛夫

沉痛悲怆的北欧神话

文化艺术周报

CULTURE AND ARTS WEEKLY

达达主义与超现实主义

达达主义与超现实主义

异同分析详解

马塞尔·杜尚 —— 颠覆艺术的艺术家

图 11-60

至此，完成报纸版式的制作。